卓越系列·21世纪高等职业教育创新型精品规划教材

传感器应用技术

（第3版）

主　编　姜树杰
副主编　李　辉　耿青涛

内 容 提 要

本书系统地介绍了各类常用传感器的基本概念、工作原理、主要特性、测量电路及其典型应用，并介绍了基于传感器的微机接口技术、测量电路的干扰以及抗干扰措施。

本书取材广泛、内容丰富，并注重知识的实用性和适用性。以职业岗位能力为核心目标，叙述简练，力求新颖，学用结合，便于读者学习和理解。为正确、灵活地应用传感器进行非电量测量打下必备基础。

本书可作为高等职业院校电气自动化、应用电子技术、机电一体化技术、计算机应用技术等专业的教学用书，也可作为相关技术人员的参考用书。

图书在版编目(CIP)数据

传感器应用技术/姜树杰主编. —天津:天津大学出版社,2010.2（ 2017.8 重印 ）
（卓越系列）
21 世纪高等职业教育创新型精品规划教材
ISBN 978-7-5618-3392-6

Ⅰ.①传…　Ⅱ.①姜…　Ⅲ.①传感器－高等学校：技术学校－教材　Ⅳ.①TP212

中国版本图书馆 CIP 数据核字(2010)第 019920 号

出版发行　天津大学出版社
地　　址　天津市卫津路 92 号天津大学内(邮编:300072)
电　　话　发行部:022-27403647
网　　址　publish. tju. edu. cn
印　　刷　天津泰宇印务有限公司
经　　销　全国各地新华书店
开　　本　169mm×239mm
印　　张　12
字　　数　249千
版　　次　2010 年 2 月第 1 版　2013 年 2 月第 2 版　2015 年 8 月第 3 版
印　　次　2017 年 8 月第 4 次
印　　数　5 501-7 000
定　　价　28.00 元

前言

本教材第3版针对当前教学的需要,对内容作了必要的调整和修订。从职业岗位需求入手,以工业自动化控制系统中传感器的典型工作任务为导向,对传感器原理及其应用重新组合,重点讲述了各种传感器的基本物理效应、工作原理以及典型结构,并强调各种传感器在工程实际中的应用。

本书由天津冶金职业技术学院教师姜树杰、李辉、耿青涛共同编写。其中,姜树杰编写任务一、二、三、四、十二及附录,李辉编写任务五、七、九、十一,耿青涛编写任务六、八、十。全书由姜树杰统稿。

受编者水平所限,书中难免存在一些问题,希望有关专家和读者批评指正。

在本书的编写过程中,作者参阅了许多同行专家们的论著和文献,在此一并真诚致谢。

编者

2015年8月

目　　录

任务一　认识传感器 ………………………………………………………… (1)
情境一　传感器概述 ………………………………………………………… (1)
情境二　传感器现状和发展趋势 ………………………………………… (4)
情境三　传感器的分类 ……………………………………………………… (5)
情境四　传感器的特性和技术指标 ……………………………………… (6)
要点回顾 ……………………………………………………………………… (9)
习题1 ………………………………………………………………………… (9)
任务二　参量型传感器 …………………………………………………… (10)
情境一　电阻应变式传感器 ……………………………………………… (10)
情境二　电感式传感器 …………………………………………………… (16)
情境三　电容式传感器 …………………………………………………… (24)
要点回顾 ……………………………………………………………………… (29)
习题2 ………………………………………………………………………… (30)
任务三　发电型传感器 …………………………………………………… (31)
情境一　压电式传感器 …………………………………………………… (31)
情境二　霍尔传感器 ……………………………………………………… (35)
情境三　磁电式传感器 …………………………………………………… (39)
情境四　超声波传感器 …………………………………………………… (42)
要点回顾 ……………………………………………………………………… (46)
习题3 ………………………………………………………………………… (46)
任务四　力和压力的检测 ………………………………………………… (48)
情境一　力的检测 ………………………………………………………… (48)
情境二　压力的检测 ……………………………………………………… (50)
要点回顾 ……………………………………………………………………… (54)
习题4 ………………………………………………………………………… (54)
任务五　温度测量技术 …………………………………………………… (55)
情境一　膨胀式温度计 …………………………………………………… (56)
情境二　电阻式温度传感器 ……………………………………………… (59)
情境三　热电偶温度传感器 ……………………………………………… (64)
情境四　集成温度传感器 ………………………………………………… (72)
要点回顾 ……………………………………………………………………… (76)
习题5 ………………………………………………………………………… (76)
任务六　位移和速度的测量 ……………………………………………… (78)
情境一　位移的测量 ……………………………………………………… (78)

情境二 速度的测量 …… (84)
要点回顾 …… (89)
习题6 …… (89)
任务七 液位和物位检测技术 …… (91)
情境一 导电式水位传感器 …… (91)
情境二 压差式液位传感器 …… (93)
情境三 磁致伸缩液位传感器 …… (94)
情境四 电容式物位传感器 …… (95)
要点回顾 …… (98)
习题7 …… (98)
任务八 光电检测技术 …… (99)
情境一 光电效应和光电器件 …… (99)
情境二 CCD摄像传感器及其应用 …… (110)
情境三 光纤传感器及其应用 …… (114)
要点回顾 …… (118)
习题8 …… (118)
任务九 接近开关技术 …… (120)
情境一 电涡流式接近开关 …… (120)
情境二 电容式接近开关 …… (121)
情境三 霍尔式接近开关 …… (122)
情境四 光电式接近开关 …… (123)
要点回顾 …… (125)
习题9 …… (125)
任务十 检测技术和抗干扰技术 …… (126)
情境一 检测技术 …… (126)
情境二 抗干扰技术 …… (135)
要点回顾 …… (142)
习题10 …… (143)
任务十一 接口技术 …… (144)
情境一 传感器信号预处理电路 …… (144)
情境二 传感器信号的检测和转换 …… (147)
要点回顾 …… (156)
习题11 …… (157)
任务十二 智能传感器 …… (158)
情境一 智能传感器概述 …… (158)
情境二 智能传感器的实现 …… (161)

情境三　智能传感器的设计思路 ……………………………………………… (165)
情境四　智能传感器的应用 ………………………………………………… (168)
要点回顾 ……………………………………………………………………… (170)
习题 12 ……………………………………………………………………… (170)
附录 A　热电阻分度表 ……………………………………………………… (172)
附录 B　热电偶分度表 ……………………………………………………… (174)
附录 C　常用传感器实物图 ………………………………………………… (177)
参考文献 …………………………………………………………………… (183)

任务一　认识传感器

任务要求

掌握传感器的组成、作用和分类方法。

熟悉传感器的特性和性能指标。

情境一　传感器概述

随着新技术革命的到来,人类已经进入信息时代。传感器是构成现代信息技术的三大支柱(传感器技术、通信技术、计算机技术)之一,它相当于人类的“感官”。

人们在利用信息的过程中,首先要获取信息,而传感器是获取信息的主要手段和途径。在现代化工业生产过程中,面临的首要问题是:为使设备或系统能正常运行并处于最佳状态,必须采用各种传感器进行检测、监视和控制各种静、动态参数,从而保证生产的高效率、高质量。传感器的作用就是测量,而精确的测量是实现精确控制的关键。如果没有传感器对原始参数进行准确、可靠和实时的测量,则无论信息分析处理和传输的功能多么强大,都没有任何实际的意义。可见进行信息采集的传感器技术是后期信息分析、处理、加工和控制等技术的基础。换言之,传感器是科学测量系统和自动控制系统中获取信息的首要环节和关键技术。

目前传感器涉及的领域广泛,诸如现代大工业生产、基础学科研究、宇宙开发、海洋探测、军事国防、环境保护、资源调查、医学诊断、智能建筑、汽车、家用电器、生物工程、商检质检、公共安全乃至文物保护等。图 1-1 所示为实际应用中的各种不同用途

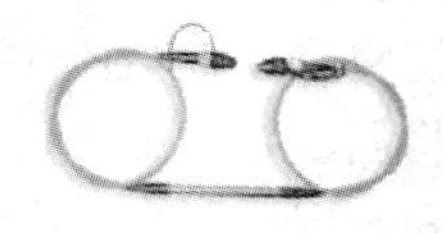

图 1-1　不同用途的传感器

的传感器。

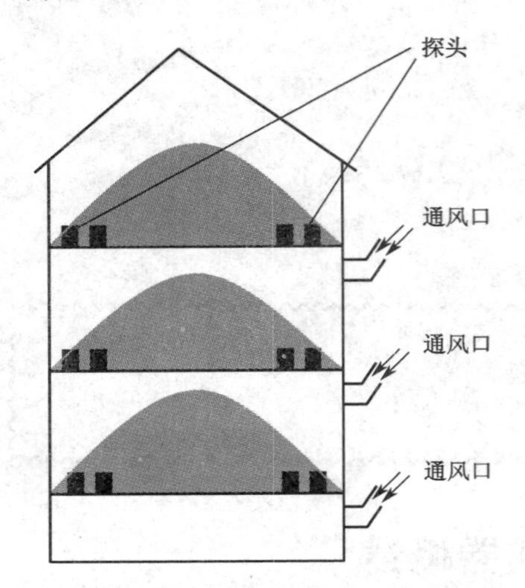

图 1-2　粮仓的温度和湿度检测

例一：粮仓的温度和湿度检测。

无论是金属粮仓还是土制粮仓，为防止霉变，粮食都分层存放，仓内温度和湿度不能过高，为此，需在各层安放温度和湿度传感器进行检测。装有温度和湿度探头的粮仓示意图如图 1-2。

将各层探头输出接至温度和湿度巡检仪上，通过巡检仪监视器监视各点温度和湿度情况。通过通风口保持温度和湿度在要求范围内。

例二：日常生活中的电冰箱、洗衣机、电饭煲、音像设备、电动自行车、空调器、照相机、电热水器、报警器等家用电器都安装了传感器，如图 1-3 所示。

图 1-3　装有传感器的家用电器

例三：感温和感烟火灾报警器。

该报警检测系统是在每一房间安放一对感温和感烟探头（智能传感器），由它们输出的温度和浓度信号通过串行通讯线送入检测系统（集控器）。由微机组成的集控器负责汇总各房间的温度和浓度信号，并监控各房间温度和烟浓度是否异常。如发生异常，则发出声光报警，同时打开喷淋设备灭火。其示意图如图 1-4 所示。

该系统每楼层装置一台集控器，各层的集控器通过 CAN 总线、M—BUS 总线等现场总线将温度和浓度等信号送入中央监控计算机。值班人员可在电脑屏幕上直观监视各房间情况（温度和烟雾浓度）。在房间及楼道装配摄像头，值班人员可通过电视屏幕查看房间及楼道情况。由此可见，如没有感温和感烟传感器，就像人缺少感官不能正常生活，系统也无法工作。

一、传感器的定义

根据中华人民共和国国家标准(GB 7665—87),传感器是一种能感受规定的被测物理量并按照一定的规律转换为可用输出信号的器件和装置。传感器的定义涵盖以下内容:

(1)传感器是能完成检测的测量装置;

(2)传感器的输入量是被测的某一物理量(主要为非电量);

(3)传感器的输出量应便于传输、转换、处理、显示(主要为电量)。

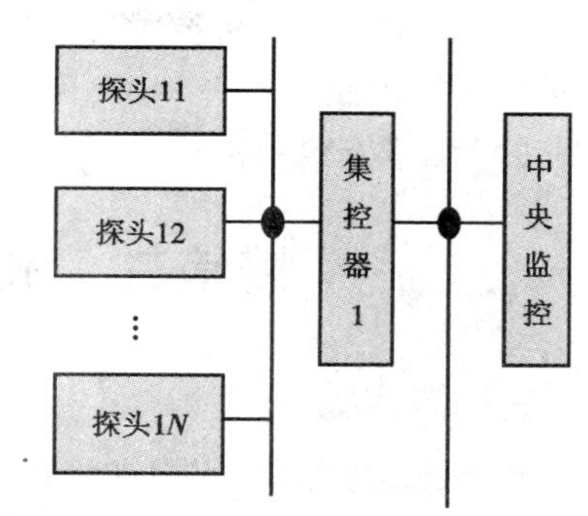

图 1-4　感温、感烟火灾报警系统

因此,可将传感器理解为换能器的一种,特指它可将非电量转换为电量。

二、传感器的组成

传感器一般由敏感元件、转换元件、基本电路 3 部分组成,如图 1-5 所示。

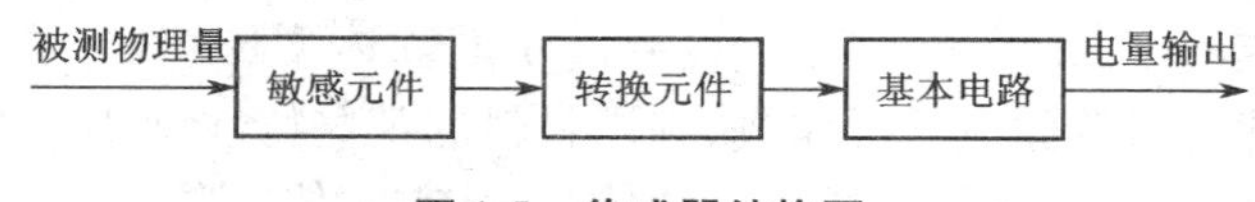

图 1-5　传感器结构图

在完成由非电量到电量的转换过程中,并非所有的非电量参数都能一次直接转换为电量,往往是先转换成一种易于转换成电量的非电量(如位移、应变等),然后,再通过适当的方法转换成电量。所以,把能够完成预转换的器件称为敏感元件。敏感元件直接感受被测物理量,并输出与被测物理量成确定关系的物理量。例如建立在力学结构分析上的各种类型的弹性敏感元件(如梁、板等)。而转换元件是能将感觉到的被测非电量参数转换为电量的器件。敏感元件的输出就是转换元件的输入。转换元件是传感器的核心部分,是利用各种物理、化学、生物效应等原理制成的。新的物理、化学、生物效应的发现常被用到新型传感器上,使其品种与功能日益增多且应用领域更加广阔。

应该指出,并不是所有的传感器都包括敏感元件和转换元件,有一部分传感器不需要起预转换作用的敏感元件,如热敏电阻、光电器件等。

三、传感器的作用和特点

传感器是控制系统中的第一个环节,它感受物理量的变化,以完成对被测信号的拾取和检测。检测是实现控制的第一步,没有精确的检测就没有精确的控制。

采用传感器对非电量进行检测具有如下特点:

(1)可进行微量检测,其精度高、速度快;

(2)可实现远距离遥测及遥控;

(3)可实现无损检测;

(4)可利用计算机技术对测量数据进行运算、存储和处理,并根据处理结果对被测对象进行控制;

(5)测量安全可靠。

情境二　传感器现状和发展趋势

一、传感器现状

近年来,在国家“大力加强传感器的开发和在国民经济中的普遍应用”等一系列政策的指导和资金的支持下,我国的传感器技术及产业取得了较快发展。虽然起步较晚,但成绩斐然。中国在航空、航天领域所取得的成果揭示了我国的传感器技术已处于世界领先地位。目前我国有近2 000 家传感器研发机构,产品种类繁多,其中约1/2 产品销往国外。

传感器技术的发展大体可分三代。

第一代传感器是结构型传感器,它利用结构参量的变化感受和转化信号。

第二代传感器是20 世纪70 年代发展起来的固体型传感器,这种传感器由半导体、电介质、磁性材料等固体元件构成,利用材料的某些特性制成。例如,利用热电效应、霍尔效应、光敏效应,分别制成热电偶传感器、霍尔传感器、光敏传感器。

第三代传感器是在第二代基础上刚刚发展起来的智能型传感器,是微型计算机技术与检测技术相结合的产物,使传感器具有一定的人工智能。

传感器材料是传感器技术发展的重要基础,随着材料科学的进步,人们可制造出各种新型传感器。例如,利用高分子聚合物薄膜制成温度传感器,利用光导纤维制成压力、流量、温度、位移等多种传感器,利用陶瓷制成压力传感器。

二、传感器的发展趋势

1. 向高精度发展

随着自动化生产程度的不断提高,对传感器的要求也不断提高。因此,必须研制出灵敏度高、精确度高、响应速度快、互换性好的新型传感器以确保生产自动化的可靠性。目前能生产精度在万分之一以上的传感器的厂家为数很少,其产量也远远不能满足需求。

2. 向高可靠性和宽温度范围发展

传感器的可靠性直接影响电子设备的抗干扰等性能,研制高可靠性和宽温度范围的传感器将是永久性的发展方向。提高温度范围历来是研究的大课题,大部分传感器工作温度范围为 $-20\sim70$ ℃,军用系统的传感器工作温度范围为 $-40\sim85$ ℃,而汽车、锅炉等的传感器工作温度范围为 $-20\sim120$ ℃,在冶炼、焦化等方面对传感器工作的温度要求更高,因此,开发新型材料(如陶瓷等)的传感器将很有前途。

3. 向微型化发展

各种控制仪器设备的功能越来越强,要求各个部件所占位置越小越好,因而传感器本身体积也是越小越好，这就要求开发新型材料及加工技术，如目前采用硅材料制作的体积较小的传感器就是微型化的一种。传统的加速度传感器是由重力块和弹簧等制成的，体积较大、稳定性差、寿命也短；而利用激光技术等各种微细加工技术制成的硅加速度传感器体积小，互换性能和可靠性能都较好。

4. 向微功耗和无源化发展

传感器一般都是非电量向电量的转化装置，工作时离不开电源，在野外现场或远离电网的地方，往往必须用电池或用太阳能等供电。因此，开发微功耗的传感器及无源传感器是必然的发展方向，这样既可以节省能源又可以提高系统寿命。目前，低功耗的芯片发展很快，如TI2702运算放大器的静态功耗只有1.5 mW，而工作电压只需2～5 V。

5. 向智能化数字化发展

随着现代化工业的需求变化，传感器的功能已不受传统功能所限，其输出不再是单一的模拟信号（如0～10 mV），而是经过微电脑处理后的数字信号，有的还带有控制功能，即所谓的数字传感器。如电子血压计，智能水、电、煤气、热量表。它们的特点是传感器与微型计算机结合，构成智能传感器，最大程度地实现系统的功能。

传感器的工作机理是以各种物理效应、反应和现象为基础。重新认识如压电效应、热释电现象、磁阻效应等物理现象以及各种化学反应和生物效应，并充分利用这些现象和效应，设计制造各种用途的传感器，是传感器技术领域的重要工作。同时还要开展基础研究，以求发现新的物理现象、化学反应和生物效应。各种新的现象、反应和效应的研究将极大地扩展传感器的检测极限和应用领域。

随着物理学和材料科学的发展，人们已经在很大程度上能够根据对材料功能的要求来设计材料，并通过对生产过程的控制，制造出各种所需材料。目前最为成熟、先进的材料技术是以硅加工为主的半导体制造技术。例如，人们利用该项技术设计制造的多功能精密陶瓷气敏传感器具有很高的工作温度，弥补了硅（或锗）半导体传感器温度上限低的缺点，可用于汽车发动机空燃比控制系统，它极大地扩展了传统陶瓷传感器的使用范围。另外，有机材料、光导纤维等材料在传感器上的应用，也已成为传感器材料领域的重大突破，引起国内外学者的极大关注。

情境三　传感器的分类

为了更好地学习、研究和应用传感器，对传感器进行科学的分类是必需的。由于传感器种类繁多，知识技术密集，涉及诸多学科且应用领域广泛，而且新技术、新材料不断出现，新型传感器也在不断发展和变化，所以，国内外到目前为止尚没有统一的分类方法。经典的传感器常用分类方法如下。

一、按传感器工作原理分类

按不同的工作原理，传感器可分为电阻应变式、电感式、压电式、电容式、涡流式、光电式、电磁式、热电式传感器等。这种分类方法的优点是对传感器的工作原理表达得比较清楚,而且类别少,有利于传感器专业工作者对传感器进行深入的研究分析。它的缺点是不便于使用者根据用途选用。

二、按传感器检测的物理量分类

按检测的物理量,传感器可分为加速度传感器、速度传感器、位移传感器、压力传感器、负荷传感器、扭矩传感器、温度传感器、成分传感器等。这种分类方法的优点是比较明确地表达了传感器的用途,便于使用者根据其用途选用。缺点是没有区分每种传感器在转换机理上有何共性和差异,不便于使用者掌握其基本原理及分析方法。

三、按传感器的输出信号性质分类

按输出信号的性质,传感器可分为模拟式传感器和数字式传感器两类。

四、按能量的传递方式分类

按能量的传递方式,传感器可分为有源传感器和无源传感器两类。这两类传感器又分别称为发电型传感器和参量型传感器。

情境四　传感器的特性和技术指标

传感器一般要将各种信息量转换为电量。描述这种转换的输入与输出关系表达了传感器的基本特性。对不同的输入信号,其输出信号特性是不同的。对于快变信号和慢变信号,由于受传感器内部储能元件(电感、电容、质量块、弹簧等)的影响,它们的反应大不相同。对于快变信号要研究输出的动态特性,即输出信号随时间变化的特性;对于慢变信号要研究静态特性,即输出信号不随时间变化的特性。

一、传感器静态特性

当输入量(x)为静态(常量)或变化缓慢的信号(如温度、压力)时,传感器的静输入与输出关系称静态特性。通过静态测得 n 个数据对,利用数学拟合方法而成的曲线称为传感器的静态特性曲线。图 1-6 为传感器的几种典型静态特性曲线。

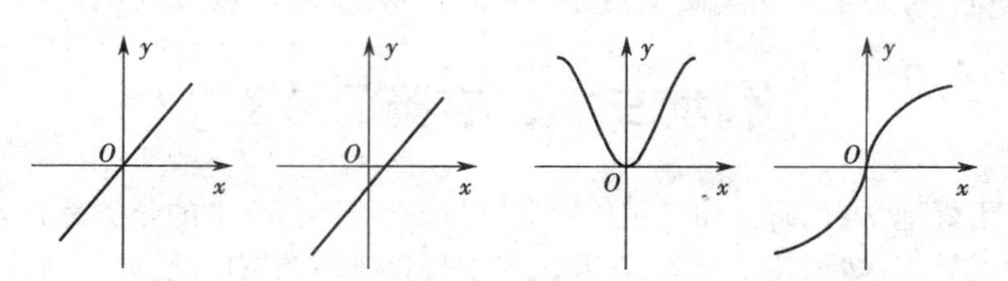

图 1-6　传感器的各种典型静态特性曲线

1. 线性度

对于理想的传感器,人们希望它具有单值、线性的输入输出关系,但由于实际传感器输入总有非线性(高次项)存在,$x-y$(输入－输出)总是呈非线性关系。在实际处理中,一般在小范围内用割线、切线近似代表实际曲线,使输入输出线性化。如图1-7所示,近似后的直线与实际曲线之间存在的最大偏差称为传感器的非线性误差——线性度,通常用相对误差表示,即

$$\gamma_L = \pm \frac{\Delta L_{\max}}{y_{FS}} \times 100\% \tag{1-1}$$

式中:$\Delta L_{\max}$为最大非线性绝对误差;y_{FS}为满量程输出值;γ_L为线性度。

2. 灵敏度

在稳定条件下,输出微小增量与输入微小增量的比值称为灵敏度S,用下式表示:

$$S = \mathrm{d}y/\mathrm{d}x \tag{1-2}$$

对于线性传感器,灵敏度就是直线的斜率;对于非线性传感器,灵敏度为一变量。

3. 迟滞

传感器在正、反行程期间,输入与输出曲线不重合的现象称迟滞,如图1-8所示。产生这种现象的原因是由敏感元件材料的物理性质缺陷而造成。例如,弹性元件的迟滞,铁磁体、铁电体在外加磁场、电场的迟滞。

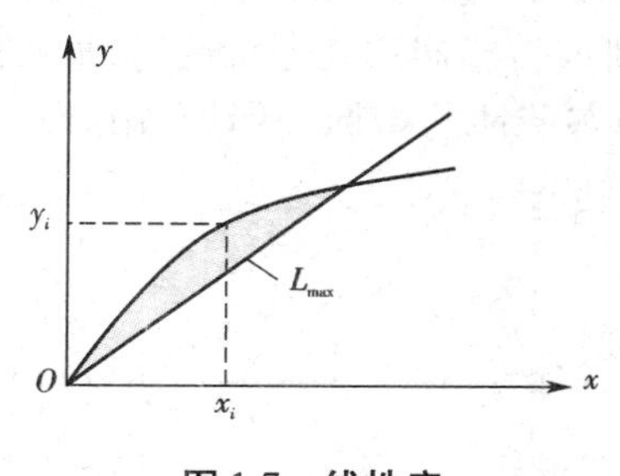

图1-7　线性度

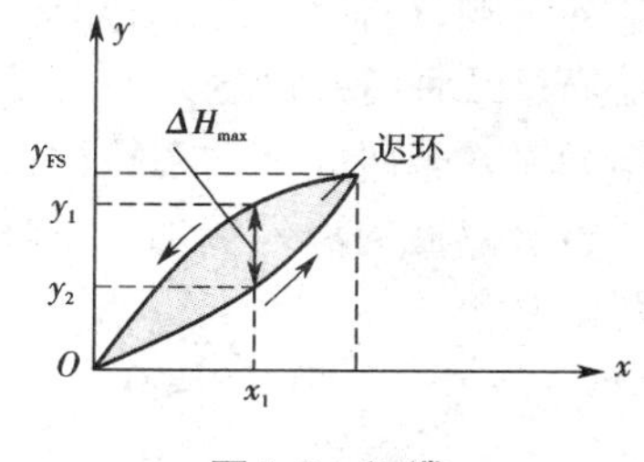

图1-8　迟滞

迟滞误差一般由下式表示:

$$\gamma_H = \pm \frac{\Delta H_{\max}}{y_{FS}} \times 100\% \tag{1-3}$$

$$\Delta H_{\max} = y_2 - y_1 \tag{1-4}$$

式中:$\Delta H_{\max}$为正、反行程输出值间的最大差值;y_{FS}为满量程输出值;γ_H为迟滞误差。

4. 不重复性

传感器输入量按同一方向做多次测量时,输出特性不一致的程度称为不重复性,如图1-9所示。不重复性属于随机误差,用最大重复偏差γ_R表示:

$$\gamma_R = \pm \frac{R_{\max}}{y_{FS}} \times 100\% \tag{1-5}$$

式中:$R_{\max}$一般为3次测量输出中的最大值差。

不重复性主要由传感器的机械部分的磨损、间隙、松动、部件的内摩擦、积尘、电

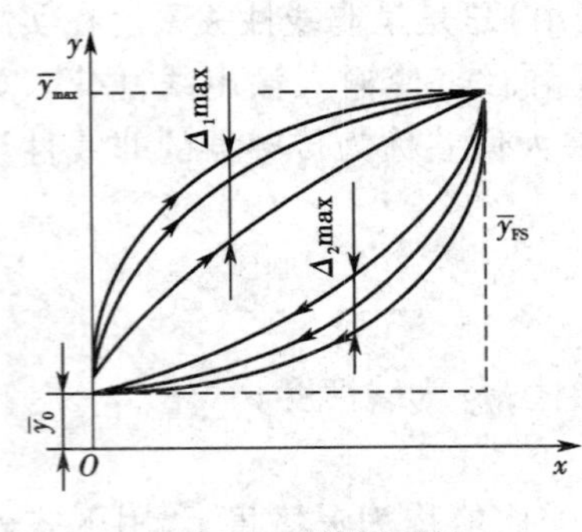

图 1-9 不重复性

路老化、工作点漂移等原因所致。多次测试的曲线越靠近,其重复性越好,误差越小。

5. 漂移

漂移是指在外界的干扰下,输出量发生与输入量无关的、不需要的变化。

时间漂移是指在规定的条件下,零点或灵敏度随时间的缓慢变化。

二、传感器动态特性

传感器的动态特性是指传感器的输出对随时间变化的输入量的响应特性。动态特性反映输出值真实再现变化着的输入量的能力。通常要求传感器不仅能精确地显示被测物理量的大小,而且还能复现被测物理量随时间变化的规律,这是传感器的重要特性之一。但是,除了理想情况外,实际传感器的输出信号与输入信号之间会出现误差。研究传感器的动态特性主要是从测量误差角度分析产生动态误差的原因以及改善措施。

由于传感器在实际工作中随时间变化的输入信号是千变万化的,而且由于随机因素的影响,往往事先无法知道其特性,所以,具体研究传感器的动态特性时,最常用的是通过几种特殊的输入时间函数确定若干评定动态特性的指标。例如,用阶跃函数作为输入来研究其动态特性,这种方法称为阶跃响应法。

给传感器的输入端加入如图 1-10 所示的单位阶跃信号

$$X(t)=\begin{cases}0, & t\leqslant 0\\ 1, & t>0\end{cases} \tag{1-6}$$

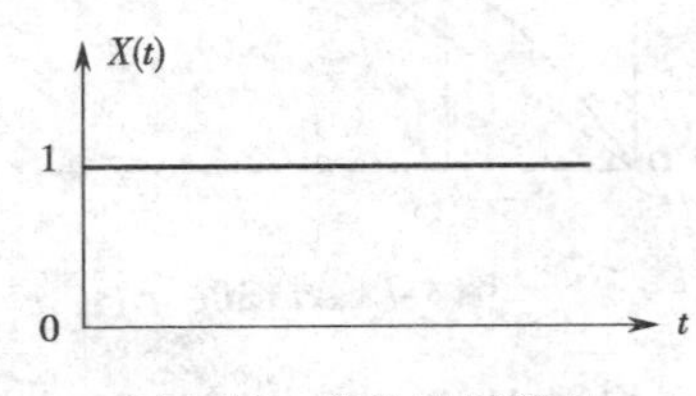

图 1-10 单位阶跃信号

在传感器的输出端得到输出随时间变化的特性,如图 1-11 所示。

表征阶跃响应特性的主要技术指标有:上升时间、响应时间、峰值时间、超调量、时间常数、延迟时间等。主要技术指标定义如下。

(1)上升时间 t_r:输出由稳态值的 10% 变化到稳态值的 90% 所需的时间。

(2)响应时间 t_s:系统从阶跃输入开始到输出值进入稳态值所规定的范围内所需的时间。

(3)峰值时间 t_p:阶跃响应曲线达到第一个峰值所需的时间。

(4)超调量 σ:传感器输出超过稳态值的最大值 ΔA 相对于稳态值的百分比。

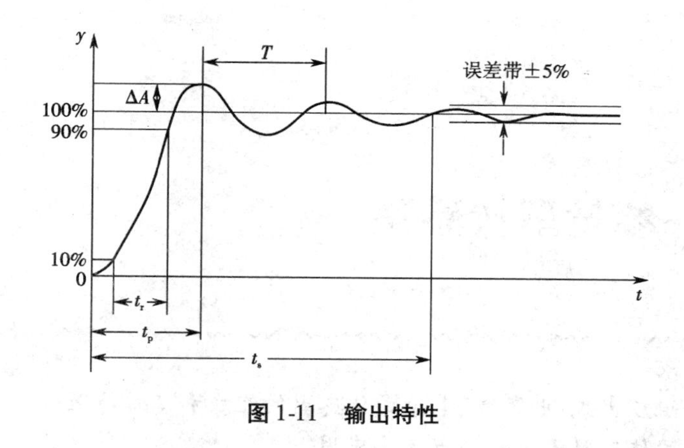

图 1-11　输出特性

要点回顾

能感受(或响应)规定的被测物理量并按照一定的规律转换为可用输出信号的器件或装置称为传感器。传感器由敏感元件、转换元件和基本电路组成。

传感器的分类方法包括按被测物理量分类和按传感器工作原理分类等。

传感器的静态特性指标有:线性度、灵敏度、迟滞、不重复性、漂移。

传感器的动态特性指标有:上升时间、响应时间、峰值时间、超调量。

习题 1

1-1　试述传感器的组成和在检测中的作用。

1-2　传感器的分类方法有哪几种?各有什么优缺点?

1-3　传感器的静态性能指标有哪些?其含义是什么?

1-4　什么是传感器的动态特性?采用什么样的激励信号?其含义是什么?

任务二　参量型传感器

任务要求

熟悉电阻应变式、电容式、电感式传感器的组成和工作原理。

了解不同传感器各自的特点及其应用。

按能量的不同来源，传感器可分为发电型（有源传感器）和参量型（无源传感器）两类。对于前者，可以把传感器视为一台微型发电机，能将非电功率转换为电功率，它所配备的测量电路通常是信号放大器，即有源传感器是一种能量变换器，如压电式、热电式、电磁式、电动式传感器等。无源传感器不能直接进行能量的转换，被测非电量仅对传感器中的某些电参量起控制和调节作用，如引起电阻、电感、电容等参量的变化，即参量型传感器必须具有辅助电源，它所配备的测量放大器和发电型传感器不同，通常为电桥电路或谐振电路等。

情境一　电阻应变式传感器

电阻应变式传感器是一种利用电阻材料的应变效应，将工程结构件的内部变形转换为电阻变化的传感器。这类传感器通常通过在弹性元件上采用特定工艺粘贴电阻应变片而构成，经过一定的机械装置将被测物理量转化为弹性元件的变形，然后由电阻应变片将变形转换为电阻的变化，再通过测量电路进一步将电阻的改变转换为电压或电流信号输出。电阻应变式传感器结构如图 2-1 所示，其测量的关键是基于物体的形变。

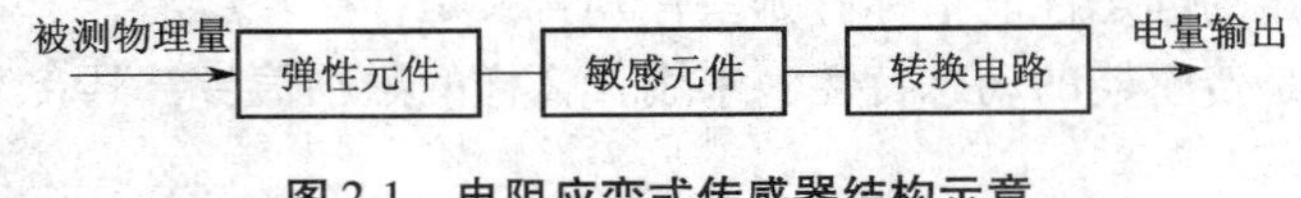

图 2-1　电阻应变式传感器结构示意

电阻应变式传感器可用于能转化为变形的各种非电物理量的检测，如力、气体（液体）压力、加速度、力矩、重量等。它在机械加工、计量、建筑测量等行业应用广泛。

一、弹性敏感元件

弹性敏感元件把力或压力转换为应变或位移，然后再由转换电路将应变或位移转换为电信号。弹性敏感元件是电阻应变式传感器中一个关键性的部件，它应具有良好的弹性、足够的精度，并能保证长期使用和温度变化时的稳定性。

1. 弹性敏感元件的特性参数

1）刚度

刚度是弹性敏感元件在外力作用下变形大小的量度，用 k 表示，即

$$k=\frac{\mathrm{d}F}{\mathrm{d}x} \tag{2-1}$$

式中：F 为作用在弹性敏感元件上的外力；x 为弹性敏感元件的变形量。

2）灵敏度

灵敏度是指弹性敏感元件在单位力的作用下产生变形的大小，它是刚度的倒数，用 S 表示。在测控系统中希望它是常数。

3）弹性滞后

实际的弹性元件在加载、卸载的正反行程中变形曲线是不重合的，这种现象称为弹性滞后现象，如图 2-2 所示。它会给测量带来误差。当比较两种弹性材料时，应都用加载变形曲线或都用卸载变形曲线才有可比性。

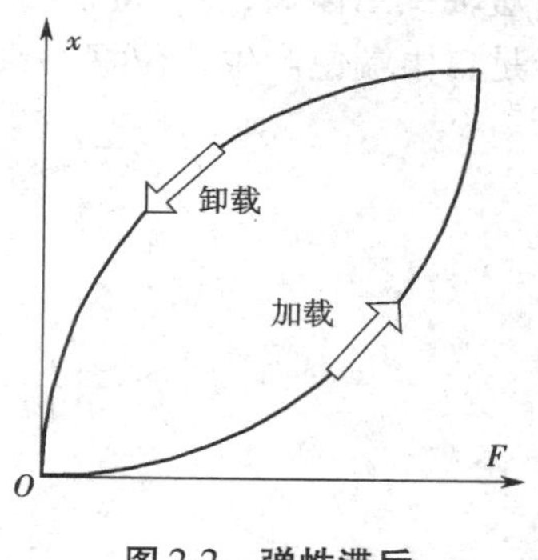

图 2-2　弹性滞后

4）弹性后效

当载荷从某一数值变化到另一数值时，弹性元件变形不是立即完成相应的变形，而是经一定的时间间隔逐渐完成的，这种现象称为弹性后效。

由于弹性后效的存在，弹性敏感元件的变形始终不能迅速地跟随力的变化，在动态测量时将会引起测量误差。

2. 弹性敏感元件的分类

1）变换力的弹性敏感元件

变换力的弹性敏感元件大都采用等截面柱式（实心截面或空心截面）、圆环、薄板、悬臂梁、轴状等结构。图 2-3 为几种常见的变换力的弹性敏感元件。

（1）等截面柱式弹性敏感元件：结构简单，可承受很大载荷。

（2）圆环式弹性敏感元件：具有较高的灵敏度，适用于较小力的测量。

（3）悬臂梁式弹性敏感元件：加工方便，应变和位移较大。

2）变换压力的弹性敏感元件

（1）弹簧管弹性敏感元件：弹簧管又叫布尔登管，它是弯成各种形状的空心管，管子的截面形状有多种，但使用最多的是 C 形薄壁空心管，如图 2-4 所示。C 形弹簧管的一端密封但不固定，成为自由端，另一端连接在管接头上且固定。当流体压力通

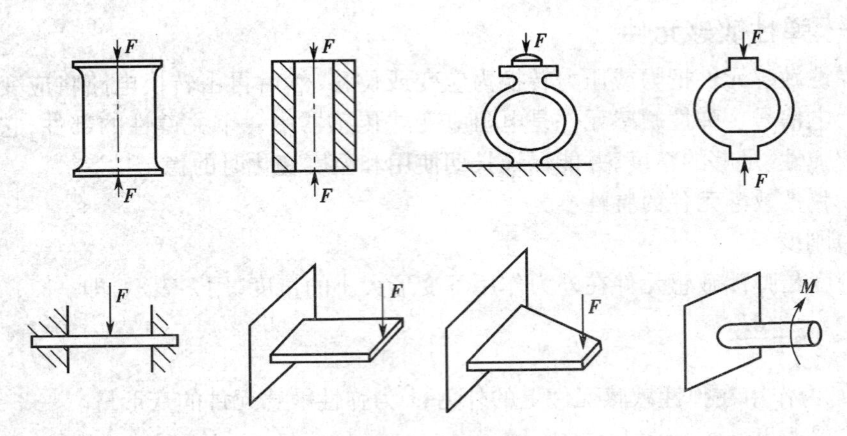

图 2-3 常用弹性敏感元件

过管接头进入弹簧管后，在压力 F 作用下，弹簧管的横截面试图变成圆形截面，截面的短轴试图伸长，使弹簧管趋向伸直，一直伸展到管弹力与压力的作用相平衡为止，于是自由端便产生了位移。通过测量位移的大小，可得到压力的大小。

图 2-4 C 形弹簧管

(2)波纹管弹性敏感元件：波纹管由许多同心环状皱纹的薄壁圆管构成，如图 2-5 所示。波纹管的轴向在液体压力下极易变形，可以将压力转换为位移量，并有较高的灵敏度。

(3)薄壁圆筒弹性敏感元件：薄壁圆筒敏感元件的壁厚一般小于圆筒直径的 1/20，当筒内腔受压后，筒壁均匀受力并均匀地向外扩张，在轴线方向产生位移和应变，如图 2-6 所示。

二、电阻应变片原理

1. 金属应变片结构

电阻应变片的典型结构如图 2-7 所示。由敏感栅(金属电阻丝、金属箔)、基片(绝缘材料)、覆盖层和引线等部分组成。敏感栅由直径为 0.01 ~ 0.05 mm 的高电阻系数金属丝弯曲而成栅状；基片的作用是保证将构件上的应变准确地传递到敏感栅上去，因此必须做得很薄，通常为 0.03 ~ 0.06 mm。

图 2-5　波纹管

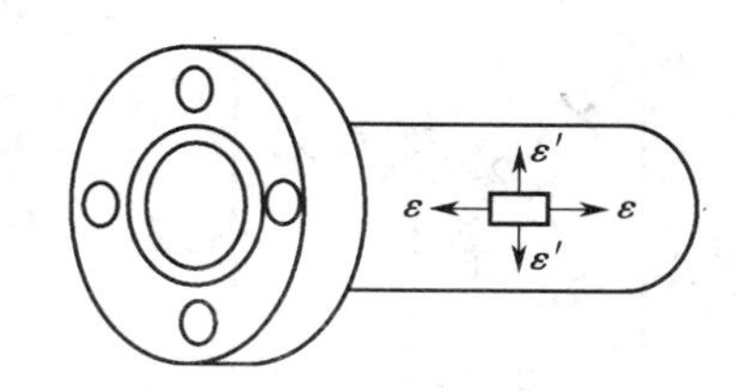

图 2-6　薄壁圆筒

2. 电阻应变片测试原理

电阻应变片测试原理基于电阻应变效应,即导体产生机械形变时其电阻值发生变化。

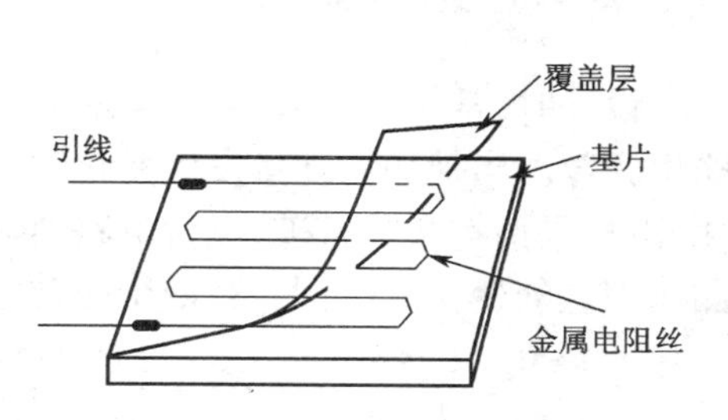

图 2-7　电阻应变片结构

一根长为 L,截面积为 S,电阻率为 ρ 的金属丝电阻由下式表示:

$$R=\rho\frac{L}{S} \tag{2-2}$$

当电阻丝受到轴向拉力 F 作用时,轴向拉长 ΔL,径向缩短 ΔS,电阻率增加 $\Delta\rho$,从而引起电阻值的变化 ΔR。推导出如下关系式:

$$\frac{\Delta R}{R}\approx S\frac{\Delta L}{L}\approx S\varepsilon_x \tag{2-3}$$

式中:S 为金属导体的应变灵敏度;ε_x 为纵向应变。

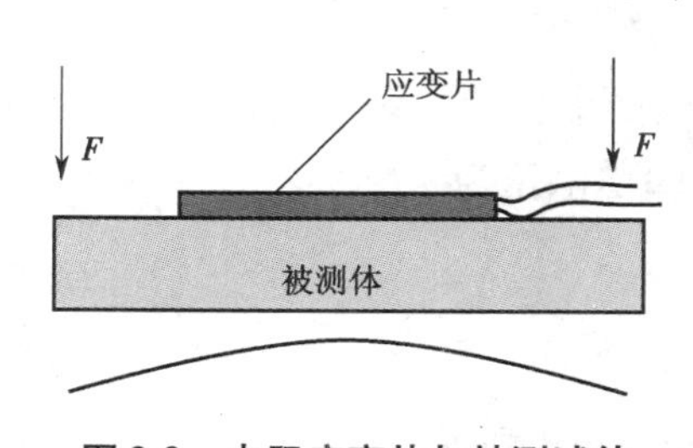

图 2-8　电阻应变片与被测试件

如图 2-8 所示,测试时,将应变片用黏合剂牢固地粘贴在被测试件的表面上。随着试件受力变形,应变片的敏感栅也获得同样的变形,从而使其电阻随之发生变化,而且电阻的变化是与试件应变成比例的,因此如果通过一定的测量线路将这种电阻的变化转换为电压或电流变化,然后再用显示记录仪表将其显示记录下来,就能知道被测试件应变量的大小。其测试原理如图 2-9 所示。

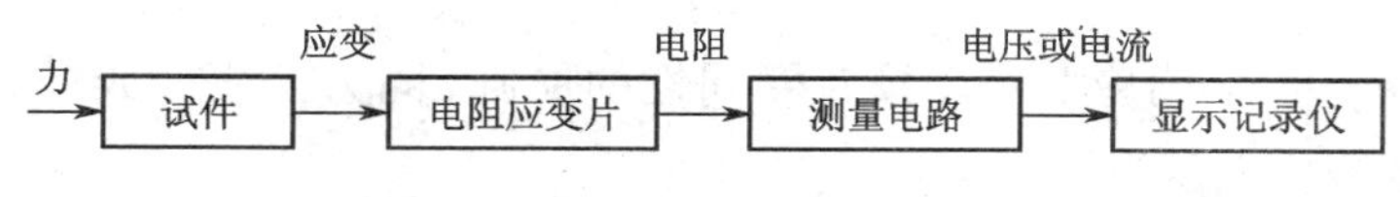

图 2-9　电阻应变片测试原理

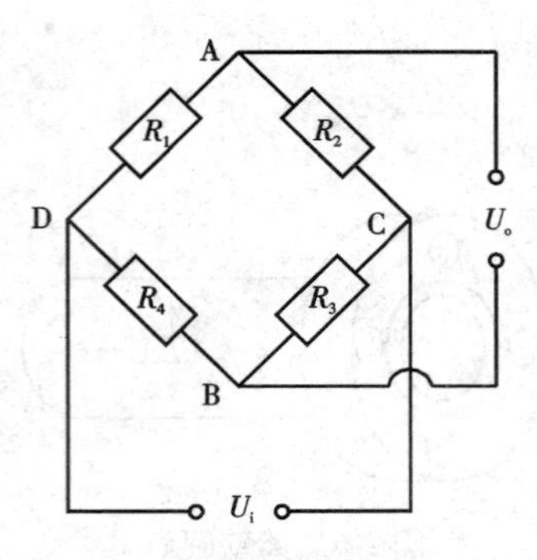

图 2-10 直流电桥电路

三、电阻应变片测量电路

电阻应变式传感器中最常用的转换电路是电桥电路。其作用是将应变片电阻的变化转换为电压的变化。根据电源的不同性质，电桥电路可分为交流电桥电路和直流电桥电路两类。大多数情况下，采用直流电桥电路，如图 2-10 所示。

电桥平衡时，

$$U_o=0 \tag{2-4}$$

直流电桥的平衡条件为

$$R_1R_3=R_2R_4 \tag{2-5}$$

设计时，常使 $R_1=R_2=R_3=R_4=R$。未施加作用力时，应变为零，此时电桥平衡，输出为零。当被测物理量发生变化时，无论哪个桥臂电阻受被测信号的影响发生变化，电桥平衡都会被打破，电桥电路的输出电压也将随之发生变化。输出的电压与被测物理量的变化成比例。当四个桥臂电阻都发生变化时，电桥的输出电压为

$$U_o=\frac{U_i}{4}\left\{\frac{\Delta R_1}{R_1}-\frac{\Delta R_2}{R_2}+\frac{\Delta R_3}{R_3}-\frac{\Delta R_4}{R_4}\right\} \tag{2-6}$$

考虑到$\frac{\Delta R}{R}\approx S\frac{\Delta L}{L}\approx S\varepsilon_x$，且各个电阻应变片的灵敏度相同，则上式可写为

$$U_o\approx\frac{U_i}{4}S(\varepsilon_1-\varepsilon_2+\varepsilon_3-\varepsilon_4) \tag{2-7}$$

根据不同应用要求，直流电桥电路可接入不同数目的电阻应变片，一般有以下几种形式。

1. 双臂半桥形式电桥电路

R_1、R_2 为应变片，R_3、R_4 为普通电阻。R_1、R_2 这两个应变片，一个感受拉应变、一个感受压应变，接在电桥的相邻两个臂，则电桥的输出电压为

$$U_o\approx\frac{U_i}{4}\left\{\frac{\Delta R_1}{R_1}-\frac{\Delta R_2}{R_2}\right\}\approx\frac{U_i}{4}S(\varepsilon_1-\varepsilon_2) \tag{2-8}$$

2. 单臂半桥形式电桥电路

R_1 为应变片，R_2、R_3、R_4 为普通电阻，则电桥的输出电压为

$$U_o\approx\frac{U_i}{4}\frac{\Delta R_1}{R_1}\approx\frac{U_i}{4}S\varepsilon_1 \tag{2-9}$$

3. 全桥式电桥电路

R_1、R_2、R_3、R_4 均为应变片。按对臂同性的原则（同为拉应变或同为压应变）连接，则电桥的输出电压为

$$U_o\approx\frac{U_i}{4}S(\varepsilon_1-\varepsilon_2+\varepsilon_3-\varepsilon_4) \tag{2-10}$$

全桥式传感器灵敏度最高，也是最常用的电阻应变式传感器的一种形式。

四、测量电路的温度误差及补偿

1. 温度误差产生的原因

电阻应变片传感器是靠电阻值度量应变的，所以希望它的电阻只随应变而变，而不受任何其他因素影响。实际上，当应变片安装在自由膨胀的试件上时，如果环境温度变化，应变片的电阻也会变化，这种变化叠加在测量结果中称应变片温度误差。应变片温度误差的来源有两个：一是温度变化，引起应变片敏感栅的电阻变化及附加应变；二是试件材料的线膨胀系数不同，使应变片产生附加应变。以上两个原因所产生的附加应变实际上为与被测物理量无关的虚假应变。该虚假应变与温度的变化量、电阻温度系数、试件和应变丝（栅）的膨胀系数及黏合剂等因素有关。因此，在检测系统中有必要进行温度补偿，以减小或消除由此而产生的测量误差。

2. 温度补偿方法

进行温度补偿的实质就是消除虚假应变对测量应变的干扰，应变片的温度补偿方法通常有两种，即应变片自补偿和桥路补偿。

1）自补偿

自补偿方法是利用自身具有补偿作用的应变片（称之为温度自补偿应变片）补偿。自补偿应变片制造简单，成本较低，其缺点是必须在特定的构件材料上才能使用，而且不同材料试件必须用不同的应变片。

2）桥路补偿

在单臂电桥电路中，选用两个相同的应变片 R_1、R_2，而不是单臂电桥的一个应变片，将它们接在电桥的相邻桥臂上，且必须处于相同的温度场。R_1 感受被测物理量变化引起的应变，称为工作应变片。R_2 粘贴在一块不受力作用却与试件材料相同的补偿块上，称为补偿应变片，如图2-11所示。在不测应变时，电路呈平衡，即 $R_1R_3=R_2R_4$，当电阻由于温度变化由 R_1 变为 $R_1+\Delta R_1$ 时，电阻 R_2 也会由于相同的温度变化变为 $R_2+\Delta R_2$。由于 R_1、R_2 是相同的应变片，所以 $\Delta R_2=\Delta R_1$。温度变化后电路仍呈平衡，$(R_1+\Delta R_1)R_3=(R_2+\Delta R_2)R_4$，从而起到温度补偿的作用。桥路补偿方法简单、方便，在常温下补偿效果好，其缺点是当温度变化梯度较大时比较难掌握。

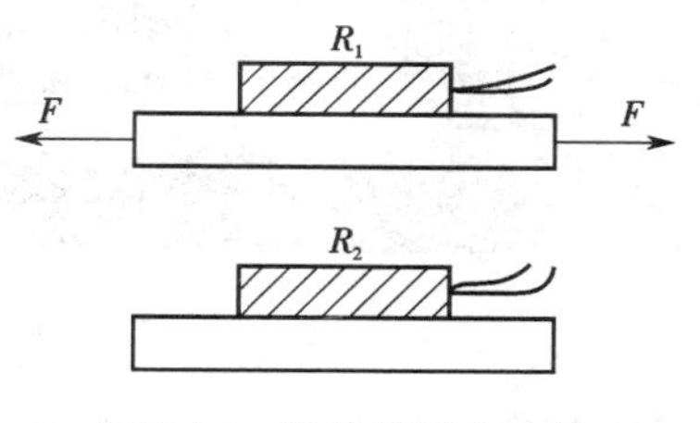

图2-11　桥路补偿应变片

3）调零电路

实际应用时，R_1、R_2、R_3、R_4 不可能严格成比例关系，所以即使在未受力时，桥路输出也不一定为零，因此一般测量电路都设有调零装置，如图2-12所示。调节 R_P 可使电桥达到平衡，输出为零。

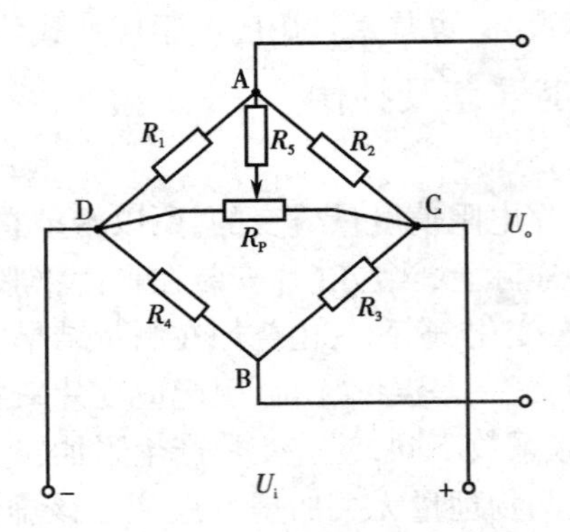

图 2-12　调零电路

五、电阻应变式传感器的应用

以电子秤为例说明电阻应变式传感器的应用。

用于测量物体质量的电子装置，称为电子秤，如图 2-13 所示。

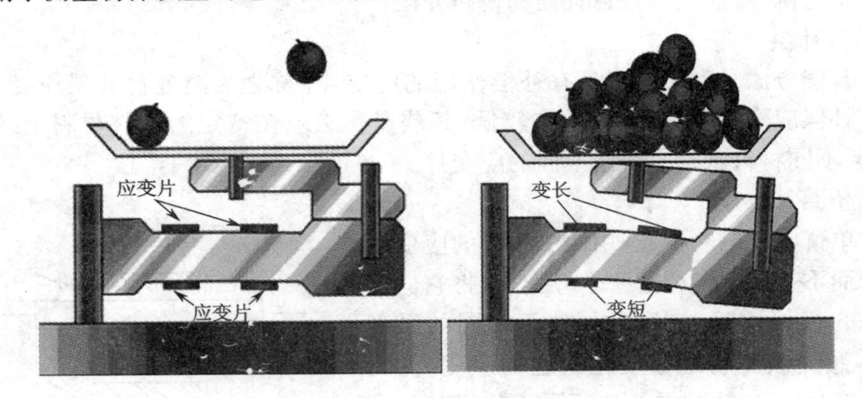

图 2-13　电子秤内部结构

电子秤的特点：一个相当大的秤台，只在中间装置一只专门设计的传感器承担物料的全部重量。物体重量的不同，反映在梁式弹性敏感元件的变化不同，再通过与之粘贴的应变片电阻的改变，达到秤重的目的。

情境二　电感式传感器

电感式传感器的基本原理是电磁感应原理。利用线圈电感或互感的改变实现非电量检测。电感式传感器结构简单、工作可靠、灵敏度高、分辨率高、线性度好，能测出 0.1 μm 甚至更小的机械位移变化，可以把输入的各种机械物理量如位移、振动、压力、应变、流量、密度等参数转换为电量输出，其测量的关键是基于物体的位移，在工程实践中应用广泛。但电感式传感器自身频率响应低，不适于快速动态测量。

一、自感式电感传感器

自感式电感传感器主要由线圈、铁芯和衔铁 3 部分组成。工作时，衔铁通过测杆与被测物体相接触，被测物体的位移将引起线圈电感变化。当传感器线圈接入测量转换电路后，电感的变化将被转换为电压、电流或频率的变化，从而完成非电量到电量的转换。

自感式电感传感器种类繁多，目前常见的有变气隙式、变截面式、螺管式和差动式 4 种。

1. 变气隙式电感传感器

变气隙式电感传感器结构原理如图 2-14 所示。根据电磁学知识，线圈电感为

$$L=\frac{N^2}{R_m} \tag{2-11}$$

式中：N 为线圈的匝数；R_m 为磁路的总磁阻。

由于变气隙式电感传感器的气隙通常较小，可以认为气隙间磁场是均匀的，磁路是封闭的，因此可忽略磁路损失。总磁阻为

$$R_m=R_{m0}+R_{m1}+R_{m2} \tag{2-12}$$

R_{m1}、R_{m2}、R_{m0}分别为铁芯、衔铁及气隙的磁阻。由于铁芯、衔铁的磁阻远远小于气隙的磁阻，因此

$$R_m\approx R_{m0} \tag{2-13}$$

$$R_{m0}=\frac{2\delta}{\mu_0 A} \tag{2-14}$$

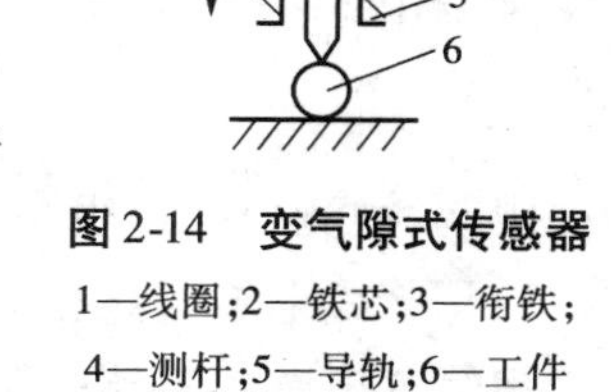

图 2-14　变气隙式传感器

1—线圈；2—铁芯；3—衔铁；4—测杆；5—导轨；6—工件

式中：δ 为气隙的长度；μ_0 为空气的磁导率；A 为气隙的截面积。

所以，电感线圈的电感量为

$$L\approx\frac{N^2\mu_0 A}{2\delta} \tag{2-15}$$

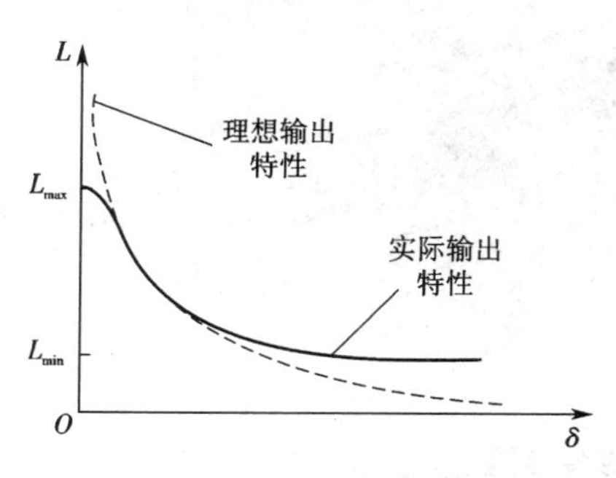

图 2-15　变气隙式传感器特性曲线

由式 2-15 可知，电感线圈结构确定后，电感与面积成正比，与气隙长度成反比。这样，只要被测物理量能引起面积和气隙长度的变化，都可用电感传感器进行测量。若保持 A 为常量，则电感 L 是气隙 δ 的函数，且 L 与气隙长度成反比，故输入与输出呈非线性关系，如图 2-15 所示。

变气隙式电感传感器的灵敏度为

$$S=\frac{dL}{d\delta}=-\frac{N^2\mu_0 A}{2\delta^2} \tag{2-16}$$

由式 2-16 可知，其灵敏度不是常数，δ 越小灵敏度越高。为提高灵敏度并保证一定的线性度，变气隙式电感传感器只能在很小的区域工作，因而只能用于微小位移的测量。

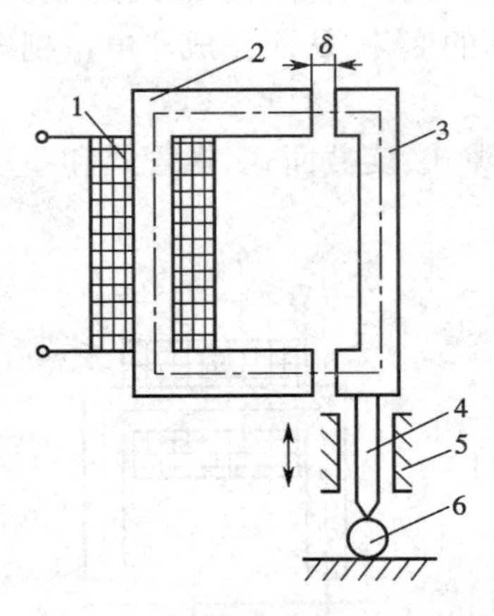

图 2-16　变截面式电感传感器

1—线圈；2—铁芯；3—衔铁；4—测杆；5—导轨；6—工件

2. 变截面式电感传感器

变截面式电感传感器结构如图 2-16 所示。当被测物理量带动衔铁上、下移动时，磁路气隙的截面积将发生变化，从而使传感器的电感发生相应变化。若保持气隙长度 δ 为常数，则电感 L 是气隙截面积 A 的函数，故称这种传感器为变截面式电感传感器。变截面式电感传感器输入 A 与输出 L 之间呈线性关系。其灵敏度为

$$S=\frac{N^2\mu_0}{2\delta} \tag{2-17}$$

由式 2-17 可知，灵敏度是一个常数。但由于漏感等原因，变截面式电感传感器在 $A=0$ 时仍有一定的电感，所以其线性区较小。变截面式传感器与变气隙式传感器相比，其灵敏度较低，为了提高灵敏度，需要较小的气隙 δ。因此，变截面式电感传感器由于结构的限制，被测位移量很小，在工业中应用较少。

3. 螺管式电感传感器

螺管式电感传感器的结构如图 2-17(a)所示，是由一只螺管线圈和一根柱形衔铁组成。当被测物理量作用在衔铁上时，会引起衔铁在线圈中伸入长度的变化，从而

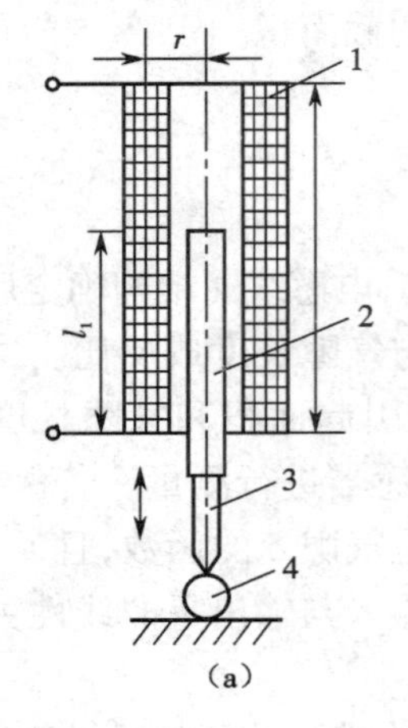

(a)

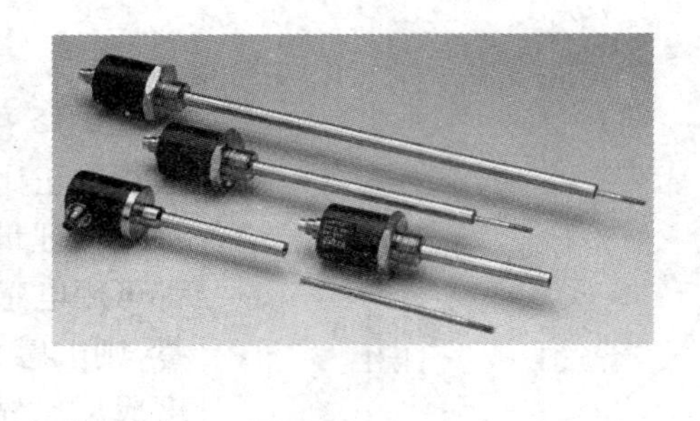

(b)

图 2-17　螺管式电感传感器

(a)结构图；(b)实物图

1—线圈；2—衔铁；3—测杆；4—工件

引起螺管线圈电感量的变化。当线圈参数和衔铁尺寸一定时，电感相对变化量与衔铁插入长度的相对变化量成正比，但由于线圈内磁场强度沿轴向分布并不均匀，因而这种传感器输出特性为非线性。对于长螺管线圈且衔铁工作在螺管的中部时，可以认为线圈内磁场强度是均匀的，此时线圈电感量与衔铁插入深度成正比。

螺管式电感传感器结构简单，制作容易，但灵敏度较低，并且只有当衔铁在螺管中间部分工作时，才能获得较好的线性关系。因此，螺管式电感传感器适用于测量比较大的位移。

4. 差动式电感传感器

上述3种传感器，由于线圈中有交流励磁电流，因而衔铁始终承受电磁吸力，而且易受电源电压、频率波动以及温度变化等外界干扰的影响，输出电感量易产生误差，非线性特征也较严重，因此不适合精密测量。在实际工作中常采用差动式结构，这样既可以提高传感器的灵敏度，又可以减小测量误差。

差动式电感传感器结构如图2-18所示。两个完全相同的单个线圈的电感传感器共用一根活动衔铁就构成了差动式电感传感器。要求上、下两个导磁体几何尺寸、形状、材料完全相同；上、下两个线圈电气参数(R、L、N)完全相同。

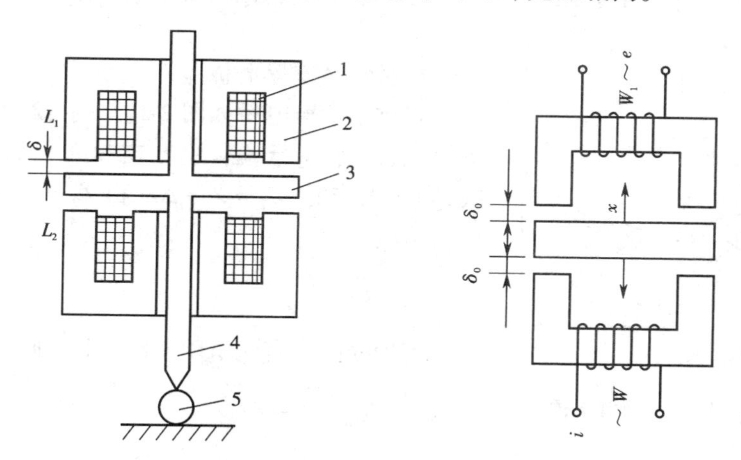

图2-18　差动式电感传感器

1—线圈；2—铁芯；3—衔铁；4—测杆；5—工件

当衔铁位移为零时，衔铁处于中间位置，两个线圈的电感 $L_1=L_2$，阻抗 $Z_1=Z_2$，属于平衡位置，测量电路的输出电压应为零。当衔铁随被测物理量移动而偏离中间位置时，两个线圈的电感一个增加，一个减少，形成差动式形式，因此 L_1、L_2 不再相等，Z_1 不等于 Z_2，经测量电路转换为一定的输出电压值。衔铁移动方向不同，输出电压的极性也不同。

假设衔铁上移 $\Delta\delta$，则差动电感总的变化量为

$$\Delta L = L_1 - L_2 = \frac{N^2\mu_0 A}{2(\delta - \Delta\delta)} - \frac{N^2\mu_0 A}{2(\delta + \Delta\delta)} = \frac{N^2\mu_0 A}{2} \times \frac{2\Delta\delta}{\delta^2 - \Delta\delta^2} \tag{2-18}$$

当 $\Delta\delta$ 的变化很小时，即满足 $\Delta\delta$ 远小于 δ 时，式中的 $\Delta\delta^2$ 可以忽略不计，则

$$\Delta L \approx 2\,\frac{N^2\mu_0 A}{2\delta^2}\Delta\delta = \frac{N^2\mu_0 A}{\delta^2}\Delta\delta \tag{2-19}$$

其灵敏度为

$$S \approx \frac{\Delta L}{\Delta\delta} = \frac{N^2\mu_0 A}{\delta^2} \tag{2-20}$$

由式 2-20 可以看出，差动式电感传感器的灵敏度为非差动式电感传感器的两倍。且差动连接后的输出特性的线性度也得到了改善。

二、自感式电感传感器的测量电路

交流电桥是自感式电感传感器的主要测量电路，它的作用是将线圈电感的变化转换为电桥电路的电压或电流输出。前面已提到差动式结构可以提高灵敏度，改善线性特征，所以交流电桥也多采用双臂工作形式。通常将传感器作为电桥的两个工作臂，电桥的平衡臂可以是纯电阻、阻抗也可以是变压器的二次侧绕组或紧耦合电感线圈。

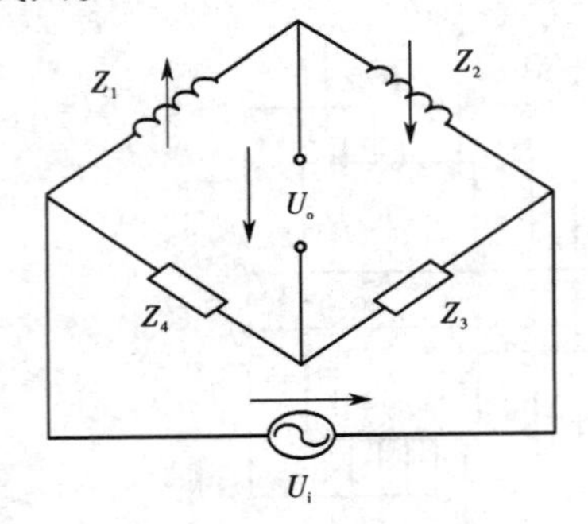

图 2-19　阻抗平衡臂电桥

1. 阻抗平衡臂电桥

阻抗平衡臂电桥如图 2-19 所示，Z_1、Z_2 为传感器阻抗，另有 $Z_3 = Z_4$。由于电桥工作臂是差动形式，则在工作时，$Z_1 = Z + \Delta Z$ 和 $Z_2 = Z - \Delta Z$，电桥的输出电压为

$$U_o = \frac{\Delta Z}{2Z}U_i \tag{2-21}$$

若把线圈的直流电阻忽略不计，则

$$U_o \approx \frac{U_i}{2}\frac{\Delta L}{L} \tag{2-22}$$

上式可以看出：交流电桥的输出电压与传感器线圈电感的相对变化量是成正比的。

2. 变压器式电桥

如图 2-20 所示，Z_1、Z_2 为差动电感传感器的两个线圈阻抗，另两臂为变压器的次级绕组。对其输出电压的分析、表达式与阻抗平衡臂电桥相同，当 $Z_1 = Z - \Delta Z$ 和 $Z_2 = Z + \Delta Z$ 时，

$$U_o = -\frac{\Delta Z}{2Z}U_i \tag{2-23}$$

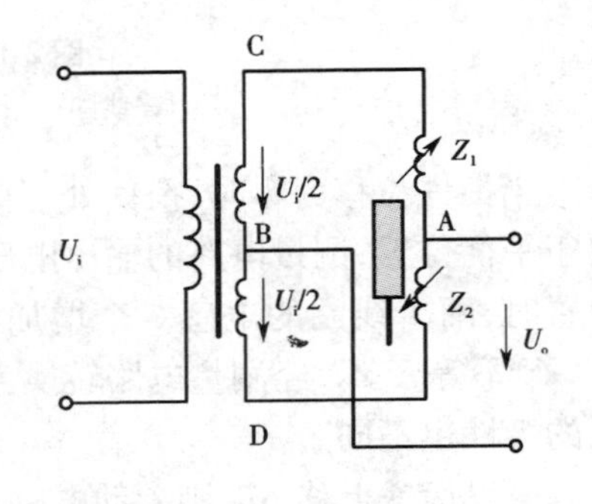

图 2-20　变压器式电桥

当考虑到衔铁在上、下不同的方向产生位移

时,

$$U_o = \pm\frac{\Delta Z}{2Z}U_i \tag{2-24}$$

$$U_o \approx \pm\frac{\Delta L}{2L}U_i \tag{2-25}$$

也就是说位移方向不同,输出电压反相。但是由于桥路电源是交流电,所以若在转换电路的输出电压端接上普通仪表时,无法判别输出电压的极性和衔铁位移的方向。此外,当衔铁处于差动电感的中间位置时,可以发现,无论怎样调节衔铁的位置,均无法使测量转换电路输出为零,总有一个很小的输出电压(零点几毫伏,有时甚至可达数十毫伏)存在,这种衔铁处于零点附近时存在的微小误差电压称为零点残余电压。输出特性如图 2-21 所示。

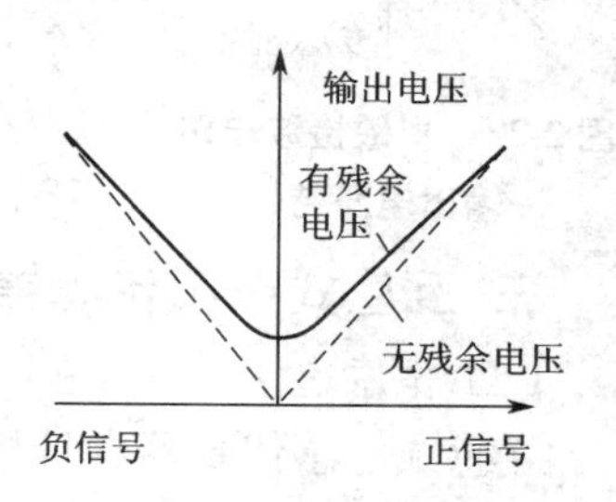

图 2-21 非相敏检波

产生零点残余电压的具体原因有:①差动电感两个线圈的电气参数、几何尺寸或磁路参数不完全对称;②存在寄生参数,如线圈间的寄生电容及线圈、引线与外壳间的分布电容;③电源电压含有高次谐波;④磁路的磁化曲线存在非线性。

减小零点残余电压的方法通常有:①提高框架和线圈的对称性;②减小电源中的谐波成分;③正确选择磁路材料,同时适当减小线圈的励磁电流,使衔铁工作在磁化曲线的线性区;④在线圈上并联阻容移相电路,补偿相位误差;⑤采用相敏检波电路。

3. 相敏检波电路

相敏检波电路可以解决普通仪表无法反映输出电压极性(即位移方向)的问题。图 2-22 所示的是一个采用了带相敏整流的交流电桥。差动式电感传感器的两个线圈作为交流电桥相邻的两个工作臂,指示仪表是中心为零刻度的直流电压表或数字电压表。

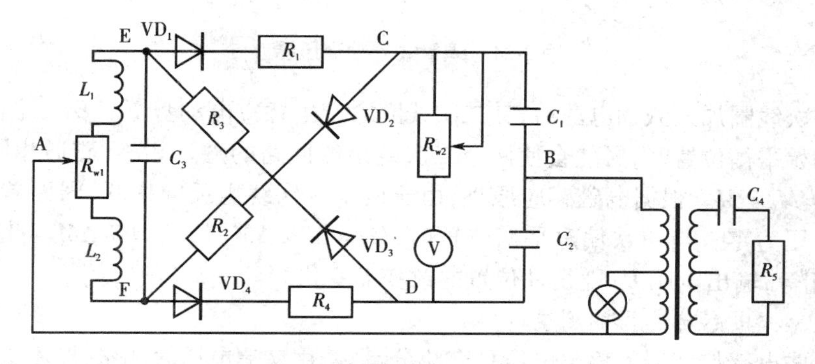

图 2-22 带相敏整流的交流电桥

设差动电感传感器的线圈阻抗分别为 Z_1 和 Z_2。当衔铁处于中间位置时,Z_1 =

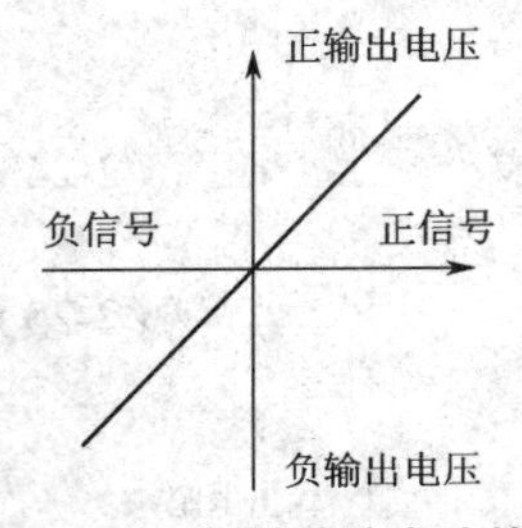

图 2-23　相敏检波电路的输出电压特性

$Z_2 = Z$，电桥处于平衡状态，C 点电位等于 D 点电位，电表指示为零。

当衔铁上移，上部线圈阻抗增大，$Z_1 = Z + \Delta Z$，下部线圈阻抗减少，$Z_2 = Z - \Delta Z$。则 D 点电位高于 C 点电位，直流电压表正向偏转。当衔铁下移时，电压表总是反向偏转。可见采用带相敏整流的交流电桥，输出信号既能反映位移大小又能反映位移的方向。输出电压特性如图 2-23 所示。

三、互感式电感传感器

1. 工作原理

互感式电感传感器本身相当于一个变压器，当一次线圈接入电源后，二次线圈就将产生感应电动势，当互感变化时，感应电动势也相应变化。这种传感器二次绕组一般有两个，接线方式又是差动的，故又称为差动变压器。差动变压器像自感传感器一样，也有变气隙式、变面积式和螺管式三种类型。目前应用最广的是螺管式差动变压器，如图 2-24 所示。

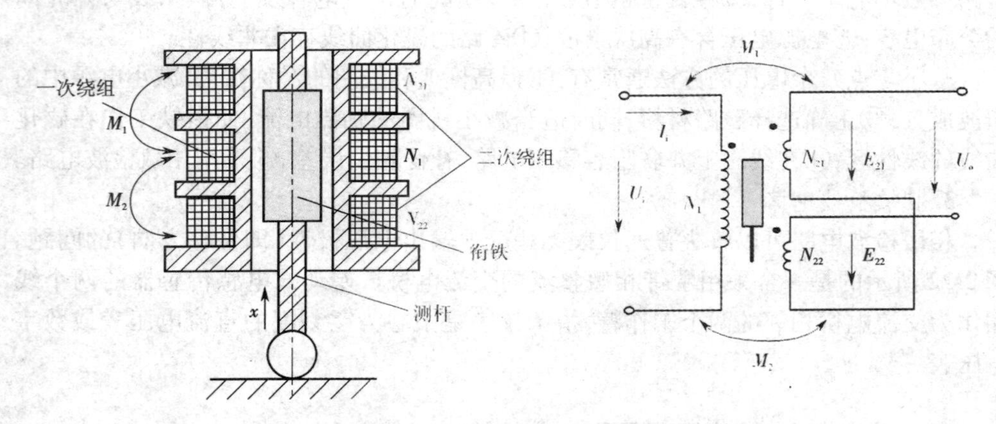

图 2-24　螺管式差动变压器

当一次线圈加入激励电源后，其二次线圈会产生感应电动势 E_{21}、E_{22}。当活动衔铁处于初始平衡位置时，必然会使两个二次绕组磁回路的磁阻相等，磁通相同，互感系数 $M_1 = M_2 = M$。根据电磁感应原理，由于两个二次绕组反向串联，因而差动变压器输出电压为零。当衔铁偏离平衡位置时，$M_1 = M \pm \Delta M$，$M_2 = M \mp \Delta M$。此时 E_{21}、E_{22}不再相等，输出电压 U_o 随衔铁位置的改变而变化。

2. 互感式电感传感器的测量电路

互感式电感传感器的输出电压是交流分量，若用交流电压表测量，既不能反映衔铁移动的方向，又不能解决零点残余电压问题，为此，常采用差动相敏检波电路和差动整流电路。

1）差动相敏检波电路

差动相敏检波电路图如图 2-25 所示。

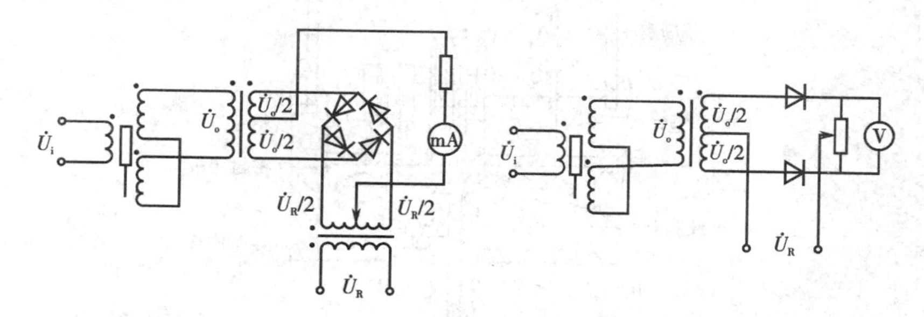

图 2-25　差动相敏检波电路

2）差动整流电路

差动整流电路是差动变压器常用的测量电路，把差动变压器两个输出线圈的电压分别整流后，以它们的差作为输出，这样零点残余电压就不会影响测量结果。差动整流电路图如图 2-26 所示。

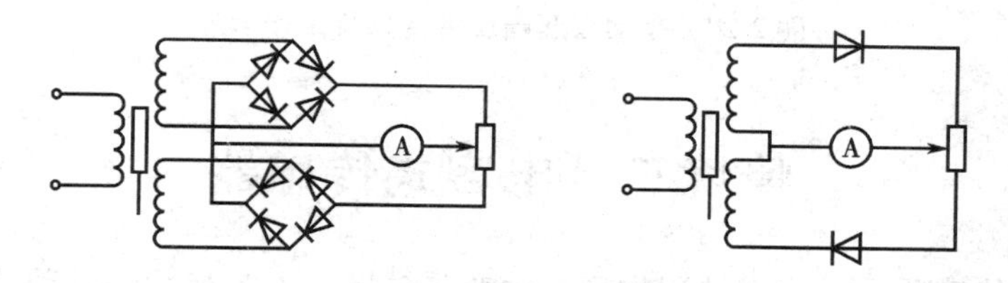

图 2-26　差动整流电路

四、互感式电感传感器的应用

互感式电感传感器的应用很广，它不仅可直接用于测量位移，还可以用于测量能转换成位移量变化的参数，如压力、力、压差、加速度、振动、应变、流量、厚度、液位等。

图 2-27 所示的是差动变压器压力传感器结构图。它用于测量各种生产流程中液体、水蒸气及气体压力等。

该传感器的敏感元件为波纹膜盒，差动变压器的衔铁与膜盒相连。当被测压力 F_1 输入到膜盒中，膜盒的自由端面便产生一个与压力 F_1 成正比的位移，此位移带动衔铁上下移动，从而使差动变压器有正比于被测压力的电压输出。该传感器的信号输出处理电路与传感器组合在一个壳体内，输出信号可以是电压，也可以是电流。由于电流信号不易受干扰，且便于远距离传输，所以在使用中多采用电流输出型。差动变压器压力传感器的工作原理示意图如图 2-28 所示。

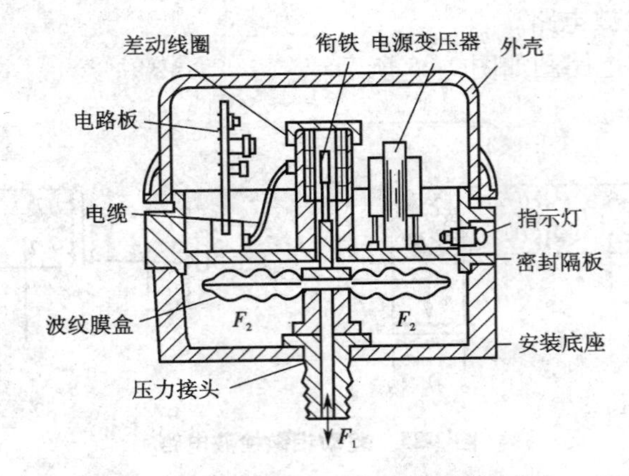

图 2-27 差动变压器压力传感器结构

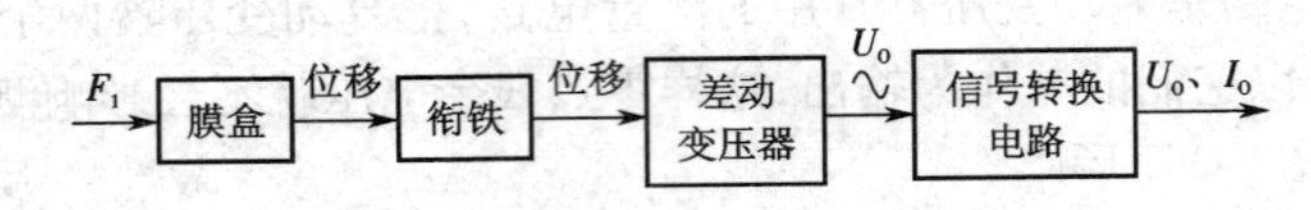

图 2-28 差动变压器压力传感器工作示意

情境三 电容式传感器

电容式传感器是指能将被测物理量的变化转换为电容变化的一种传感元件。电容式传感器的应用技术近几十年来有了较大的进展。由于电容式传感器的结构简单,分辨率高,工作可靠,可实现非接触测量,并能在高温、辐射、强烈振动等恶劣条件下工作,易于获得被测物理量与电容量变化的线性关系,因此广泛应用于力、压力、压差、振动、位移、加速度、液位、料位、成分含量等物理量的检测。

一、电容式传感器工作原理和类型

一个平行板电容器,如果不考虑其边缘效应,则电容器的容量为

$$C=\frac{\varepsilon A}{d} \tag{2-26}$$

式中:ε 为电容极板间介质的介电常数;A 为两平行板的正对面积;d 为两平行板之间的距离。

可见当被测参数变化引起 ε、A、d 中任何一个发生变化时,都将引起 C 的改变。若保持其中两个参数不变,通过被测物理量的变化改变其中的一个参数,就可把该参数的变化转换为电容量的变化。这就是电容传感器的基本工作原理。

根据被测参数的变化,电容式传感器可分为:变极距(d)型电容传感器,变面积(A)型电容传感器,变介电常数(ε)型电容传感器。图 2-29 为各种不同结构的电容

式传感器元件。

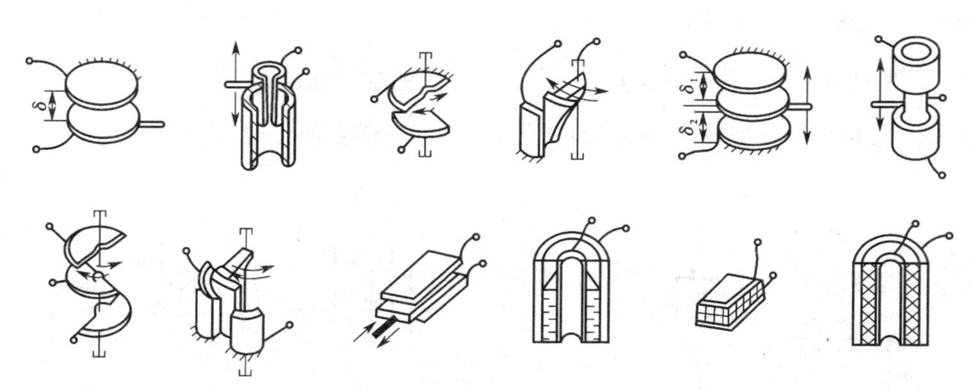

图 2-29　电容式传感器元件的各种结构类型

1. 变极距型

如图 2-30 所示，设 ε 和 A 不变，初始状态极距为 d 时，电容器容量为 C_0。若动极板有位移，使极板间距离减小 x，则电容增大，由 C_0 增大到 C_x。

$$C_x = \frac{\varepsilon A}{d - x} = C_0\left(1 + \frac{x}{d - x}\right) \tag{2-27}$$

由式(2-27)可知电容 C_x 与位移 x 不是线性关系。

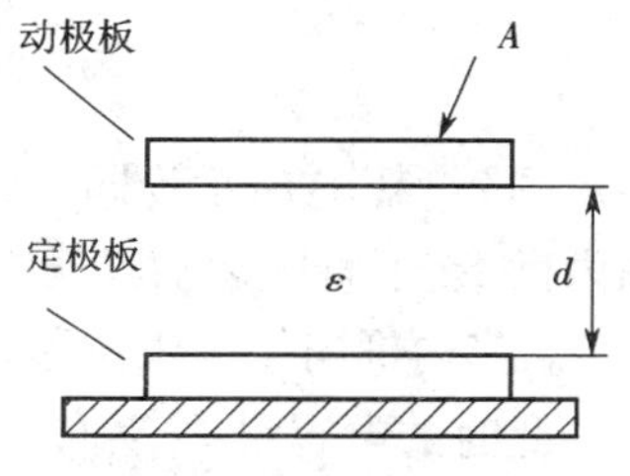

图 2-30　变极距电容传感器示意

为了提高测量的灵敏度，减小非线性误差，实际应用时常采用差动式结构。如图 2-31 所示，中间为动极板，上、下两块为定极板，当动极板上、下移动时，两个定极板与动极板之间的电容形成差动变化。经信号测量转换电路后，灵敏度提高近一倍，线性度得到大大改善。

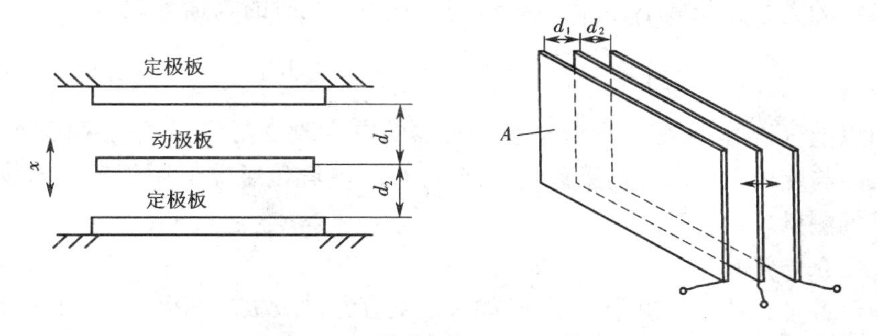

图 2-31　差动式变极距型电容传感器示意

2. 变面积型

图 2-32(a)所示为平板直线位移式变面积型电容传感器，极板尺寸如图所示，动

极板做直线运动，改变了两极板的相对面积，引起了电容量的变化。当动极板随被测物体产生位移 x 后，此时的电容量 C_x 为

$$C_x=\frac{\varepsilon b(a-x)}{d}=C_0\left(1-\frac{x}{a}\right) \tag{2-28}$$

式中：b 是极板的宽度；a 是极板的长度；x 是在 a 方向上的位移。

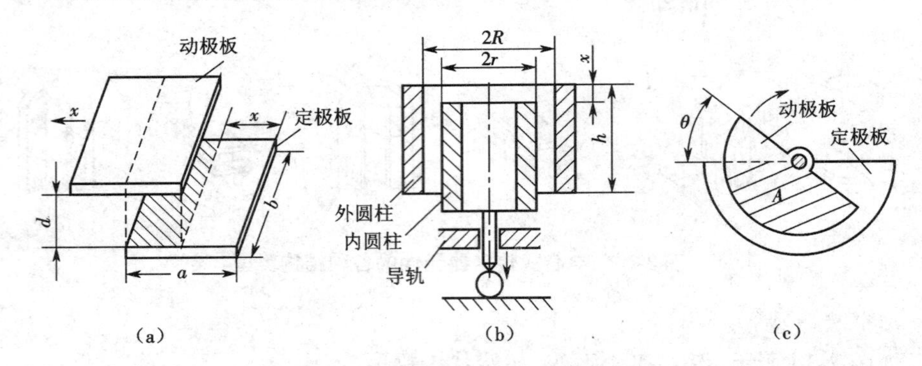

图 2-32　变面积型电容传感器示意

(a)平板直线位移式；(b)同心圆桶式；(c)角位移式

图 2-32(b)所示为同心圆桶式变面积型电容传感器，外圆桶不动，内圆桶在外圆桶内做上、下直线运动。设内、外圆桶的半径分别为 r、R，内、外圆桶原来的重叠长度为 h。当内桶向下产生位移 x 后，两个同心圆桶的重叠面积减小，引起电容量随之减小。此时的电容量 C_x 为

$$C_x=\frac{2\pi\varepsilon(h-x)}{\ln(R/r)}=C_0\left(1-\frac{x}{h}\right) \tag{2-29}$$

图 2-32(c)所示为角位移式变面积型电容传感器，动极板可围绕定极板旋转形成角位移。设两极板初始重叠角度为 π，动极板随被测物体带动产生一个角位移 θ，两个极板的重叠面积减小，因而电容量随之减小。此时的电容量 C_θ 为

$$C_\theta=\frac{\varepsilon A}{d}\left(1-\frac{\theta}{\pi}\right) \tag{2-30}$$

由以上分析可知，变面积型电容传感器的电容改变与位移量的变化(x、θ)呈线性关系。与变极距型电容传感器相比，变面积型电容传感器适用于较大角位移及直线位移的测量。

3. 变介电常数型

由于各种介质的介电常数不同，如果在电容器的极板之间插入不同的介质，电容器的电容量就会变化。变介电常数型电容传感器利用的就是这个原理，常被用来测量液体的液位和材料的厚度。还可根据极板间介质的介电常数随温度、湿度而改变的特性测量温度、湿度等。

图 2-33 为电容液位计原理图。当被测绝缘液体的液面在两个同心圆金属管状

电极间上、下变化时，引起两极间不同介质的高度发生变化，从而导致总电容量改变，即

$$C=\frac{2\pi(H-h)\varepsilon}{\ln(D/d)}+\frac{2\pi h\varepsilon_1}{\ln(D/d)} \tag{2-31}$$

式中：H 为极板的高度；d、D 分别为内、外电极的直径；h 为液面的高度。

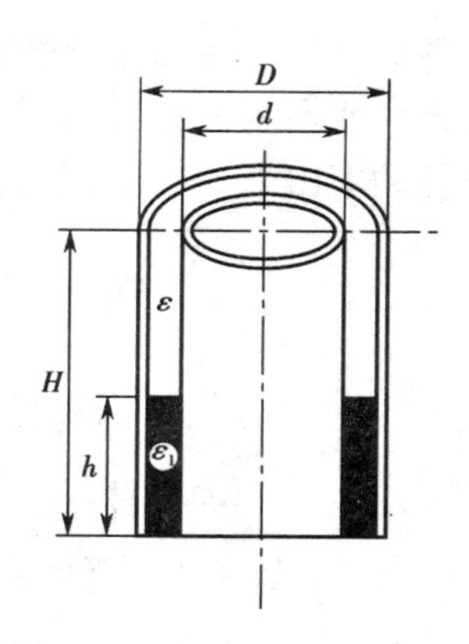

图 2-33　电容液位计原理示意

二、电容式传感器测量电路

电容式传感器把被测物理量转换为电容变化后，还要经测量转换电路将电容量转换为电压或电流信号，以便记录、传输、显示、控制等。常见的电容式传感器测量转换电路有桥式电路和调频电路等。

1. 桥式电路

1）单臂电桥

如图 2-34 所示，电容 C_x、C_1、C_2、C_3 构成电桥的四臂，设 C_x 的初始电容为 C_0，当电容传感器没有被测物理量输入时，$C_0=C_1=C_2=C_3$，C_x 为电容传感器，当 C_x 改变时，$U_o\neq0$，输出电压为

$$\dot{U}_o\approx\frac{1}{4}\frac{\Delta C}{C_0}\dot{U}_i \tag{2-32}$$

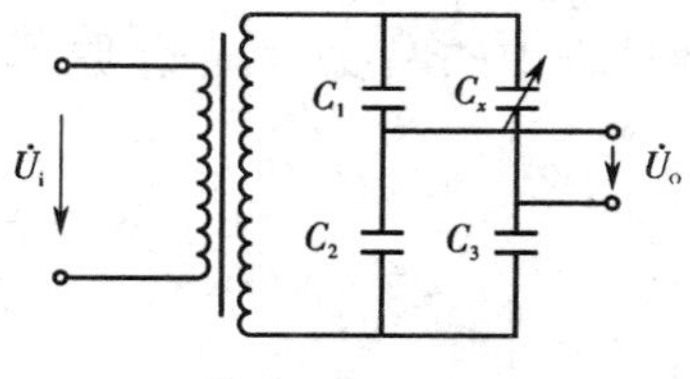

图 2-34　单臂电桥

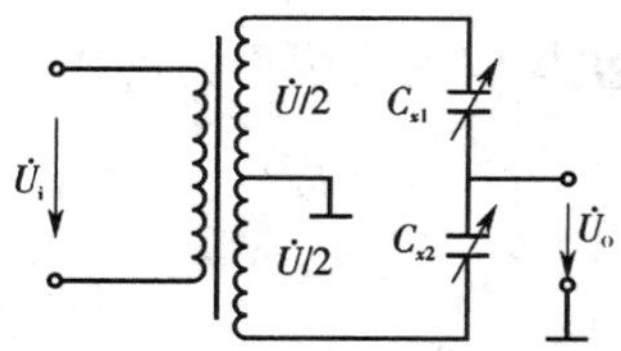

图 2-35　双臂电桥

2）双臂电桥

如图 2-35 所示，C_{x1} 和 C_{x2} 为差动式传感器的电容，与变压器的副边绕组形成双臂电桥。初始电容为 C_0，有被测物理量输入时，C_{x1} 和 C_{x2} 差动变化，$\Delta C_{x1}=\Delta C_{x2}=\Delta C$，电桥失去平衡，则输出电压为

$$\dot{U}_o=\pm\frac{\Delta C}{C_0}\frac{\dot{U}}{2} \tag{2-33}$$

需要注意的是，该电路的输出必须经过相敏检波电路处理才能辨别位移的方向。由于电桥输出电压与电源电压成比例，因此要求电源电压波动极小，应采用稳幅、稳频等措施，以保证输出电压是传感器输出电容变化值 ΔC 的单值函数。

2. 调频电路

将电容传感器接入高频振荡器的 LC 谐振回路中，作为回路的一部分。当被测

物理量变化使传感器电容改变时,振荡器的振荡频率随之改变,即振荡器频率受传感器电容所调制,因此称为调频电路。调频电路的原理如图 2-36 所示。调频振荡器的振荡频率由下式决定:

$$f_0 = \frac{1}{2\pi\sqrt{LC}}$$

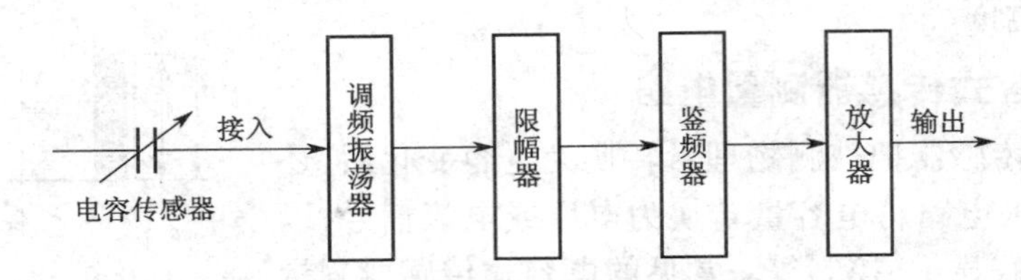

图 2-36 调频电路的原理框图

这样一个受传感器电容变化所调制的调频波,其频率的变化在鉴频器中转换为电压幅度的变化,经放大器放大后可通过仪表显示或进行控制。同时,转换电路生成的频率信号,可远距离传输而不受干扰。

三、电容式传感器的应用举例

与电感式传感器相比,电容式传感器除用于测量位移、振动、压力、液位,还可以对非金属材料测量,如涂层、油膜厚度、电介质的湿度、容量、厚度等。同时可检测塑料、木材、纸张、液体等电介质。以电容测厚仪为例,说明电容式传感器的应用。

电容测厚仪主要用于测量金属带材在轧制过程中的厚度,其工作原理如图 2-37 所示。

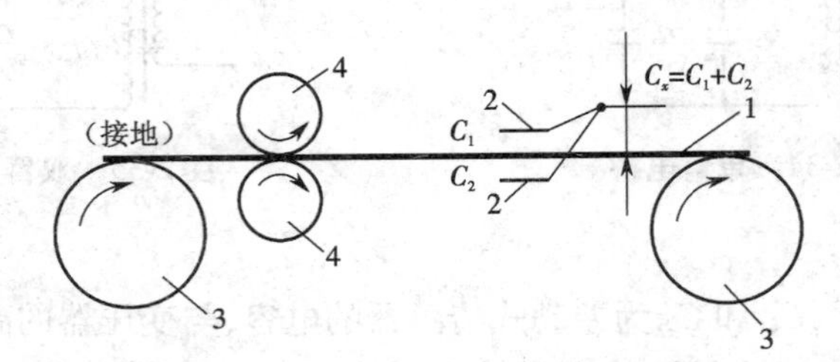

图 2-37 电容测厚仪示意

1—金属带材;2—电容极板;3—传动轮;4—轧辊

在被测金属带材的上、下两侧各放置一块面积相等、与带材距离相等的极板,这样极板和带材就形成两个电容器。把两块极板用导线连接起来作为电容器的一个极板,而金属带材就是电容的另一个极板,其总电容 $C_x = C_1 + C_2 = 2C$。如果带材的厚度发生变化,将引起电容量的变化,用交流电桥将这一变化检测出来。再经过放大即可用显示仪表显示带材厚度的变化。

四、绝缘问题

电容式传感器电容量小、阻抗高，绝缘问题突出。因此应选择优质绝缘材料，并在装配前严格清洗。同时，传感器壳体必须密封，防止水汽进入。采用较高频率的电源供电，以降低内阻抗，相应降低对绝缘电阻的要求。

另外，由于电容式传感器的电容量很小，传感器电容极板并联的寄生电容相对大得多，往往使传感器不能正常使用。消除和减小寄生电容的影响显得尤其重要。缩小传感器至测量线路前置级的距离，或利用整体屏蔽法，都可以有效降低寄生电容对电容式传感器测量系统的影响。

要点回顾

电阻应变式传感器的工作原理基于电阻应变效应。金属电阻应变片主要依靠导体的长度和半径发生改变而引起电阻变化；半导体电阻应变片依靠其电阻率发生变化而引起电阻变化（即压阻效应）。

电阻应变式传感器采用桥式测量转换电路，通常采用全桥形式，其输出电压为

$$U_o = \frac{U_i}{4} S(\varepsilon_1 - \varepsilon_2 + \varepsilon_3 - \varepsilon_4)$$

全桥形式具有温度自补偿功能。

电阻应变式传感器广泛应用在力、加速度等有关物理量的测量中。

电感式传感器是根据电磁感应原理，将被测非电量的变化转换为线圈的电感（或互感）变化来实现非电量测量的。利用电感式传感器能测量位移、压力、振动、应变、流量等参数。它具有结构简单、分辨力及测量精度高等优点，因此在工业自动化测量技术中得到广泛应用。它的主要缺点是响应较慢，不宜快速动态测量。此类传感器的分辨力与测量范围有关。测量范围大，分辨力低，反之则高。

当各种被测物理量通过敏感元件使电容式传感器的两极板的极距、遮盖面积或两极板间介质的介电常数发生变化时，电容量就要随之变化。然后再经转换电路转换为电压、电流或频率等信号输出，从而反映出被测物理量的大小。电容式传感器由于具有精度高、零漂小、结构简单、功耗小、动态响应快、灵敏度高等优点，广泛应用于位移、振动、角度、加速度、压力、压差、液位、料位等物理量的测量。它的非接触测量特点使它在自动生产和自动控制方面有较好的应用前景。

习题 2

2-1 应变片由哪几部分组成？其核心部分是什么？

2-2 什么是应变效应？利用应变效应解释金属电阻应变片工作原理。

2-3 何为电感式传感器？它是基于什么原理进行检测的？

2-4 简述变气隙式电感传感器的工作原理。

2-5 简述电容式传感器的工作原理。

2-6 电容式传感器的测量电路有哪些？

2-7 试比较本章讲述的几种常用测量电路的特点：灵敏度、线性度和稳定性。

2-8 差动式电感传感器测量电路为什么经常采用相敏检波（或差动整流）电路？试分析其原理。

2-9 如图 2-38，已知某变面积型电容式传感器的两极板间距离为 20 mm，ε = 50 μF/mm，两极板几何尺寸均为 35 mm × 25 mm × 5 mm。在外力作用下，其中动极板在原位置上向外移动了 15 mm。试求其 ΔC 和 S。

2-10 如图 2-39，已知某角位移型电容传感器的两极板间的距离为 5 mm，ε = 60 μF/mm，两极板的面积一样，半径 R = 15 mm。其中一个动极板的轴，由被测物体带动而旋转 30°。试求其电容的变化量。

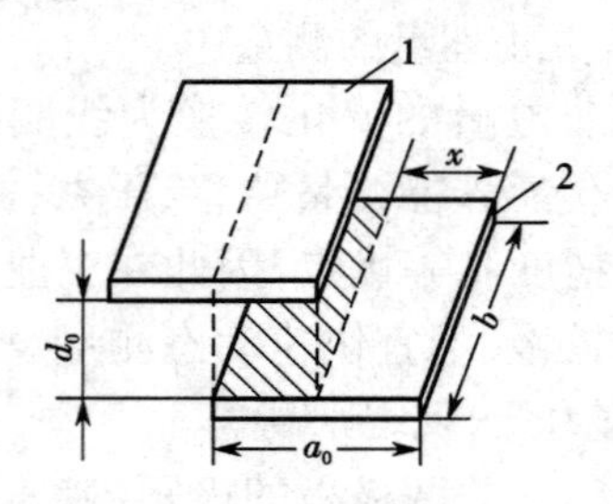

图 2-38 第 2-9 题图

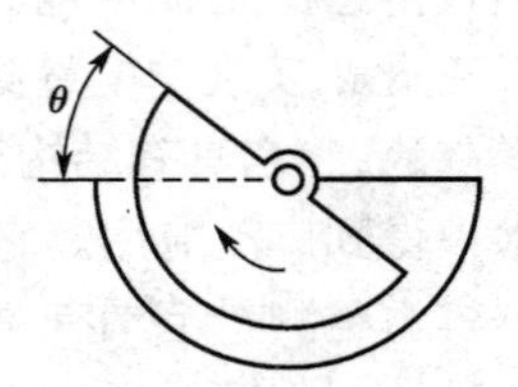

图 2-39 第 2-10 题图

任务三　发电型传感器

任务要求

熟悉发电型传感器的基本原理,理解通过压电效应、霍尔效应将非电量信号转换为电信号的过程。

掌握压电式传感器、霍尔传感器、磁电式传感器、超声波传感器的应用。

情境一　压电式传感器

压电式传感器是一种有源传感器,即发电型传感器。它是以某些材料的压电效应为基础,在外力作用下,这些材料的表面上产生电荷,从而把力转换为电荷,实现非电量到电量的转换。因此压电式传感器是力敏元件,它能测量最终能变换为力的物理量,例如压力、应力、加速度、振动等。由于没有运动部件,因此结构坚固,可靠性和稳定性高,在工程上有着广泛的应用。

一、压电效应

科学研究发现,某些电介质在沿一定的方向受到外力作用变形时,由于内部电荷的极化现象,会在其表面产生电荷,当外力去掉后,又重新恢复到不带电状态。这种现象称做压电效应,如图 3-1 所示。

图 3-1(a)是在 x 轴方向受压力,图 3-1(b)是在 x 轴方向受拉力,图 3-1(c)是在 y 轴方向受压力,图 3-1(d)是在 y 轴方向受拉力。从图中可以看出,改变压电材料的变形方向,可以改变其产生电荷的极性。

实验证明,压电元件上产生的电荷量 Q 与施加的外力 F 成正比,即

$$Q = dF \tag{3-1}$$

式中:d 为压电材料的压电系数;F 为施加在压电材料上的外力。

二、电致伸缩效应

压电效应是可逆的,当在压电元件上沿着电轴的方向施加电场,压电元件将产生机械变形。如果外加电场的大小、方向发生变化,压电元件的机械变形的大小也随之

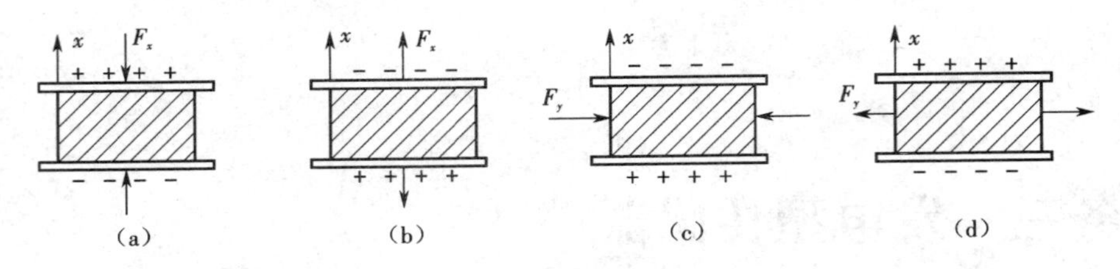

图 3-1 压电效应示意

(a) x 轴方向受压力;(b) x 轴方向受拉力;(c) y 轴方向受压力;(d) y 轴方向受拉力

相应变化,这种现象称做电致伸缩效应。可以想象,如果外加电场以很高的频率按正弦规律变化,压电元件的机械变形也按正弦规律快速变化,这种变化使压电元件产生机械振动。超声波就是利用这种效应制作的。

三、压电材料

常见的压电材料可分为三类:压电晶体、压电陶瓷和新型压电材料。

1. 压电晶体

石英晶体是一种性能良好的天然压电晶体,其突出的优点是稳定性好,转换效率和转换精度高。此外石英晶体还具有线性范围宽、重复性好、固有频率高、动态特性好、工作温度高(可达 550 ℃,且压电系数不随温度而改变)等优点,但石英晶体压电系数较低,价格较贵。

2. 压电陶瓷

压电陶瓷是一种人工制造的多晶体,将各成分按照一定的比例混合均匀后在高温中烧结而成。与石英压电晶体相比,压电陶瓷的优点是压电系数高,制造成本低。因此实际使用的压电传感器大都采用压电陶瓷材料。缺点是熔点低,性能没有石英压电晶体稳定。

3. 新型压电材料

新型压电材料主要指有机压电薄膜和压电半导体等。有机压电薄膜是由某些高分子聚合物,经延展拉伸和电场极化后形成的具有压电特性的薄膜,如聚偏氟乙烯、聚氟乙烯等。有机压电薄膜具有柔软、不易破碎、防水性好、面积大等优点,可制成大面积阵列传感器和机器人触觉传感器。

有些材料如硫化锌、氧化锌、硫化钙等,具有压电特性和半导体特性两种物理性能,故可以利用压电性能制作敏感元件,又可以利用半导体特性制成电路器件研制成新型集成压电传感器。

四、等效电路

压电元件是在压电晶片产生电荷的两个工作面上进行金属蒸镀,形成两个金属膜电极。当压电晶片受力时,在晶片的两个表面上聚积等量的正、负电荷。晶片两表面相当于电容器的两个极板，两极板之间的压电材料等效于一种介质，因此压电晶片相当于一个平行极板介质电容器。

因此，压电元件可以等效于一个电荷源 Q 和一个电容 C_a 并联的电路，如图 3-2(a)所示；也可以等效于一个电压源 $U=Q/C_a$ 和一个电容 C_a 串联的电路，如图 3-2(b)所示。

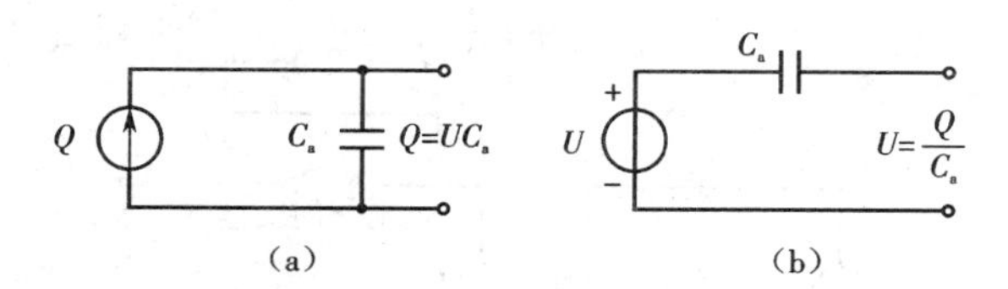

图 3-2　压电元件等效电路

(a)电荷源；(b)电压源

五、压电式传感器的测量电路

由于压电元件上产生的电荷量很小，必须选择一种合适的放大器将电荷量检测出来。常用的压电传感器的测量电路有以下两种。

1. 电压放大器

如图 3-3 所示，C_a 为传感器的电容；R_a 为传感器的漏电阻；C_c 为连接电缆的等效电容；R_i 为放大器的输入电阻；C_i 为放大器的输入电容。假设有一交变的力作用到压电元件上，则压电元件上产生的电荷量为

$$Q=dF \tag{3-2}$$

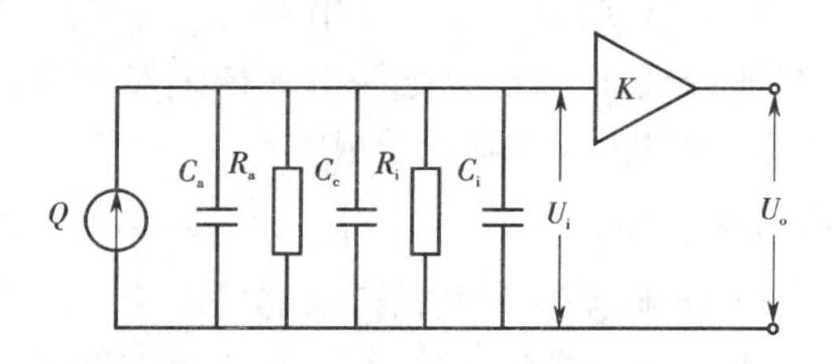

图 3-3　电压放大器

此时放大器输入端的电压为

$$U_i=\frac{dF}{C_a+C_c+C_i} \tag{3-3}$$

因此放大器的输出与 C_a、C_c、C_i 有关，实际使用时，不能随意更换传感器出厂时的连接电缆，否则，会给测量带来误差。

压电式传感器在与电压放大器配合使用时，连接电缆不能太长。电缆长，则电缆电容 C_c 就大，电缆电容增大必然使传感器的电压灵敏度降低。这在一定程度上限制了压电式传感器在某些场合的应用。

2. 电荷放大器

如图 3-4 所示,电荷放大器的输出电压为

$$U_o=\frac{-AQ}{C_a+C_c+C_i+(1+A)C_f} \tag{3-4}$$

式中:A 为放大器的放大倍数;C_f 为反馈电容。

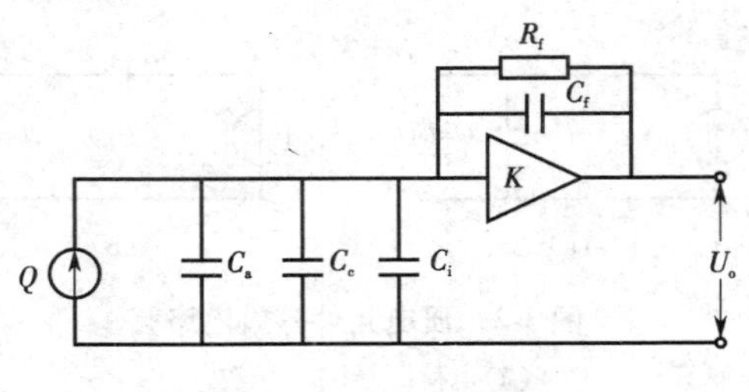

图 3-4　电荷放大器

由于放大器的增益很大,所以上式中的 $C_a+C_c+C_i$ 可以忽略。放大器的输出电压为

$$U_o=\frac{-AQ}{(1+A)C_f}\approx\frac{-Q}{C_f} \tag{3-5}$$

电荷放大器的输出电压只与反馈电容有关,而与连接电缆无关,更换连接电缆时不会影响传感器的灵敏度,这是电荷放大器的最大优点。

由于压电式传感器的输出电信号是微弱的电荷,而且传感器本身有很大内阻,故输出能量甚微,这给后接电路带来一定困难。为此,通常把传感器信号先输到高输入阻抗的前置放大器。经过阻抗变换以后,方可用于一般的放大、检测电路将信号输给指示仪表或记录器。目前,制造厂家已有把压电式传感器与前置放大器集成在一起的产品,不仅方便了使用,而且大大地降低了成本。

六、压电式传感器的应用

以玻璃打碎报警装置为例,说明压电式传感器的应用。玻璃破碎时会发出几千赫兹的振动。将高分子压电薄膜粘贴在玻璃上,可以感受到这一振动。如图 3-5 所示,高分子薄膜厚约0.2 mm,用聚偏二氟乙烯(PVDF)制成。在它的正、反两面各喷涂透明的二氧化锡导电电极,也可以用热印制工艺制作铝薄膜电极,再用超声波焊接上两根柔软的电极引线,并用保护膜覆盖。使用时,用胶将其粘贴在玻璃上,当玻璃遭到暴力打碎时,压电薄膜感受到剧烈振动。在两个输出引脚之间产生窄脉冲信号,该信号经放大后,用电缆输送到集中报警装置,产生报警信号。由于感应片很小且透明,不易察觉,所以可安装在贵重物品柜台、展览橱窗等位置。

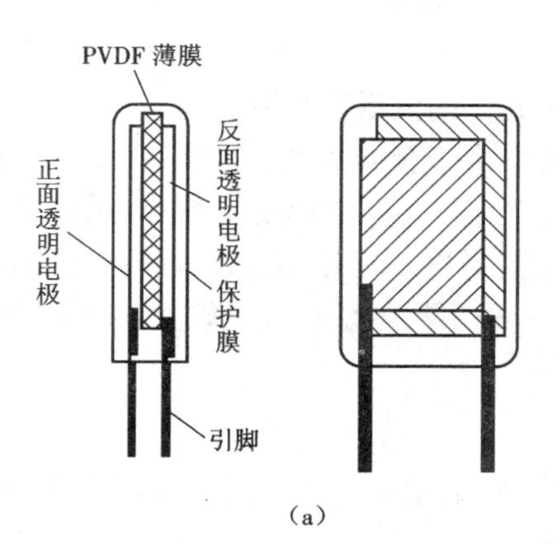

(a)

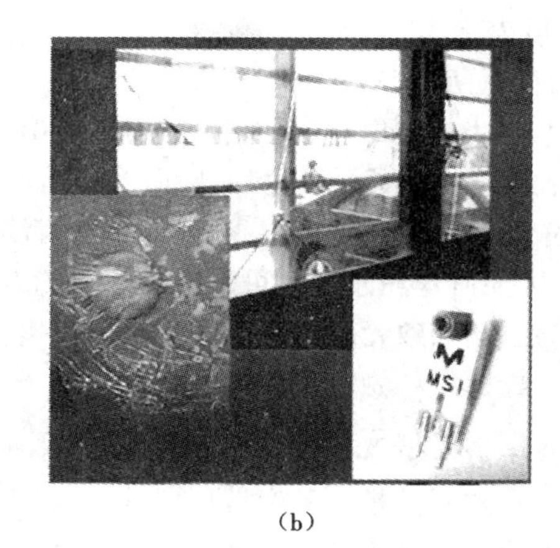

(b)

图 3-5　高分子压电薄膜振动感应片

(a)示意图;(b)实物图

情境二　霍尔传感器

霍尔传感器是目前国内外应用最广的一种磁敏传感器,它利用磁场作为媒介,可以检测很多物理量,如微位移、加速度、转速、流量、角度等,也可用于制作高斯计、电流表、功率计、乘法器、接近开关和无刷直流电机等。它还可以实现非接触测量,而且在很多情况下,可采用永久磁铁来产生磁场,不需附加能源。因此,霍尔传感器广泛应用于自动控制、电磁检测等领域中。

霍尔传感器有霍尔元件和霍尔集成电路两种类型。目前,霍尔传感器已从分立型结构发展到集成电路阶段。霍尔集成电路是把霍尔元件、放大器、温度补偿电路及稳压电源等做在一个芯片上的集成电路型结构。霍尔集成电路具有微型化、可靠性高、寿命长、功耗低以及负载能力强等优点,正越来越受到人们的重视,应用日益广泛。

一、霍尔效应

如图 3-6 所示,将金属或半导体薄片垂直放置于磁场中,并通以控制电流 I,那么,在垂直于电流和磁场的方向上将产生电势 E_H,这种现象称为霍尔效应。产生的电动势 E_H 称为霍尔电势,金属或半导体薄片称为霍尔元件。该效应是由霍尔(E. H. Hall)于 1879 年发现的。

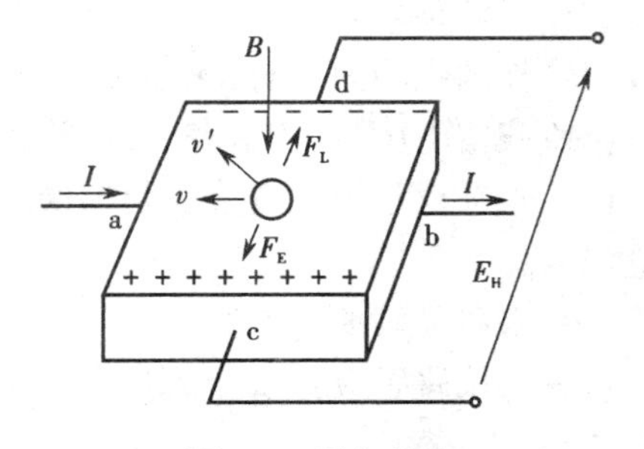

图 3-6　霍尔效应

霍尔效应的产生是由于运动电荷受到磁场中洛伦兹力(Lorenz)作用的结果。霍尔电势

E_H 可表示为

$$E_H = K_H IB \tag{3-6}$$

式中:I 为控制电流;B 为磁感应强度;K_H 为霍尔元件的灵敏度系数。

K_H 与霍尔元件材料的性质及几何尺寸有关。由于金属的电子浓度高,所以它的霍尔系数或灵敏度都很小,因此不适宜制作霍尔元件;元件的厚度 d 越小,灵敏度越高,因而制作霍尔片时可采取减小 d 的方法增加灵敏度。但是不能认为 d 越小越好,因为这会导致元件的输入和输出电阻增加。一般采用霍尔系数或灵敏度比较大的 N 型半导体材料做霍尔元件。

二、霍尔元件的主要技术参数

霍尔元件是一种四端型器件,如图 3-7 所示,它由霍尔片、4 根引线和壳体组成。霍尔片是一块矩形半导体单晶薄片,尺寸一般为 4 mm × 2 mm × 0.1 mm。通常情况下,两个红色引线 A、B 为控制电流输入线,两个绿色引线 C、D 为霍尔电势输出线。

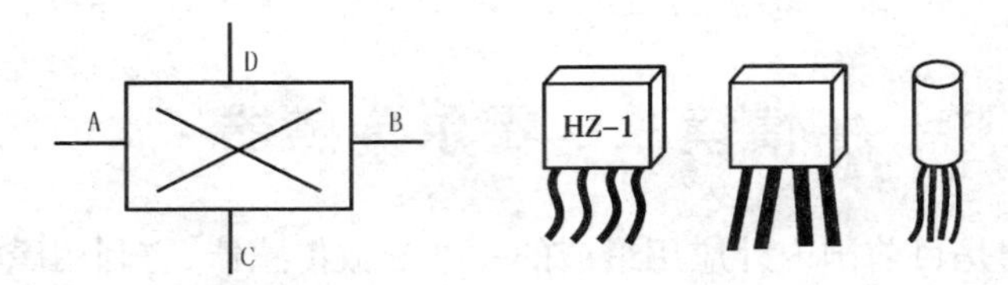

图 3-7 霍尔元件

1. 输入电阻和输出电阻

R_{IN} 为霍尔元件两个电流电极(控制电极)之间的电阻,R_{OUT} 为两个霍尔电极之间的电阻。

2. 额定控制电流

霍尔元件将因通电流而发热。使在空气中的霍尔元件产生允许温升 10 ℃时的控制电流称为额定控制电流。当控制电流超过额定控制电流 I_c 时,器件温升将大于允许的温升,器件特性将变坏。

3. 不等位电势和不等位电阻

当外加磁场为零时,霍尔输出端之间的开路电压称为不等位电势(也称非平衡电压或残留电压)U_o。它是由于四个电极的几何尺寸不对称引起的,使用时多采用电桥法来补偿不等位电势引起的误差。不等位电势与额定控制电流之比称为不等位电阻 R_o。

4. 乘积灵敏度

在单位磁感应强度下,通以单位控制电流所产生的霍尔电势称为乘积灵敏度 K_H。

5. 霍尔电势温度系数

在磁感应强度及控制电流一定的情况下,温度变化 1 ℃相应霍尔电势变化的百分数，称为霍尔电势温度系数 α。它与霍尔元件的材料有关，一般为 0.1%/℃ 左右。在要求较高情况下，应选择低温漂的霍尔元件。表 3-1 为几种典型霍尔元件的主要参数。

表 3-1　典型霍尔元件主要参数

型号	额定控制电流 I_c (mA)	乘积灵敏度 K_H (V/(A·T))	输入电阻 R_{IN} (Ω)	输出电阻 R_{OUT} (Ω)	霍尔电势温度系数 α(%/℃)
HZ—4	50	>4	45±20%	40±20%	0.03
HT—2	300	1.8±20%	0.8±20%	0.5±20%	-1.5
THS102	3~5	20~240	450~900	450~900	-0.06
OH001	3~8	20	500~1 000	500	-0.06
VHE711H	≤22	>100	150~300	120~400	-2
AG—4	15	>3.0	300	200	0.02
FA24	400	>0.75	1.4	1.1	-0.07
FC34	200	>1.45	5	3	-0.04

三、霍尔集成电路

将霍尔元件、放大器、温度补偿电路、输出电路和稳压电源等集成在一块芯片上，称为霍尔集成电路。常见的是线性型和开关型两种。

1. 线性型霍尔集成电路

在一定的控制电流条件下，线性型霍尔集成电路的输出电压与外加磁场强度呈线性关系。它有单端输出型和双端输出型两种，如图 3-8 所示。

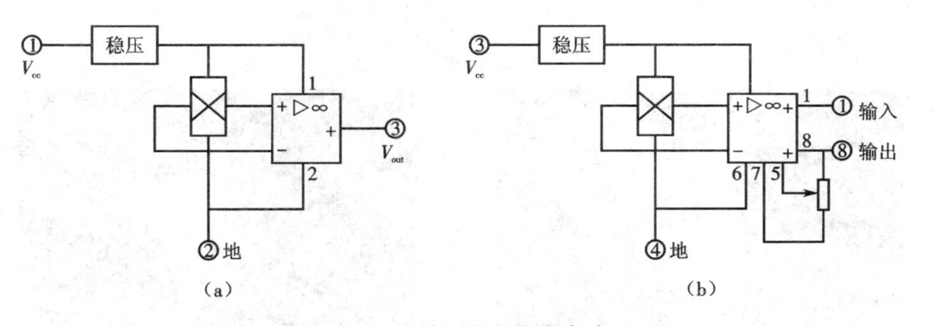

图 3-8　线性型霍尔集成电路

(a)单端输出型；(b)双端输出型

2. 开关型霍尔集成电路

常见的霍尔开关集成电路有 UGN—3000 系列，其外形与 UGN3501T 相同，内部由霍尔元件、放大器、整形电路及输出电路组成，如图 3-9 所示。

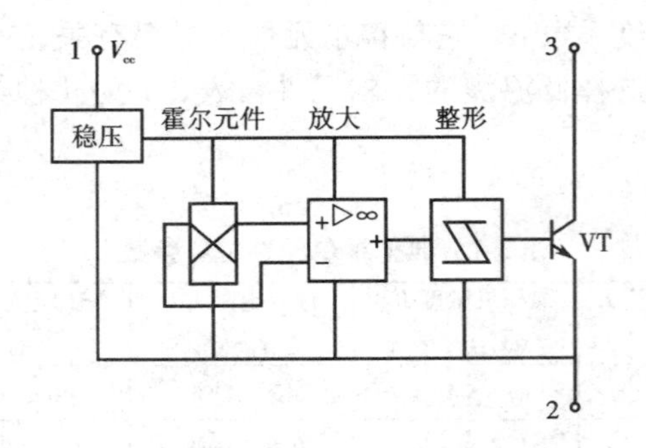

图 3-9　开关型霍尔集成电路

四、霍尔传感器的应用

1. 钳形电流表

由霍尔元件构成的电流传感器具有测量为非接触式、测量精度高、不必切断电路电流、测量的频率范围广（从零到几千赫兹）、本身几乎不消耗电路功率等特点。

根据安培定律，在载流导体周围将产生一正比于该电流的磁场。用霍尔元件来测量这一磁场，可得到一正比于该磁场的霍尔电动势。通过测量霍尔电动势的大小间接测量电流的大小，这就是霍尔钳形电流表的基本测量原理，如图 3-10 所示。

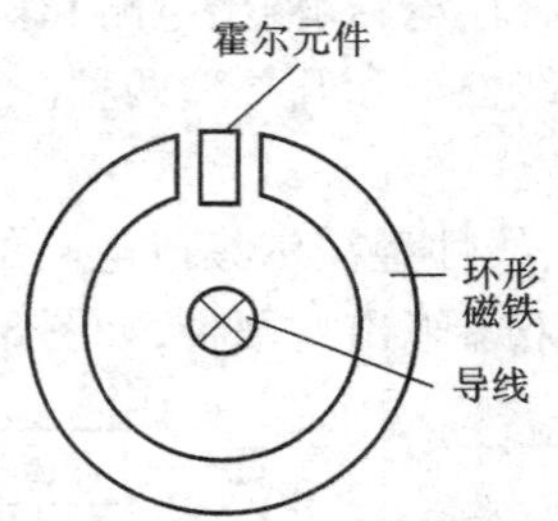

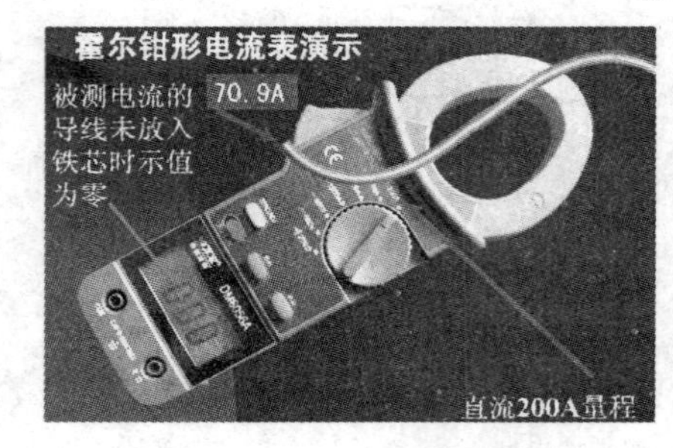

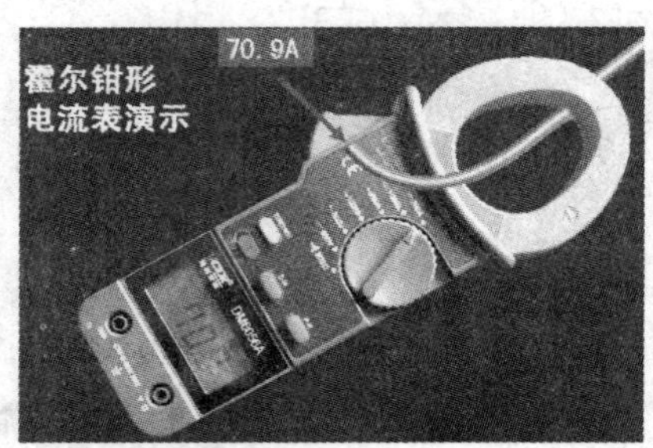

图 3-10　霍尔钳形电流表

2. 液位探测

液位探测如图 3-11 所示，在容器的上部安装开关型霍尔集成电路，液体里放置一个安有磁极的浮子。当容器内液体的液位达到检测位置时，霍尔集成电路就会输出一个开关信号,控制其他设备的启或停。

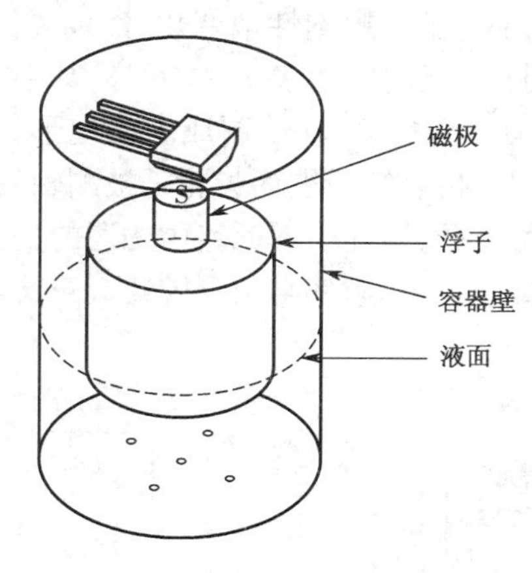

图 3-11　液位探测

情境三　磁电式传感器

磁电式传感器又称感应式传感器或电动式传感器,是利用导体和磁场发生相对运动而在导体两端输出感应电动势的原理进行工作的。它不需要辅助电源就能把被测对象的机械量转换为易于测量的电信号,是有源传感器。磁电式传感器电路简单,输出功率大且性能稳定,又具有一定的频率响应范围(一般为 10 ~ 1 000 Hz),适用于振动、转速、扭矩等物理量的测量。

一、磁电式传感器的工作原理

磁电式传感器是以电磁感应原理为基础的,根据法拉第(Faraday)电磁感应定律可知,当 N 匝线圈在均恒磁场内运动切割磁力线或线圈所在磁场的磁通变化时,线圈中所产生的感应电动势 E 的大小取决于穿过线圈的磁通 Φ 的变化率,即

$$E = -N\frac{\mathrm{d}\Phi}{\mathrm{d}t} \tag{3-7}$$

根据这一原理,将磁电式传感器分为变磁通式和恒磁通式两类。

1. 变磁通式

变磁通式传感器又称为变磁阻磁电感应式传感器或变气隙磁电感应式传感器,图 3-12 所示是变磁通式传感器,用来测量旋转物体的角速度。图 3-12(a)所示为开磁路变磁通式结构,其线圈、磁铁静止不动,测量齿轮安装在被测旋转体上,随之一起转动。每转动一个齿,齿的凹凸引起磁路磁阻变化一次,磁通也就变化一次,线圈中产生感应电势,其变化频率等于被测转速与测量齿轮齿数的乘积。变磁通式传感器结构简单,但输出信号较小,且因高速轴上加装齿轮较危险而不宜测量高转速。

图 3-12(b)为闭磁路变磁通式结构，被测旋转体的转轴带动椭圆形测量轮在磁场气隙中等速转动，使气隙平均长度周期性地变化，因而磁路磁阻也周期性地变化，磁通同样周期性地变化，则在线圈中产生感应电动势，其频率与测量轮的转速成正比。也可以用齿轮代替椭圆形测量轮，软铁制成内齿轮形式，内、外齿轮齿数相同。当转轴连接到被测转轴上时，外齿轮不动，内齿轮随被测轴而转动，内、外齿轮的相对转动使气隙磁阻产生周期性变化，从而引起磁路中磁通的变化，使线圈内产生周期性变化的感应电动势，显然感应电势的频率与被测转速成正比。

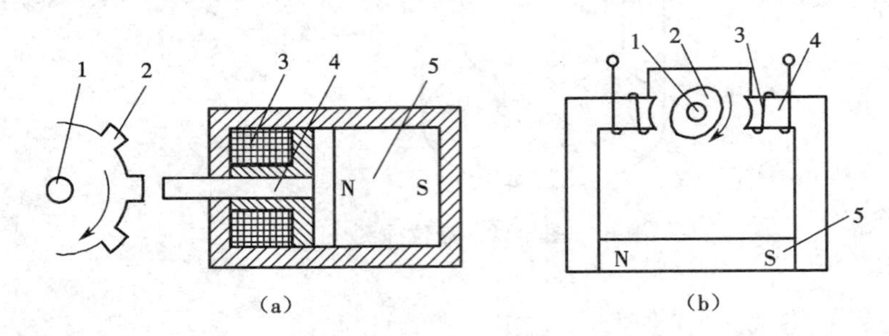

图 3-12 变磁通式传感器结构示意

(a)开磁路；(b)闭磁路

1—转轴；2—测量轮；3—感应线圈；4—软铁；5—永久磁铁

变磁通式传感器对环境条件要求不高，能在 -150 ~ 90 ℃的温度下工作，不影响测量精度，也能在油、水雾、灰尘等条件下工作。但它的工作频率下限较高，约为 50 Hz，上限可达 100 kHz。

2. 恒磁通式

图 3-13 为恒磁通式传感器典型结构，它由永久磁铁、线圈、弹簧、金属骨架和壳体等组成。磁路系统产生恒定的直流磁场，磁路中的工作气隙固定不变，因而气隙中磁通也是恒定不变的。其运动部件可以是线圈，也可以是磁铁，因此又分为动圈式和动铁式两种结构类型。图 3-13(a)所示为动圈式结构原理图，其永久磁铁与传感器壳体固定，线圈和金属骨架用柔软弹簧支撑。图 3-13(b)所示为动铁式结构原理图，其线圈和金属骨架与壳体固定，永久磁铁用柔软弹簧支撑。二者的阻尼都是由金属骨架和磁场发生相对运动而产生的电磁阻尼。所谓动圈、动铁都是相对于传感器壳体而言。

动圈式和动铁式的工作原理完全相同，当壳体随被测振动体一起振动时，由于弹簧较软，运动部件质量相对较大，当振动频率足够高(远大于传感器固有频率)时，运动部件惯性很大，来不及随振动体一起振动，近乎静止不动，振动能量几乎全被弹簧吸收，永久磁铁与线圈之间的相对运动速度接近于振动体振动速度，磁铁与线圈的相对运动切割磁力线，从而产生感应电动势，即

$$E = -B_0LNv \tag{3-8}$$

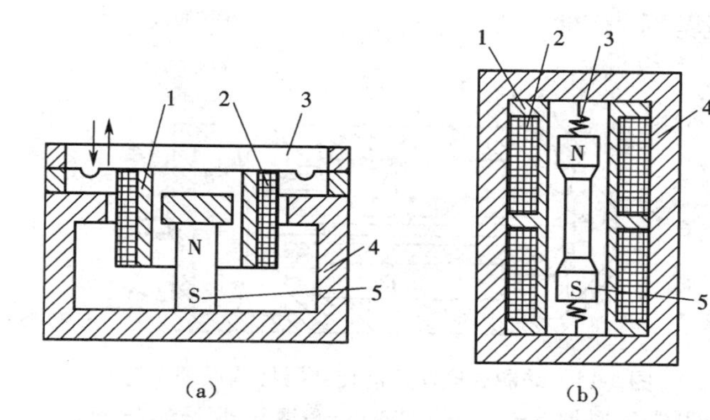

图 3-13　恒磁通式传感器结构原理示意

(a)动圈式;(b)动铁式

1—金属骨架;2—线圈;3—弹簧;4—壳体;5—永久磁铁

式中:B_0为工作气隙磁感应强度;L 为每匝线圈平均长度;N 为线圈在工作气隙磁场中的匝数;v 为相对运动速度。

由上式可知,当传感器结构参数确定后,B_0、L、N 均为定值,因此感应电动势 E 与线圈相对磁场的运动速度 v 成正比。

恒磁通式传感器的频响范围一般为几十赫兹至几百赫兹,低的可到 10 Hz 左右,高的可达 2 kHz 左右。

由以上分析可知,磁电式传感器只适用于动态测量,可直接测量振动物体的速度或旋转体的角速度。如果在其测量电路中接入积分电路或微分电路,那么还可以用来测量位移或加速度。

二、磁电式传感器的应用

以动圈式振动速度传感器为例,说明磁电式传感器的应用。

图 3-14 是动圈式振动速度传感器结构原理图。该传感器一般用于大型构件的测振。传感器的磁钢与壳体(软磁材料)固定在一起,形成磁路系统,壳体还起屏蔽作用。芯轴的一端固定着一个线圈,另一端固定一个圆筒形铜杯(阻尼杯)。惯性元件(质量块)是线圈组件、阻尼杯和芯轴,而不是磁钢。

使用时,将传感器固定在被测振动体上,当振动频率远高于传感器的固有频率时,线圈接近静止不动,而磁钢则跟随振动体一起振动。这样,线圈与磁钢之间就有了相对运动,其相对速度等于振动体的振动速度。线圈以相对速度切割磁力线,并输出正比于振动速度的感应电势,通过引线接到测量电路。

由于线圈组件、阻尼杯和芯轴的质量较小,且阻尼杯又增加了阻尼,所以阻尼比增加。这就改善了传感器的低频范围的幅频特性,使共振峰降低,从而提高了低频范围的测量精度。但从另一方面来说,质量减小却会使传感器的固有频率增加,使低频率响应受到限制。因此,在传感器中采用了非常柔软的薄片弹簧,以降低固有频率,扩大低频段的测量范围。

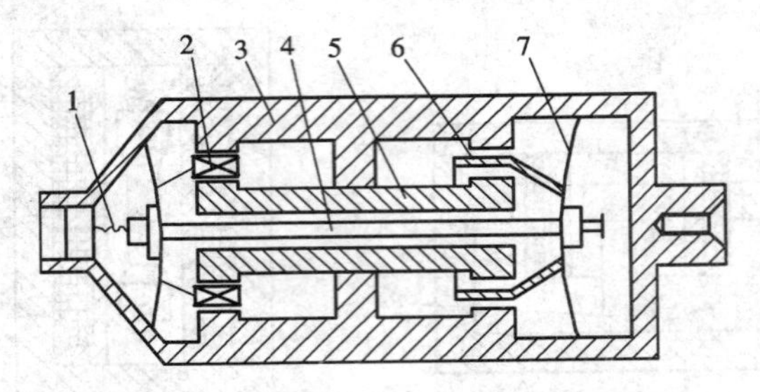

图 3-14 动圈式振动速度传感器结构原理示意

1—引线;2—线圈;3—外壳;4—芯轴;5—磁钢;6—阻尼杯;7—弹簧片

情境四 超声波传感器

超声波传感器是一种以超声波作为检测手段的新型传感器。利用超声波的各种特性,可做成各种超声波传感器,再配上不同的测量电路制成的各种超声波仪器及装置,广泛应用于冶金、船舶、机械、医疗等各个工业部门的超声探测、超声清洗、超声焊接等方面。

一、超声波及其物理性质

1. 声波的分类

振动在弹性介质内的传播称为波动,简称波。其中,频率在 20 Hz ~ 20 kHz 的范围内时,可为人耳所感觉,称为声波;20 Hz 以下的机械振动人耳听不到,称为次声波;频率高于 20 kHz 的机械振动称为超声波。

2. 超声波的波形

由于声源在介质中的施力方向与波在介质中的传播方向不同,超声波的波形也不同。通常可分为如下几种。

1)纵波

质点振动方向与波的传播方向一致的波称为纵波。它能在固体、液体和气体中传播。

2)横波

质点振动方向与波的传播方向垂直的波称为横波。它只能在固体中传播。

3)表面波

质点的振动介于纵波和横波之间,沿着表面传播,振幅随深度增加而迅速衰减的波称为表面波。表面波的轨迹是椭圆形,质点位移的长轴垂直于传播方向,质点位移的短轴平行于传播方向。由于表面波随深度增加而衰减很快,因此只能沿着固体的表面传播。

当声波以一定的入射角从一种介质传播到另一种介质的分界面上时，除有纵波的反射、折射以外，还会发生横波的反射和折射，在一定条件下还会产生表面波。各种波形均符合几何光学中的折射和反射定律。

3. 超声波的传播速度

超声波的传播速度取决于介质的弹性系数和介质的密度。在气体和液体中，只能传播纵波，气体中声速为344 m/s，液体中声速为900～1 900 m/s。在固体中，纵波、横波和表面波三者的声速成一定关系，通常认为横波声速为纵波声速的一半，表面波的声速约为横波声速的90%。

4. 超声波的反射和折射

当声波从一种介质传播到另一种介质时，在两介质的分界面上将发生反射和折射，如图3-15所示。

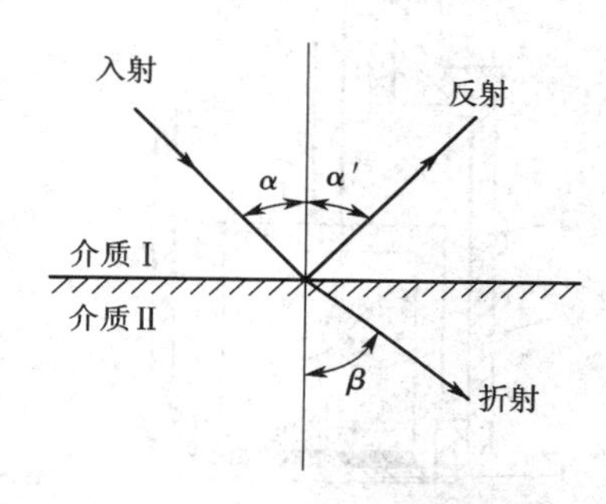

图3-15　超声波的反射和折射

1）反射定律

入射角 α 的正弦与反射角 α' 的正弦之比等于入射波与反射波的速度之比。当反射波与入射波同处于一种介质中时，因波速相同，则反射角 α' 等于入射角 α。

2）折射定律

当波在界面上产生折射时，入射角 α 的正弦与折射角 β 的正弦之比等于入射波在第一种介质中的波速 C_1 与在第二种介质中的波速 C_2 之比，即

$$\frac{\sin\alpha}{\sin\beta}=\frac{C_1}{C_2} \tag{3-9}$$

5. 超声波在介质中的衰减

超声波在介质中传播时，随着传播距离的增加，能量逐渐衰减。其声压和声强的衰减规律为

$$\begin{aligned} P_x &= P_0 e^{-ax} \\ I_x &= I_0 e^{-2ax} \end{aligned} \tag{3-10}$$

式中：P_x、I_x 为平面波在 x 处的声压和声强；P_0、I_0 为平面波在 $x=0$ 处的声压和声强；a 为衰减系数。

超声波在介质中传播时，能量的衰减取决于声波的扩散、散射和吸收。在理想介质中，超声波的衰减仅来自超声波的扩散，即随着超声波传播距离的增加而引起声能的衰减。

二、超声波传感器的工作原理

超声波传感器包括超声波发生器和超声波接收器，习惯上称为超声波换能器或超声波探头。

超声波传感器按其工作原理可分为压电式、磁致伸缩式、电磁式等。在检测技术中,主要采用压电式。下面以压电式超声波传感器为例介绍超声波传感器的工作原理。

压电式超声波传感器常用的材料是压电晶体和压电陶瓷,它是利用压电材料的压电效应来工作的:利用逆压电效应将高频电振动转换为高频机械振动,从而产生超声波,可作为发射探头;而利用正压电效应将超声振动波转换为电信号,可作为接收探头。

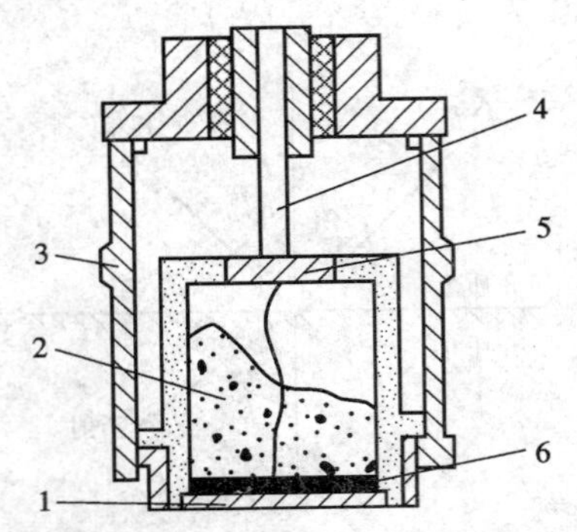

图 3-16　压电式超声波传感器结构示意

1—保护膜;2—吸收块;3—金属壳;
4—导电螺杆;5—接线片;6—压电晶片

由于压电材料较脆,为了绝缘、密封、防腐蚀、阻抗匹配以及防止不良环境的影响,压电元件常常装在一个外壳内而构成探头。超声波探头按其结构可分为直探头、斜探头、双探头和液浸探头等。在检测技术中,最常用的是压电式超声波探头,如图 3-16 所示为直探头的结构图。它主要是由压电晶片、吸收块(阻尼块)、保护膜组成。压电晶片多为圆板形,厚度为 δ,超声波频率 f 与其厚度 δ 成反比。压电晶片的两面镀有银层,作为导电的极板,底面接地,上面接至引出线。为了避免传感器与被测件直接接触而磨损压电晶片,在压电晶片下粘贴一层保护膜(0.3 mm 厚的塑料膜、不锈钢片或陶瓷片)。阻尼块的作用是降低压电晶片的机械品质,吸收超声波的能量。如果没有阻尼块,当激励的电脉冲信号停止时,晶片会继续振荡,从而加长超声波的脉冲宽度,使分辨率变差。

三、超声波传感器的应用

1. 声纳

声纳是一种水声学仪器。其声发射器发出的超声波在水中传播,当遇到障碍物时发生反射,经声接收器接收,通过信号处理能测知障碍物的位置和距离。声纳也可用来接收水中物体发出的声音,以测定物体的方位。

声纳最初被用来测定水深。如图 3-17 所示,超声波由超声换能器从水面垂直向下发射(称为垂直声纳),发射超声脉冲时会在示波管上出现发射脉冲的迹线。当发射的超声波(或声波)向下遇到海底时即被反射,该回波将被超声波传感器所接收,在示波管上即出现接收波脉冲的迹线。若从发

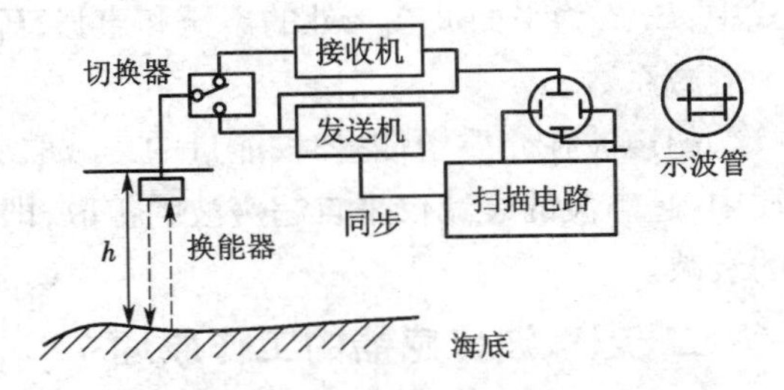

图 3-17　声纳工作原理示意

射波开始到接收波出现的时间间隔为 t，海水中的声速为 v，则水深 h 为

$$h=\frac{1}{2}vt \tag{3-11}$$

鱼群探测器用的是相同原理，只是超声波向下发射时遇到的是密集鱼群而被反射，这时不仅可探测到鱼群还可测知鱼群所在位置的深度。

2. 超声波探伤

利用超声波可探查金属内部的缺陷，这是一种非破坏性检测，即无损检测。利用此方法可对高速运动的板料、棒料进行检测，也可制成全自动检测系统，不但能发出报警信号，还可在有缺陷区域喷上有色涂料，并根据缺陷的数量或严重程度做出“通过”或“拒收”的决定。当材料内有缺陷时，材料内的不连续性成为超声波传输的障碍，超声波通过这种障碍时只能透射一部分声能。只要十分细小的细裂纹，在无损检测中即可构成超声波不能透过的阻挡层。利用此原理即可构成缺陷的透射检测法，如图 3-18 所示。

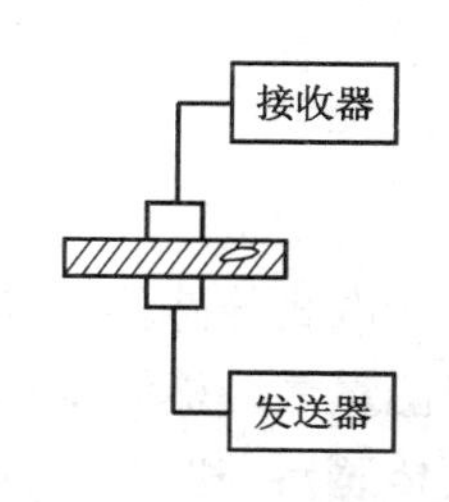

图 3-18　透射法检测缺陷

在检测时，把超声发射探头置于试件的一侧，而把接收探头置于试件的另一侧，并保证探头和试件之间有良好的声耦合，以及两个探头置于一条直线上，这样监测接收到的超声波强度就可获得材料内部缺陷的信息。在超声波束的通道中出现的任何缺陷都会使接收信号下降，甚至完全消失，这就表示试件中有缺陷存在。

除了透射检测法，脉冲反射法也是常用的一种。测试时探头放于被测的试件上，并在试件上来回移动。探头发出的超声波以一定的速度向试件内部传播，如试件中没有缺陷，则超声波传到试件的底部才发生反射，在显示屏上只出现始脉冲 T 和底脉冲 B，如图 3-19 所示。

如工件中有缺陷，一部分声波在缺陷处产生反射，另一部分继续传播直到试件的底部才发生反射。在显示屏上除出现始脉冲 T 和底脉冲 B 外，还出现缺陷脉冲 F，如图 3-20 所示。显示屏上的水平线为时间基线，其长度与试件的厚度成正比。通过缺陷脉冲在显示屏上的位置可确定缺陷在试件中的位置。同时，缺陷脉冲的幅度越高，缺陷面积越大。

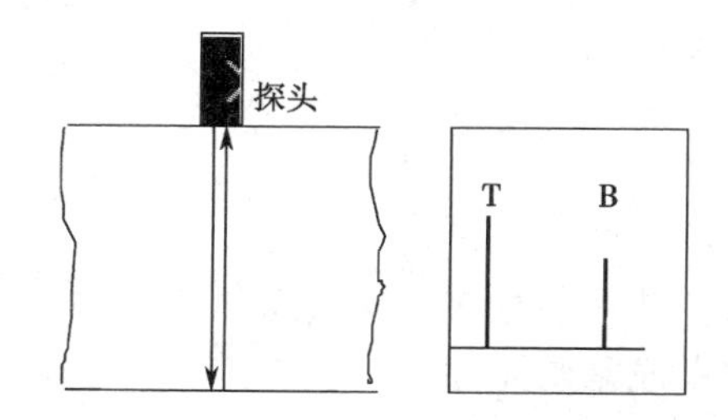

图 3-19　无缺陷时的脉冲波形

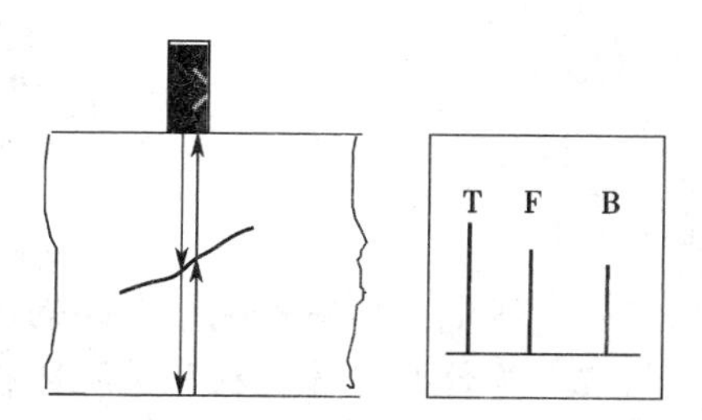

图 3-20　有缺陷时的脉冲波形

在实际测量中,由于试件表面的不平整,探头与被测物体表面之间必然存在空气薄层,会引起不同介质界面间强烈的杂乱反射波,造成严重的测量干扰。因此经常使用一种被称为耦合剂的液体物质,使之充满在接触层中,起到排除空气传递超声波的作用。

要点回顾

压电式传感器是利用晶体的压电效应和电致伸缩效应工作的。利用压电传感器可以测量最终能够变换成力的物理量,如位移、加速度等。常见的压电式传感器有加速度传感器,利用它可以检测振动的速度、加速度以及振动的幅度。常见的压电材料有石英晶体和人造压电陶瓷,压电传感器的测量电路有电压放大器和电荷放大器。电压放大器的灵敏度与传感器到放大器的连接电缆有关,所以使用场合受到限制,而电荷放大器的灵敏度只与放大器的反馈电容有关,目前被广泛使用。

霍尔传感器是一种磁敏感元件,它是利用霍尔效应工作的。霍尔效应产生的霍尔电势与通过的控制电流以及垂直于霍尔元件的磁感应强度有关。利用霍尔传感器可以测量最终能够转换为电流、磁感应强度等物理量。由于霍尔元件的材料属于半导体,所以把测量电路集成在一块芯片上,构成霍尔集成电路。常见的霍尔集成电路有开关型和线性型两类。在实际应用中,常利用霍尔集成电路测量位移、磁场强度、转速以及电流、电压。

磁电式传感器是利用导体和磁场发生相对运动而在导体两端输出感应电动势的原理进行工作的,是有源传感器。适用于振动、转速、扭矩等物理量的测量。还可构成电磁流量计,用来测量具有一定电导率的液体流量。其优点是反应快、易于自动化和智能化,但结构较为复杂。

利用压电元件的电致伸缩效应可以发射超声波,利用超声波的特性可以实现遥测、遥控。它被广泛应用于位移、液位以及液体流量的测量。

习题 3

3-1 压电式传感器测量电路的作用是什么?其核心是解决什么问题?

3-2 为什么导体材料和绝缘体材料均不宜做成霍尔元件?

3-3 集成霍尔传感器有什么特点?

3-4 写出你认为可以用霍尔传感器检测的物理量。

3-5 设计一个采用霍尔传感器的液位控制系统。

3-6 超声波传感器的工作原理是什么?

3-7 压电式传感器中采用电荷放大器有何优点?

3-8 解释霍尔效应和影响霍尔电势的因素。

任务四　力和压力的检测

任务要求

了解力和压力的概念及其测量原理。

掌握力、压力传感器的应用。

在机电一体化工程中，力、压力和扭矩是很常用的机械参量。近年来，各种高精度力、压力和扭矩传感器的出现，更以其惯性小、响应快、易于记录、便于遥控等优点得到了广泛的应用。

情境一　力的检测

一、测力传感器

港口码头、造船厂、矿山以及建筑安装工地等广泛使用着各种各样的起重机械。为了提高效率，应该充分发挥吊车的能力，最大限度地吊运货物，同时又要防止超载，因此必须严格监控吊运货物的质量。一般的做法是在起重机的钢丝绳上或吊钩上安装测力传感器以检测钢丝绳的受力情况，便于及时进行超载报警，防止事故的发生。

测力传感器按其量程大小和测量精度不同而有很多规格品种，它们的主要差别是弹性元件的结构形式不同，以及应变片在弹性元件上粘贴的位置不同。通常测力传感器的弹性元件有柱式和悬臂梁式等。

1. 柱式弹性元件

柱式弹性元件有圆柱形、圆筒形等几种，如图 4-1 所示。这种弹性元件结构简单、承载能力大，主要用于中等载荷和大载荷（可达数兆牛顿）的拉（压）力传感器。其受力后，产生的应变为

$$\varepsilon = \frac{P}{AE} \tag{4-1}$$

用电阻应变仪测出的指示应变为

$$\varepsilon_{\mathrm{i}} = 2(1+\mu)\varepsilon \tag{4-2}$$

上两式中：P 为作用力；A 为弹性体的横截面积；E 为弹性材料的弹性模量；μ 为弹性材料的泊松比。

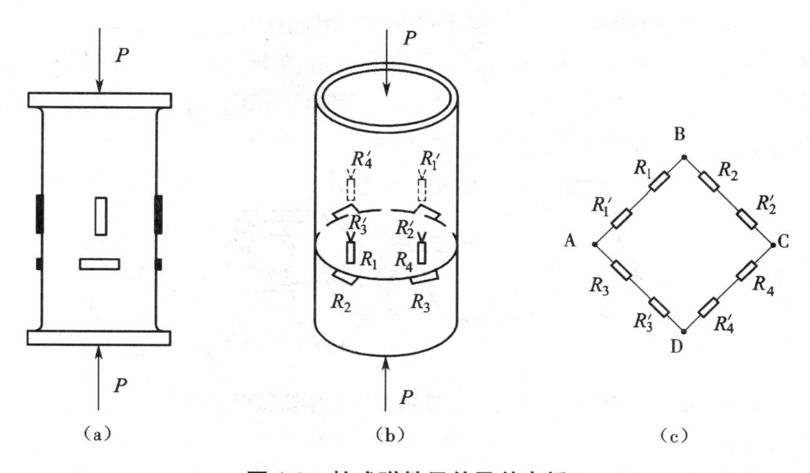

图 4-1　柱式弹性元件及其电桥

(a)弹性元件受力图;(b)电阻位置示意图;(c)等效电路图

2. 悬臂梁式弹性元件

悬臂梁式弹性元件的特点是结构简单、加工方便、应变片粘贴容易、灵敏度较高。主要用于小载荷、高精度的拉、(压)力传感器中,可测量 0.01 牛顿到几千牛顿的拉、压力。在同一截面正反两面粘贴应变片,并应粘贴在该截面中性轴的对称表面上,结构如图 4-2 所示。若梁的自由端有一被测力 P,则应变与力 P 的关系为

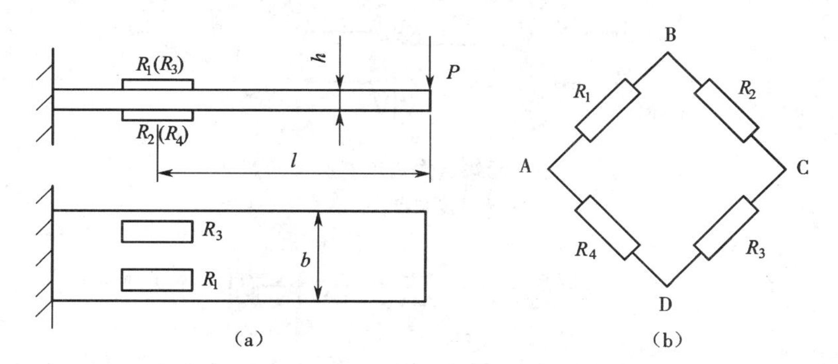

图 4-2　悬臂梁式弹性元件及其电桥

(a)悬臂梁式弹性元件受力图;(b)等效电路图

$$\varepsilon=\frac{6Pl}{bh^2E} \tag{4-3}$$

指示应变与表面弯曲应变之间的关系为

$$\varepsilon_i=4\varepsilon \tag{4-4}$$

二、力矩传感器

图 4-3 为机器人手腕用力矩传感器原理示意图,它是检测机器人终端环节(如小

臂)与手爪之间力矩的传感器。目前国内外研制腕力传感器种类较多,但使用的敏感元件几乎全都是应变片,不同的只是弹性结构有差异。图中驱动轴通过装有应变片的腕部与手部连接。当驱动轴回转并带动手部回转而拧紧螺丝钉时,手部所受力矩的大小可通过应变片电压的输出而测得。

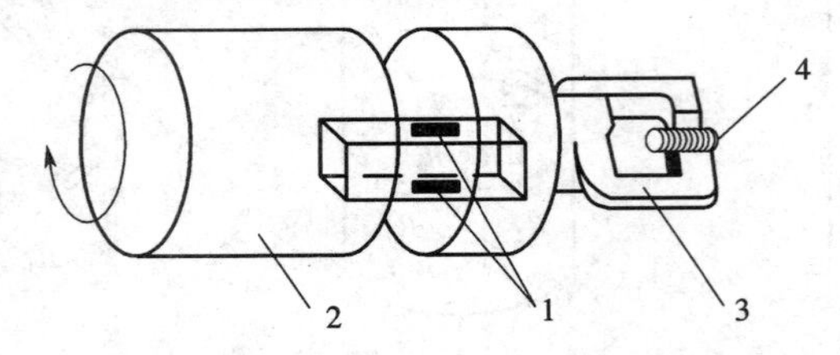

图 4-3　机器人手腕用力矩传感器原理示意

1—应变片;2—驱动轴;3—手部;4—螺丝钉

图 4-4 所示为无触点检测力矩方法的原理示意图。传动轴的两端安装上磁分度圆盘,分别用磁头检测两圆盘之间的转角差,用转角差与负荷 M 成比例的关系,即可测量负荷力矩的大小。

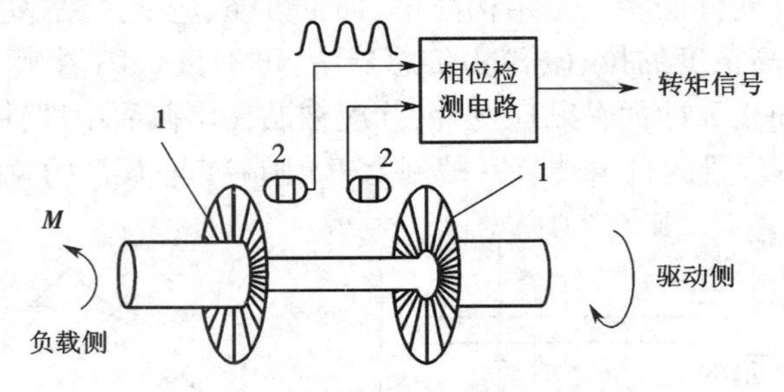

图 4-4　无触点力矩测量原理示意

1—磁分度圆盘;2—磁头

情境二　压力的检测

工程上所说的压力,是指由气体或液体均匀且垂直地作用于单位面积上的力,即物理学中所称的压强。在工业生产过程中,压力往往是重要的操作参数之一,压力的单位为帕斯卡,简称帕(Pa)。

压力的检测与控制对保证生产过程正常进行,达到高产、优质、低消耗和安全是十分重要的。

压力传感器广泛应用于流体压力、差压、液位测量,特别是它可以微型化,国外已有直径为 0. 8 mm 的压力传感器,在生物医学上可以测量血管内压、颅内压等参数。常用压力传感器是利用各种形式的弹性元件,在被测介质压力的作用下,使弹性元件受压后产生弹性变形的原理而制成的。它具有结构简单、使用可靠、读数清晰、牢固可靠、价格低廉、测量范围宽以及有足够的精度等优点，可用来测量几百帕到数千兆帕范围内的压力。按所用弹性元件不同，传感器有膜式、筒式等。

一、膜式压力传感器

膜式压力传感器的弹性元件为四周固定的等截面圆形薄板，又称平膜板或膜片，如图4-5所示。测量时，其一侧表面承受被测分布压力，另一侧表面粘贴有应变片或专用的箔式应变花，并组成电桥。膜式压力传感器的原理如图4-6所示，膜片在被测压力P作用下发生弹性变形，使应变片在任意半径的径向和切向产生应变。应变的大小与被测压力P、膜片厚度h、膜片材料的弹性模量E、膜片材料的泊松比μ等参数有关。由其分布曲线可知，电阻R_1和R_3的阻值增大（受正的切向应变ε_t）；而电阻R_2和R_4的阻值减小（受负的径向应变ε_r）。因此，电桥有电压输出，且输出电压与压力成比例。

图4-5　膜式压力传感器（膜片）

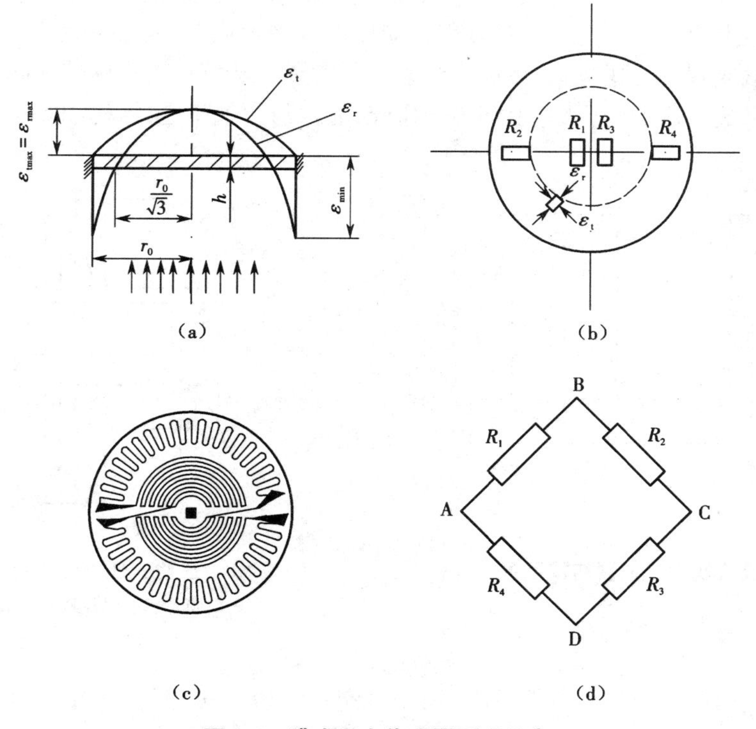

图4-6　膜式压力传感器原理示意

(a)膜片应变分布曲线；(b)贴有应变片的膜片；(c)箔式应变花；(d)电桥

二、筒式压力传感器

筒式压力传感器的弹性元件为薄壁圆筒,筒的底部较厚。这种弹性元件的特点是圆筒受到被测压力后表面各处的应变是相同的。因此应变片的粘贴位置对所测应变不影响。如图 4-7 所示,工作应变片 R_1、R_3沿圆周方向粘贴在筒壁,温度补偿片 R_2、R_4粘贴在筒底外壁上,并连接成全桥线路。这种传感器适用于测量较大的压力。

三、压阻式压力传感器

半导体受力时,其电阻率会随应力的变化而变化,这种现象称做压阻效应。早期的压阻式压力传感器是利用单晶硅切割加工成薄片矩形条,焊接上电极引线,粘贴在金属或者其他材料制成的弹性元件上制成的。当弹性体受压力后产生应力,使硅受到压缩或拉伸,其电阻率发生变化,产生正比于压力变化的电阻信号输出。随着集成电路技术的迅速发展,这种半导体应变式压力传感器后来发展成为用扩散方法在硅片上制造电阻条,即扩散硅压力传感器(又称固态压阻式压力传感器)。它是在 N 型硅片上定域扩散 P 型杂质形成电阻条,连接成惠斯通电桥,制成压力传感器芯片。系统配置标准压力传感器的敏感芯片是根据压阻效应原理,利用半导体和微加工工艺在单晶硅上形成一个与传感器量程相应厚度的弹性膜片,再在弹性膜片上采用微电子工艺形成四个应变电阻,组成一个惠斯通电桥。硅膜片周边用硅杯固定,其下部是与被测系统相连的高压腔,上部为低压腔,通常与大气相通,结构如图 4-8 所示。

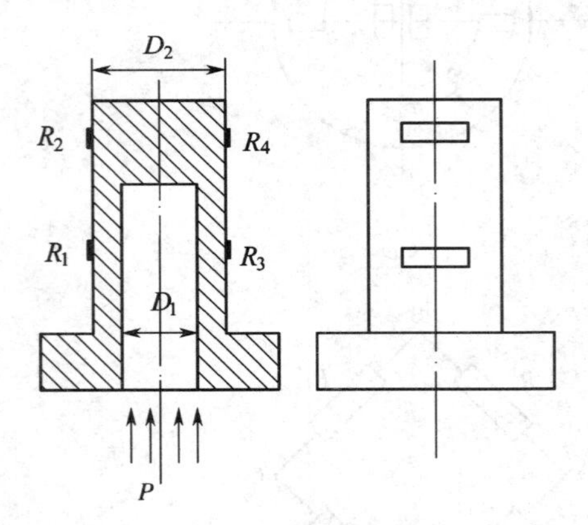

图 4-7 筒式压力传感器结构示意

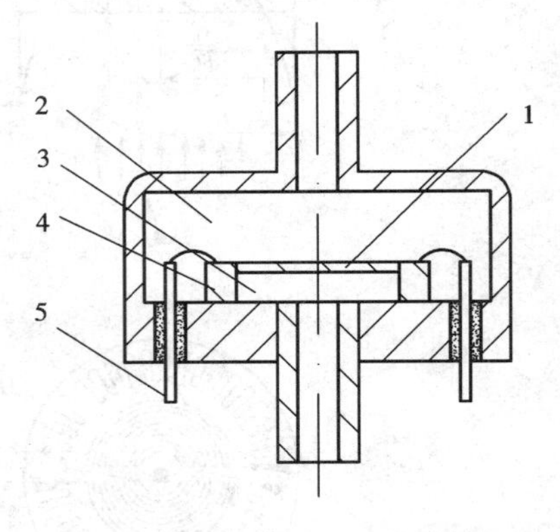

图 4-8 压阻式压力传感器结构示意

1—硅膜片;2—低压腔;3—高压腔;
4—硅杯;5—引线

将四个电阻排布在弹性膜片上,两个排布在正应力区,两个排布在负应力区,构成图 4-9 所示的电桥。在恒定电流供电时,当器件未感受压力时,四个电阻没有发生变化,若四个电阻的阻值相等,且应力作用时的阻值变化量也相等,则电桥的输出为

$$U_o = KI_iR\varepsilon \tag{4-5}$$

式中:U_o为电桥的输出电压;K 为灵敏系数;I_i为供电电流;R 为电阻阻值;ε 为应变。

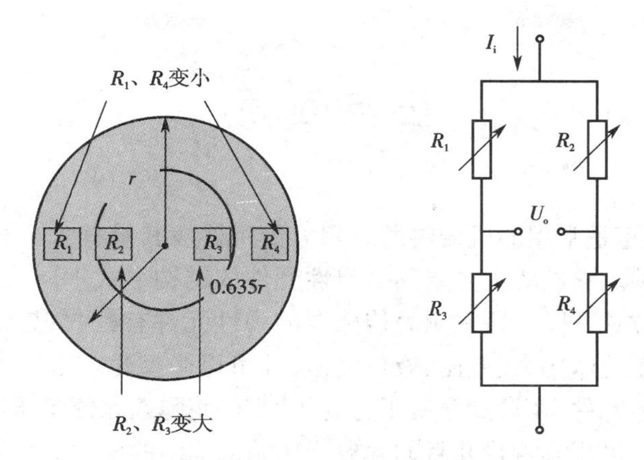

图 4-9　惠斯通电桥原理示意

当被测压力作用在敏感芯片时，电阻 R_2、R_3阻值增大，R_1、R_4阻值减小，敏感芯片就会输出一个与被测压力成正比的电压信号 U_o，通过测量该电压信号的大小，即可实现压力的测量。

压阻式压力传感器适用于中、低压力、微压和压差测量。由于其弹性敏感元件与变换元件一体化，则尺寸小且可微型化，固有频率很高。

四、霍尔式压力传感器

图 4-10 是霍尔式压力传感器的结构示意图。作为压力敏感元件的弹簧管，其一端固定，另一端安装霍尔元件。当输入压力增加时，弹簧管伸长，使处于恒定磁场中的霍尔元件产生相应位移，霍尔元件的输出即可反映被测压力的大小：

$$V_H = Kx \tag{4-6}$$

式中：K 为霍尔式压力传感器输出系数；x 为自由端霍尔元件的位移量。

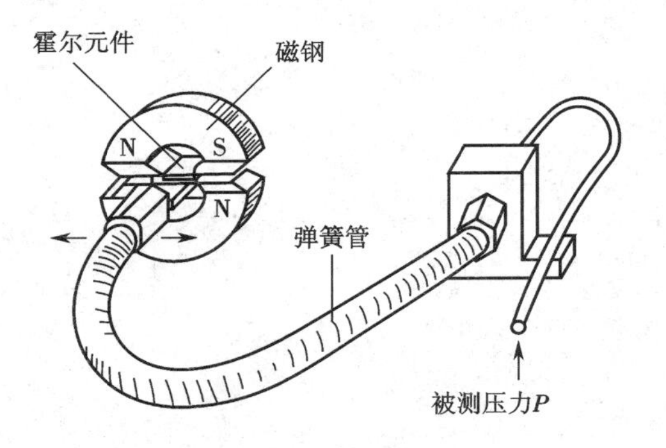

图 4-10　霍尔式压力传感器

要点回顾

力、压力和扭矩是常用的机械参量。测力传感器按其量程大小和测量精度不同而有很多规格品种。它们的主要差别是弹性元件的结构形式不同,以及应变片在弹性元件上粘贴的位置不同。通常测力传感器的弹性元件有柱式、悬臂梁式等。压力传感器广泛应用于流体压力、差压、液位测量,并可以微型化。常用压力传感器是利用各种形式的弹性元件,在被测介质压力的作用下,使弹性元件受压后产生弹性变形的原理而制成的。可用来测量几百帕到数千兆帕范围内的压力。按所用弹性元件传感器有膜式、筒式等。

习题 4

4-1 压阻式压力传感器的工作原理是什么?主要应用如何?

4-2 平膜板(或称膜片)的应变与哪些参数有关?

4-3 应变片或专用的箔式应变花在力和压力检测系统中的作用是什么?

任务五 温度测量技术

任务要求

掌握温度的概念以及温度的测量方法。

了解温度的测量原理以及温度传感器的种类和应用。

温度是表征物体冷热程度的物理量，是物体内部分子无规则剧烈运动程度的标志，分子运动越剧烈，温度就越高，因此物质的特性与温度有着密切的联系。在人类社会的日常生活、生产活动和科研工作中，温度的测量和控制具有十分重要的意义，尤其在国防现代化及航空航天工业的科研和生产过程中，温度的精确测量和控制更是必不可少的。

温度是不能直接测量的，需要借助于某种物体的物理参数随温度不同而明显变化的特性进行间接测量。温度传感器就是通过测量某些物理量参数随温度的变化而间接测量温度的。

温度传感器是由温度敏感元件（感温元件）和转换电路组成的，如图 5-1 所示。

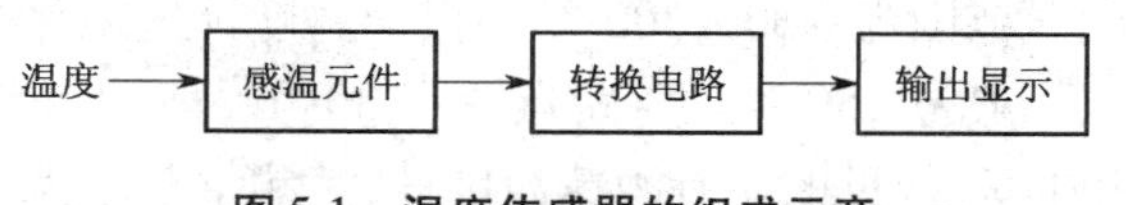

图 5-1 温度传感器的组成示意

按照感温元件是否与被测对象相接触，温度测量可以分为接触式和非接触式测温两类。

接触式测量——感温元件与被测对象接触，彼此进行热量交换，使感温元件与被测对象处于同一环境温度下，感温元件感受到的冷热变化即是被测对象的温度。常用的接触式测温的温度传感器主要有热膨胀式温度计和热电偶、热电阻、热敏电阻、半导体温度传感器等。

非接触式测量——利用物体表面的热辐射强度与温度的关系测量温度。通过测量一定距离处被测物体发出的热辐射强度确定被测物的温度。常见的非接触式测温传感器有辐射高温计、光学高温计、比色高温计、热红外辐射温度传感器等。

情境一　膨胀式温度计

膨胀式温度计是利用物体受热体积膨胀的原理而制成的，多用于现场测量及显示。按选用的物质不同，可分为液体膨胀式温度计、固体膨胀式温度计、气体膨胀式温度计 3 种类型。

膨胀式温度计可以测量 -200 ~ 700 ℃范围的温度。在机械热处理测温中，常用于测量碱槽、油槽、法兰槽、淬火槽及低温干燥箱的温度，也广泛用于测量设备、管道和容器的温度。

这种温度计结构简单，制造和使用方便，价格低，但外壳薄脆、易损坏，大部分不适于远距离测温，必须接触测量。

一、液体膨胀式温度计

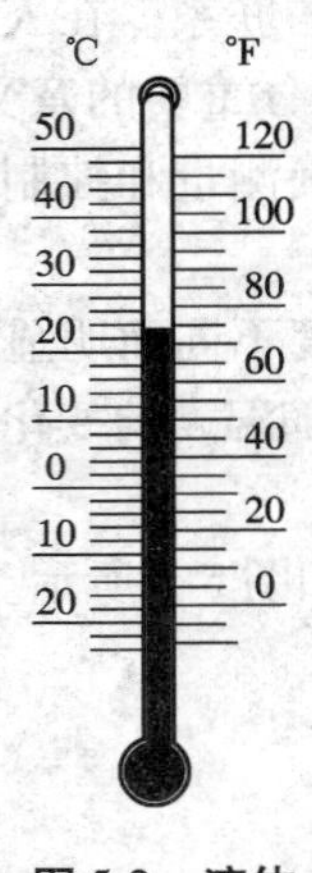

图 5-2　液体膨胀式温度计

将酒精、水银、煤油等液体充入到透明有刻度的玻璃吸管中，两端密封，就制成液体膨胀式温度计。它是利用玻璃感温泡内的液体受热体积膨胀与玻璃体积膨胀之差来测量温度的。日常生活中常用的酒精温度计、水银温度计就是液体膨胀式温度计。通过读取液体表面对应的刻度值即可得知所测对象的温度，一般用于中低温度的测量，其结构如图 5-2 所示。

根据填充液的不同，玻璃温度计可分为水银温度计和有机液体温度计。水银温度计大多用于液体、气体及粉状物体温度的测量，测温范围为 -30 ~ 300 ℃。煤油温度计的工作物质是煤油，它的沸点一般是 150 ℃，凝固点为 -30 ℃，所以其测温范围为 -30 ~ 150 ℃。常见的还有酒精温度计，其测量范围为 -114 ~ 78 ℃。平常看到装有红色工作物质的温度计，温度计的刻度在 100 ℃以下，一般都是煤油温度计，而不是酒精温度计。

玻璃制液体膨胀式温度计的特点：简单直观，可以避免外部远传温度计的误差。但易破碎，刻度微细不便读取，不适于有振动和容易受到冲击的场合。

常见的玻璃制液体膨胀式温度计有体温计、室温计等。

二、固体膨胀式温度计

固体膨胀式温度计是利用膨胀系数不同的两种金属材料牢固地粘贴在一起制成的。典型的固体膨胀式温度计是双金属温度传感器。

如图 5-3 所示，将粘贴在一起的双金属片一端固定，另一端为自由端，自由端与指示系统连接。当温度变化时，由于两种金属的膨胀系数不同而产生弯曲，弯曲程度与温度高低成比例，通过指示系统指示被测温度值。为提高仪表的灵敏度，常采用螺旋型结构并置于保护套内，如图 5-4 所示。

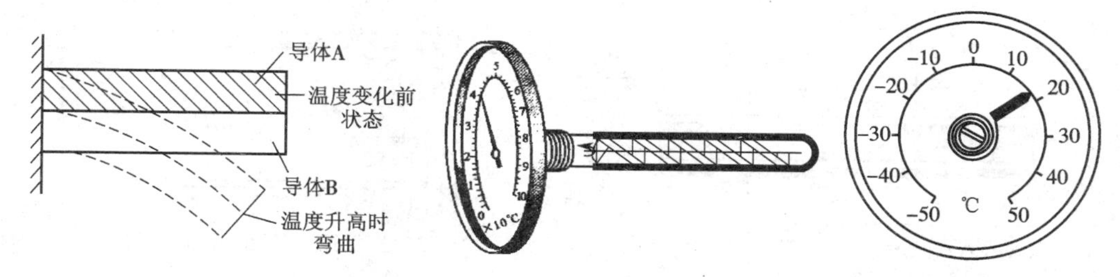

图 5-3　双金属温度传感器工作原理　　　**图 5-4　双金属温度传感器**

双金属温度传感器测温范围为 -100 ~ 600 ℃，探头长度可以达到 1 m，可用于测量液体、蒸汽及气体介质温度。其特点是现场显示温度，直观方便，抗震性能好，结构简单，牢固可靠，使用寿命长，但精度不高。可以做成轴向型、径向型、135°型及万向型，如图 5-5 所示。连接方式有可动外螺纹、可动内螺纹、固定螺纹、固定法兰、卡套螺纹、卡套法兰、无固定安装等。

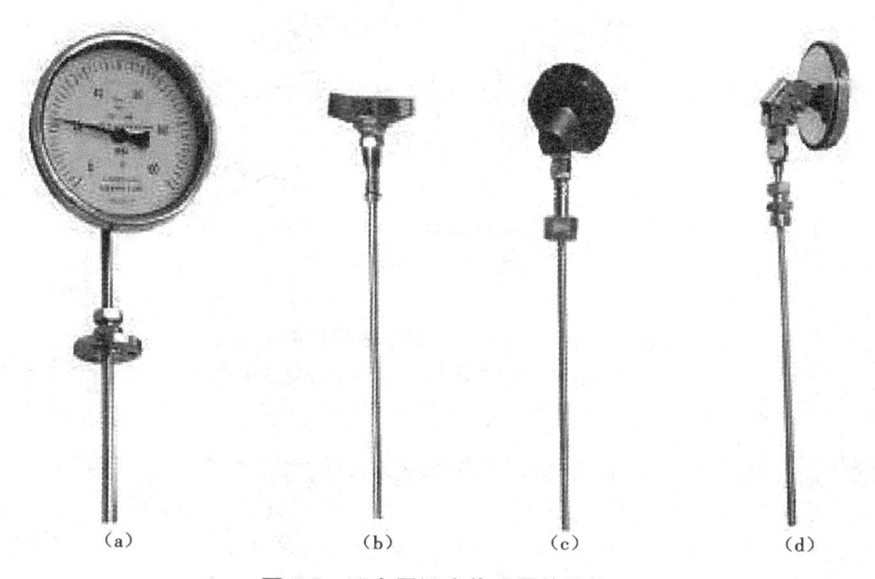

图 5-5　双金属温度传感器的结构

(a)轴向型；(b)径向型；(c)135°型；(d)万向型

双金属温度传感器常用于恒温箱、加热炉、电饭锅（电饭煲）、电熨斗等温度控制。图 5-6(a)为双金属控制电熨斗温度的示意图；图 5-6(b)为双金属控制恒温箱温度的示意图；图 5-7 为双金属控制电饭锅温度的原理图。

三、气体膨胀式温度计

气体膨胀式温度计是基于密封在容器中的气体或液体受热后体积膨胀，压力随

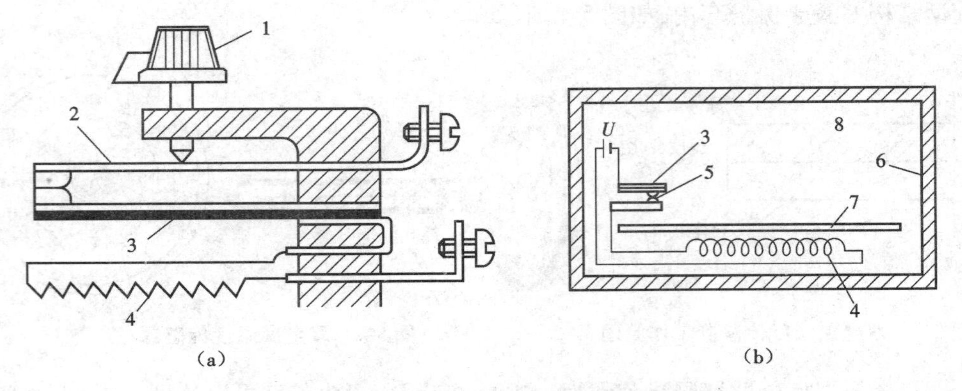

图 5-6　双金属温度传感器用于控制温度的示意

(a)控制电熨斗；(b)控制恒温箱

1—调温旋钮；2—弹簧片；3—双金属片；4—电阻丝；

5—触头；6—壳体；7—散热板；8—恒温区

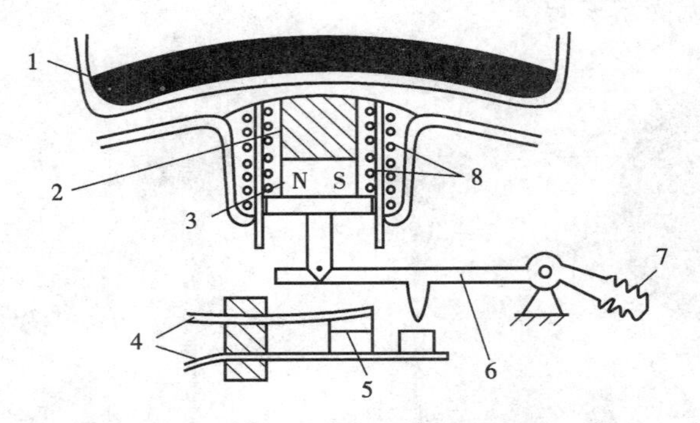

图 5-7　双金属控制电饭锅温度的原理示意

1—锅底；2—热敏铁氧体；3—磁铁；4—双金属片；

5—电接点；6—杠杆；7—按键；8—弹簧

温度变化而变化的原理测温的，所以气体膨胀式温度计又称为压力式温度计。

气体膨胀式温度计主要由温包、毛细管、压力敏感元件（如弹簧管、膜盒、波纹管等）组成，如图 5-8 所示。温包、毛细管和弹簧管三者的内腔共同构成一个封闭的容器，内部充满工作介质。当温包受热后，其内部的工作介质温度升高，体积膨胀，压力增大，此压力经毛细管传到弹簧管内，使弹簧管产生变形，并由传动机构带动指针偏转，指示相应的温度值。

按填充物的不同（氮气、氯甲烷、水银），气体膨胀式温度计可分为气体压力式温度计、蒸汽压力式温度计和液体压力式温度计。其测温范围为 −100 ~ 700 ℃。主要用于远距离设备的气体、液体、蒸汽的温度测量，也能用于温度控制和有爆炸危险场所的温度测量。

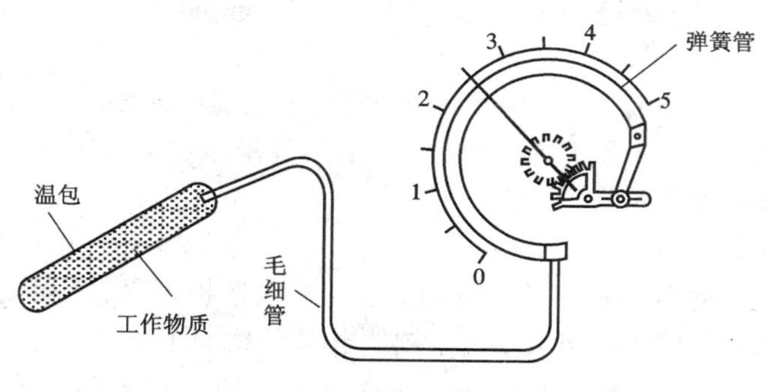

图 5-8　气体膨胀式温度计

情境二　电阻式温度传感器

电阻式温度传感器是利用导体及半导体材料的电阻值随温度的变化而变化的特性实现测温。一般把金属导体如铂、铜、镍等制成的测温元件称为热电阻；把半导体材料制成的测温元件称为热敏电阻。

一、热电阻

1. 常用的热电阻传感器

热电阻传感器主要是利用金属材料的电阻值随温度升高而增大的特性测温。温度升高，金属内部原子晶格的振动加剧，从而使金属内部的自由电子通过金属导体时的阻力增大，宏观上表现出电阻率变大，总电阻值增加。

热电阻传感器主要用于中、低温度（$-200\sim850$ ℃）范围的温度测量。常用的工业标准化热电阻有铂热电阻、铜热电阻和镍热电阻。

1）铂热电阻

铂热电阻主要用于高精度的温度测量和标准测温元件。铂的物理化学性能极为稳定，并有良好的加工工艺性。以铂作为感温元件具有示值稳定、测量准确度高等优点，其使用范围是 $-200\sim850$ ℃。分度号为 Pt50（$R_0=50.00\ \Omega$）和 Pt100（$R_0=100.00\ \Omega$），铂的纯度可用 $W(100)=R_{100}/R_0$ 来表示，其中 R_0 代表在水凝固点（0 ℃）时的电阻值，R_{100} 代表在水沸点（100 ℃）时的电阻值。当铂的纯度为 99.999 5% 时，$W(100)=1.393\,0$。但铂是稀有金属，价格较贵。

2）铜热电阻

如果测量精度要求不是很高，测量温度小于 150 ℃时，可选用铜热电阻，铜热电阻的测量范围是 $-50\sim150$ ℃。铜热电阻价格便宜，易于提纯，复制性较好；在测温范围内，线性规律较好，电阻温度系数比铂高。但它固有电阻太小，另外铜在温度稍高时易于氧化，只能用于 150 ℃以下的温度测量。铜热电阻测温范围较窄，体积较大，所以适用于对测量精度和测温元件尺寸要求不是很高的场合。

铂和铜热电阻目前都已经标准化和系列化,选用较方便。

3)镍热电阻

镍热电阻的测温范围为 -100~300 ℃,它的电阻温度系数较高,电阻率较大,但易氧化,化学稳定性差,不易提纯,复制性差,非线性规律较大,因此目前应用不多。

2. 热电阻传感器的结构

1)普通热电阻传感器

普通热电阻传感器一般由测温元件(电阻体)、保护管、引线和接线盒等组成。电阻体由电阻丝和电阻支架组成。由于铂的电阻率大,而且相对力学强度较大,通常铂丝直径在 0.03~(0.07±0.005)mm 之间,可单层绕制,电阻体可做得很小。铜的力学强度较低,电阻丝的直径较大,一般用直径为(0.1±0.005)mm 的漆包铜线或丝包线分层绕在骨架上,并涂上绝缘漆而成。由于铜电阻测量的温度低,一般多用双绕法,即先将铜丝对折,两根铜丝平行绕制,两个端头处于支架的同一端,这样工作电流从一根热电阻丝进入,从另一根铜丝反向出来,形成两个电流方向相反的线圈,其磁场方向相反,产生的电感就互相抵消,故又称无感绕法。这种双绕法也有利于引线的引出。

2)铠装热电阻传感器

铠装热电阻传感器由金属保护管、绝缘材料和测温元件组成,如图 5-9 所示。其测温元件用细铂丝绕在陶瓷或玻璃骨架上制成。

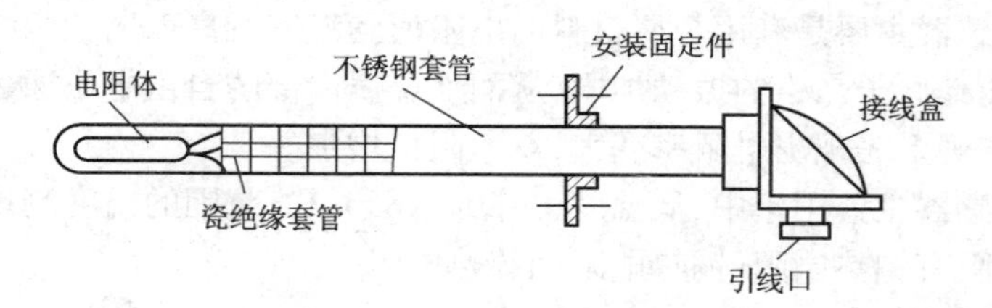

图 5-9 铠装热电阻传感器的结构

铠装热电阻热惰性小、响应速度快,具有良好的力学性能,可以耐强烈振动和冲击,适用于高压设备测温以及在有振动的场合和恶劣环境中使用。因为后面引线部分具有一定的柔韧性,也适用于安装在结构复杂的设备上进行测温,此种热电阻寿命较长。

3)厚膜及薄膜型铂热电阻传感器

厚膜及薄膜型铂热电阻传感器主要用于平面物体的表面温度和动态温度的检测,也可部分代替线绕型铂热电阻用于测温和控温,其测温范围一般为 -70~600 ℃。厚膜及薄膜型铂热电阻是近年来发展起来的新型测温元件。厚膜铂电阻一般用陶瓷材料作基底,采用精密丝网印刷工艺在基底上形成铂电阻,再经焊接引线、胶封、校正电阻等工序,最后在电阻表面涂保护层而成。薄膜铂电阻采用溅射工艺来成膜,再经光刻、腐蚀工艺形成图案,其他工艺与厚膜电阻相同。

3. 热电阻传感器的测量线路

热电阻传感器的测量线路一般使用电桥电路，如图 5-10 所示。实际应用中，热电阻安装在生产环境中，感受被测介质的温度变化，而测量电阻的电桥通常作为信号处理器或显示仪表的输入单元，随相应的仪表安装在控制室。由于热电阻很小，热电阻与测量桥路之间的连接导线的阻值 r 会随环境温度的变化而变化，而给测量带来较大的误差。为此，工业上常采用三线制接法，如图 5-11 所示。将导线电阻分别加在电桥相邻的两个桥臂上，在一定程度上可克服导线电阻变化对测量结果的影响。尽管这种补偿还不能完全消除温度的影响，但在环境温度为 0 ~ 50 ℃内使用时，此接法可将温度附加误差控制在 0.5% 以内，基本可满足工程要求。铂电阻和铜电阻的分度表见附录 A。

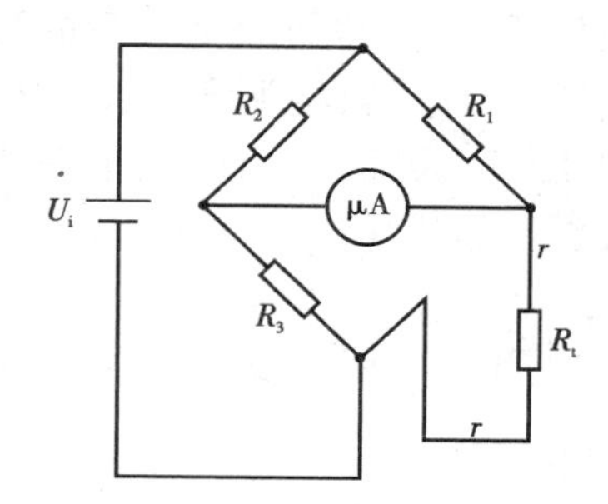

图 5-10　热电阻测温电桥电路

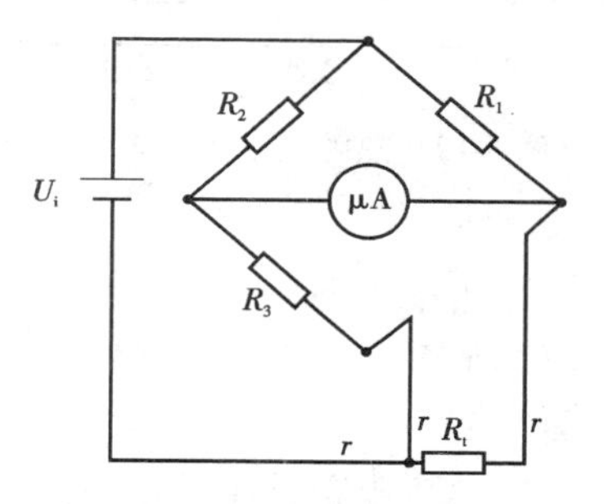

图 5-11　热电阻三线制电桥电路

二、热敏电阻

热敏电阻传感器利用半导体材料的电阻值随温度的变化而变化的特性实现测温。与其他温度传感器相比，热敏电阻温度系数大，灵敏度高，响应迅速，测量线路简单，有些型号的传感器不用放大器就能输出几伏的电压，体积小，寿命长，价格便宜。由于本身电阻值较大，因此可以不必考虑导线带来的误差，适于远距离的测量和控制。在需要耐湿、耐酸、耐碱、耐热冲击、耐振动的场合可靠性较高。它的缺点是非线性规律较严重，在电路上要进行线性补偿，互换性较差。

热敏电阻传感器主要用于点温度、小温差温度的测量，远距离、多点测量与控制，温度补偿和电路的自动调节等。测温范围为 -50 ~ 450 ℃。

1. 热敏电阻分类

热敏电阻的温度系数有正有负，按温度系数的不同，热敏电阻可分为 NTC、PTC、CTR 3 类。NTC 为负温度系数的热敏电阻，PTC 为正温度系数的热敏电阻，CTR 为临界温度热敏电阻。其中，CTR 一般也是负温度系数，但与 NTC 不同的是，在某一温度范围内，电阻值会发生急剧变化。图 5-12 所示为热敏电阻的电阻 - 温度特性曲线，曲线 1 为突变型 NTC，曲线 2 为 NTC，曲线 3 为 PTC，曲线 4 为突变型 PTC。

NTC 热敏电阻主要用于温度测量和补偿的温度敏感元件，测温范围一般为 -50

~350 ℃，也可用于低温测量（－130～0 ℃）、中温测量（150～750 ℃），甚至可用于更高温度的测量。测量温度范围根据制造时的材料不同而不同。

PTC热敏电阻既可作为温度敏感元件，又可在电子线路中起限流、保护作用。PTC突变型热敏电阻主要用作温度开关；PTC缓变型热敏电阻主要用于在较宽的温度范围内进行温度补偿或温度测量。当PTC热敏电阻用于电路自动调节时，为克服或减小其分布电容较大的缺点，应选用直流或60 Hz以下的工频电源。

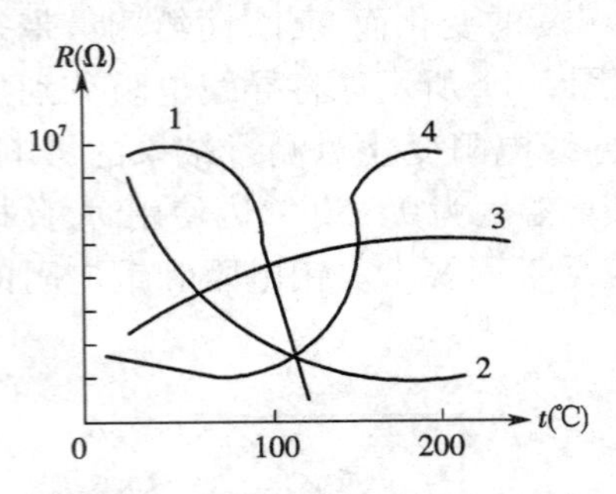

图5-12 热敏电阻的电阻－温度特性曲线

CTR热敏电阻主要用作温度开关。

热敏电阻一般不适用于高精度温度测量和控制，但在测温范围很小时，也可获得较高的精度。它非常适于在家用电器、空调器、复印机、电子体温计、点温度计、表面温度计、汽车等产品中用作测温、控温和加热元件。

2. 热敏电阻的应用

热敏电阻的测量线路一般也用电桥电路。热敏电阻的应用主要有以下几个方面。

1）热敏电阻传感器测温

用于测量温度的热敏电阻传感器结构简单，价格便宜。没有外保护层的热敏电阻只能用于干燥的环境中，在潮湿、腐蚀性等恶劣环境下只能用密封的热敏电阻。图5-13为热敏电阻体温表电路图。

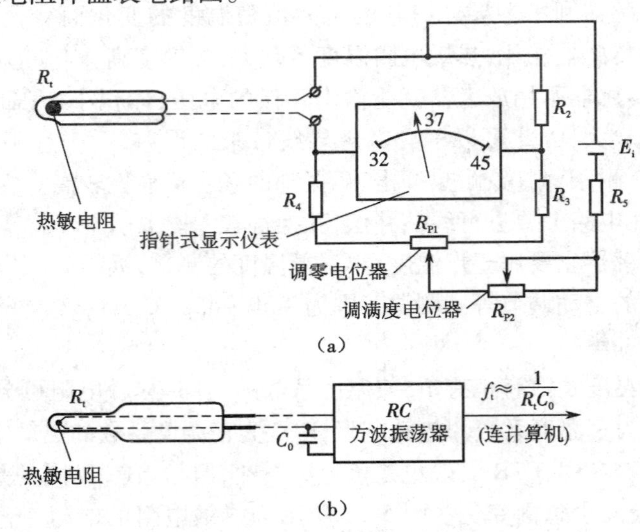

图5-13 热敏电阻体温表电路

（a）桥式电路；（b）调频式电路

测量前，应先对仪表进行标定。将绝缘的热敏电阻放入 32 ℃（表头的零位）的温水中，待热量平衡后，调节 R_{P1}，使指针在 32 ℃上，再加热水，用更高一级的温度计监测水温，使其上升到 45 ℃。待热量平衡后，调节 R_{P2}，使指针指在 45 ℃上。再加入冷水，逐渐降温，反复检查 32 ~ 45 ℃范围内刻度的准确性。

2）热敏电阻传感器用于温度补偿

热敏电阻传感器可在一定范围内对某些元件进行温度补偿。例如，由铜线绕制而成的动圈式仪表表头中的动圈，当温度升高时，电阻增大，引起测量误差。如果在动圈回路中串接负温度系数的热敏电阻，则可以抵消由于温度变化所产生的测量误差。

3）热敏电阻传感器用于温度控制

在空调、电热水器、自动保温电饭锅、冰箱等家用电器中，热敏电阻传感器常用于温度控制。如图 5-14 所示为负温度系数热敏电阻在电冰箱温度控制中的应用。

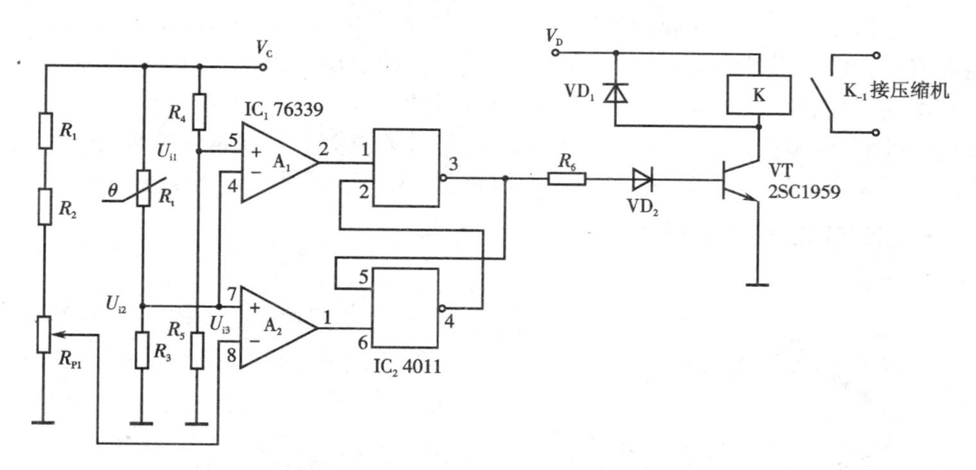

图 5-14　负温度系数热敏电阻在电冰箱温度控制中的应用

当冰箱接通电源时，由 R_4 和 R_5 经分压后给 A_1 的同相端提供一固定基准电压 U_{i1}，由温度调节电路 R_{P1} 输出一设定温度电压 U_{i3} 给 A_2 的反相输入端，这样就由 A_1 组成开机检测电路，由 A_2 组成关机检测电路。

当冰箱内的温度高于设定温度时，由于温度传感器 R_t（热敏电阻）和 R_3 的分压 $U_{i2} > U_{i1}$、$U_{i2} > U_{i3}$，所以 A_1 输出低电平，而 A_2 输出高电平。由 IC_2 组成的 RS 触发器的输出端输出高电平，使 VT 导通，继电器工作，其常开触点闭合，接通压缩机电动机电路，压缩机开始制冷。

当压缩机工作一定时间后，冰箱内的温度下降，到达设定温度时，温度传感器阻值增大，使 A_1 的反相输入端和 A_2 的同相输入端电位 U_{i2} 下降，$U_{i2} < U_{i1}$、$U_{i2} < U_{i3}$，A_1 的输出端变为高电平，而 A_2 的输出端变为低电平，RS 触发器的工作状态发生变化，其输出为低电平，而使 VT 截止，继电器 K 停止工作，触点 K_{-1} 被释放，压缩机停止

运转。

若电冰箱停止制冷一段时间后，冰箱内的温度慢慢升高，此时开机检测电路 A_1、关机检测电路 A_2 及 RS 触发器又翻转一次，使压缩机重新开始制冷。这样周而复始地工作，达到控制电冰箱内温度的目的。

4）热敏电阻传感器用于过热保护

利用临界温度系数热敏电阻的电阻温度特性，可制成过热保护电路。例如将临界温度系数热敏电阻安放在电动机定子绕组中并与电动机继电器串联，当电动机过载时，定子电流增大，引起过热，热敏电阻检测温度的变化，当温度大于临界温度时，电阻发生突变，供给继电器的电流突然增大，继电器断开，从而实现了过热保护。

情境三　热电偶温度传感器

热电偶作为温度传感器的测温元件，测得与温度相应的热电动势，由仪表显示出温度值。它广泛用于测量 -270 ~ 2 800 ℃范围内的温度，具有结构简单、价格便宜、准确度高、热惯性小、响应速度快、测温范围广等特点。由于热电偶将温度转化为电量进行检测，使温度的测量、控制以及对温度信号的放大和变换都很方便，适用于远距离测量和自动控制。因此热电偶温度传感器在温度测量中占有很重要的地位。

一、热电偶工作原理

1. 热电效应

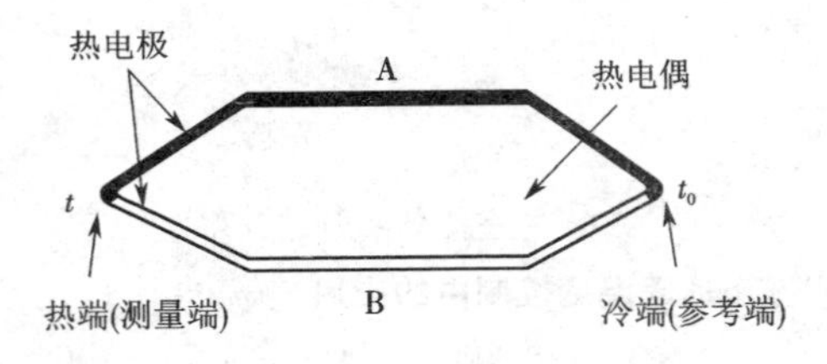

图 5-15　热电偶测温工作原理

两种不同材料的导体 A 和 B 组成一个闭合回路时，如图 5-15 所示，若两接点温度不同，则在该电路中会产生电动势，这种现象称为热电效应。该电动势称为热电动势。

由两种导体组合并将温度转化为热电动势的传感器叫做热电偶温度传感器，组成热电偶的材料 A 和 B 称为热电极，两个接点中温度高的一端称为热端或测量端，另一端则称为冷端或参考端。

热电动势是由两种导体的接触电势（珀尔贴电势）和单一导体的温差电势（汤姆逊电势）所组成。热电动势的大小与两种导体材料的性质及接点温度有关。

接触电动势是由于两种不同导体的自由电子密度不同而在接触处形成的电动势。不同导体内部的电子密度是不同的，当两种电子密度不同的导体 A 与 B 接触时，接触面上就会发生电子扩散，电子从电子密度高的导体流向密度低的导体。电子扩散的速率与两导体的电子密度有关并和接触区的温度成正比。设导体 A 和 B 的自由电子密度为 N_A 和 N_B，且 $N_A > N_B$，电子扩散的结果使导体 A 失去电子而带正电，导体 B 则获得电子而带负电，在接触面形成电场。这个电场阻碍了电子的扩散，达

到动平衡时，在接触区形成一个稳定的电位差，即接触电势。其大小为

$$e_{AB}=(kT/e)\ln(N_A/N_B) \tag{5-1}$$

式中：k 为玻耳兹曼常数，$k=1.38\times10^{-23}$ J/K；e 为电子电荷量，$e=1.6\times10^{-19}$ C；T 为接触处的温度，K；N_A、N_B 分别为导体 A 和 B 的自由电子密度。

温差电动势是同一导体的两端因其温度不同而产生的一种电动势。由于温度梯度的存在，改变了电子的能量分布，高温(t)端电子将向低温(t_0)端扩散，致使高温端因失去电子带正电，低温端因获得电子而带负电。因而在同一导体两端也产生电位差，并阻止电子从高温端向低温端扩散，于是电子扩散形成动平衡，此时所建立的电位差称为温差电势，即汤姆逊电势，它与温度的关系为

$$e=\int_{T_0}^{T}\sigma\mathrm{d}T \tag{5-2}$$

式中：σ 为汤姆逊系数，表示温差 1 ℃所产生的电动势值，其大小与材料性质及两端的温度有关。

由图 5-16 可知，热电偶回路中产生的总热电势为

$$E_{AB}(t,t_0)=e_{AB}(t)+e_B(t,t_0)-e_{AB}(t_0)-e_A(t,t_0) \tag{5-3}$$

式中：$E_{AB}(t,t_0)$ 是热电偶电路的总热电势；$e_{AB}(t)$ 是热端的接触电势；$e_B(t,t_0)$ 是 B 导体的温差电势；$e_{AB}(t_0)$ 是冷端接触电势；$e_A(t,t_0)$ 是 A 导体的温差电势。

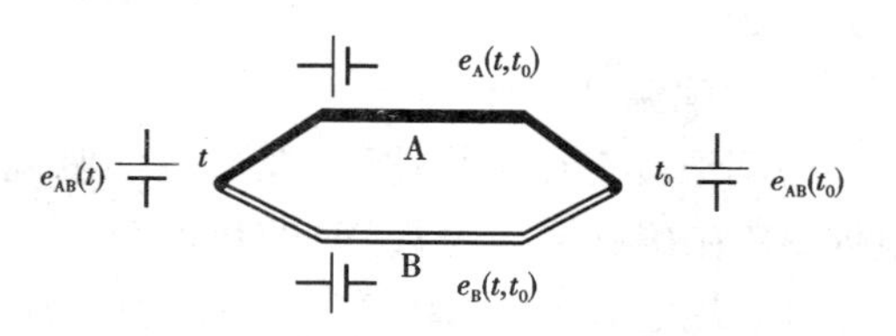

图 5-16　热电偶回路总热电势

在总热电势中，温差电势比接触电势小很多，可忽略不计，则热电偶的热电势可表示为

$$E_{AB}(t,t_0)=e_{AB}(t)-e_{AB}(t_0) \tag{5-4}$$

对于已选定的热电偶，当参考温度 t_0 恒定时，$e_{AB}(t_0)=C$ 为常数，总热电动势就变成测量端温度 t 的单值函数，即

$$E_{AB}(t,t_0)=e_{AB}(t)-C=F(t) \tag{5-5}$$

在实际应用中，热电势与温度之间的关系是通过热电偶分度表确定。分度表中表示的是参考端温度为 0 ℃时，通过实验建立的热电势与工作端温度之间的数值对应关系。热电偶分度表见附录 B。

2. 热电偶基本定律

1）中间导体定律

中间导体定律可描述为：在热电偶回路中接入第三种材料的导体，只要其两端的温度相等，该导体的接入就不会影响热电偶回路的总热电动势。

根据这一定律，可以将热电偶的一个接点断开接入第三种导体，也可以将热电偶的一种导体断开接入第三种导体，只要每一种导体的两端温度相同，均不影响回路的

总热电动势。在实际测温电路中，必须有连接导线和显示仪器，若把连接导线和显示仪器看成第三种导体，只要它们的两端温度相同，则不影响总热电动势。

根据该定律，人们可采取任何方式焊接导线，可以将热电动势通过导线接至测量仪表进行测量，且不影响测量精度。可采用开路热电偶对液态金属和金属壁面进行温度测量，只要保证两热电极插入地方的温度相同即可。如图 5-17 所示。

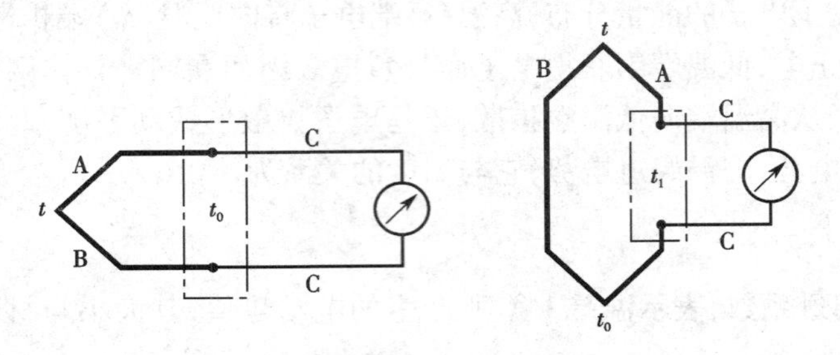

图 5-17　连接仪表的热电偶测量回路

2）中间温度定律

中间温度定律可描述为：在热电偶测温回路中，t_c为热电极上某一点的温度，热电偶 AB 在接点温度为 t、t_0时的热电势 $e_{AB}(t,t_0)$等于热电偶 AB 在接点温度 t、t_c和 t_c、t_0时的热电势 $e_{AB}(t,t_c)$和 $e_{AB}(t_c,t_0)$的代数和，即

$$e_{AB}(t,t_0)=e_{AB}(t,t_c)+e_{AB}(t_c,t_0) \tag{5-6}$$

利用该定律，可对参考端温度不为 0 ℃的热电势进行修正。另外，可以选用廉价的热电偶 A′、B′代替 t_c到 t_0段的热电偶 A、B，只要在 t_c、t_0温度范围内 A′、B′与 A、B 热电偶具有相近的热电势特性，便可将热电偶冷端延长到温度恒定的地方再进行测量，使测量距离加长，还可以降低测量成本，而且不受原热电偶自由端温度 t_c的影响。这就是在实际测量中，对冷端温度进行修正，运用补偿导线延长测温距离，消除热电偶自由端温度变化影响的道理。

热电势只取决于冷、热接点的温度，而与热电极上的温度分布无关。

3）参考电极定律

如图 5-18 所示，已知热电极 A、B 与参考电极 C 组成的热电偶在接点温度为（t，t_0）时的热电动势分别为 $E_{AC}(t,t_0)$，$E_{BC}(t,t_0)$，则相同温度下，由 A、B 两种热电极配对后的热电动势 E_{AB}可按下面公式计算为

$$E_{AB}(t,t_0)=E_{AC}(t,t_0)-E_{BC}(t,t_0) \tag{5-7}$$

参考电极定律大大简化了热电偶选配电极的工作，只要获得有关电极与参考电极配对的热电势，那么任何两种电极配对后的热电势均可利用该定理计算，而不需要逐个进行测定。由于纯铂丝的物理化学性能稳定，熔点较高，易提纯，所以目前常用纯铂丝作为标准电极。

【例】　已知铂铑 30 – 铂热电偶的 E(1 084.5 ℃，0 ℃) = 13.937 mV，铂铑 6 –

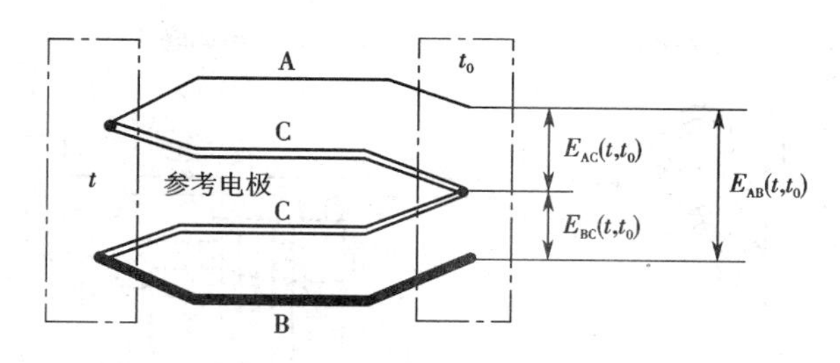

图 5-18　参考电极定律

铂热电偶的 E(1 084.5 ℃,0 ℃)=8.354 mV。

求:铂铑 30－铂铑 6 热电偶在同样温度条件下的热电动势。

解:设 A 为铂铑 30 电极,B 为铂铑 6 电极,C 为纯铂电极,则

$$
\begin{aligned}
&E_{AB}(1\,084.5\ ℃,0\ ℃)\\
&=E_{AC}(1\,084.5\ ℃,0\ ℃)-E_{BC}(1\,084.5\ ℃,0\ ℃)\\
&=5.583\ \text{mV}
\end{aligned}
$$

3. 热电偶的材料与结构

1)热电偶的材料

适于制作热电偶的材料有 300 多种,其中广泛应用的有 40～50 种。国际电工委员会向世界各国推荐 8 种热电偶作为标准化热电偶。我国标准化热电偶也有 8 种,分别是:铂铑 10－铂(分度号为 S)、铂铑 13－铂(R)、铂铑 30－铂铑 6(B)、镍铬－镍硅(K)、镍铬－康铜(E)、铁－康铜(J)、铜－康铜(T)和镍铬硅－镍硅(N)。

2)热电偶的结构

普通型热电偶:主要用于测量气体、蒸气和液体等介质的温度。

铠装热电偶:由金属保护套管、绝缘材料和热电极三者组合成一体的特殊结构的热电偶。

薄膜热电偶:用真空蒸镀的方法,把热电极材料蒸镀在绝缘基板上而制成。测量端既小又薄,厚度约为几微米,热容量小,响应速度快,便于敷贴。

4. 热电偶冷端的温度补偿

根据热电偶测温原理,只有当热电偶的参考端的温度保持不变时,热电动势才是被测温度的单值函数。人们经常使用的分度表及显示仪表,都是以热电偶参考端的温度为 0 ℃作先决条件的。但是在实际使用中,因热电偶长度受到一定限制,参考端温度直接受到被测介质与环境温度的影响,不仅难于保持 0 ℃,而且往往是波动的,无法进行参考端温度修正。因此,要使变化很大的参考端温度保持恒定,通常采用以下几种方法。

1)0 ℃恒温法

如图 5-19 所示,将热电偶的冷端置于 0 ℃的恒温器内,保持为 0 ℃。此时测得的热电势可以准确地反映热端温度变化的大小,直接查对应的热电偶分度表即可得

知热端温度的大小。

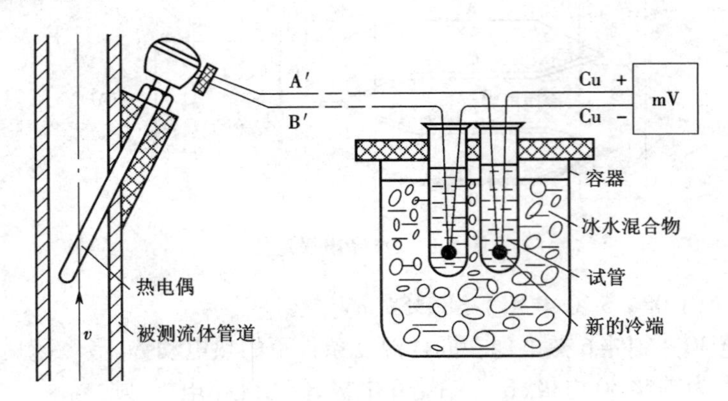

图 5-19 0 ℃恒温法

2)冷端温度修正法

将冷端置于其他恒温器内,使之保持温度恒定,避免由于环境温度的波动而引入误差。利用中间温度定律即可求出测量端相对于 0 ℃的热电势。热电偶与动圈式仪表配套使用时常用此方法。

3)补偿导线法

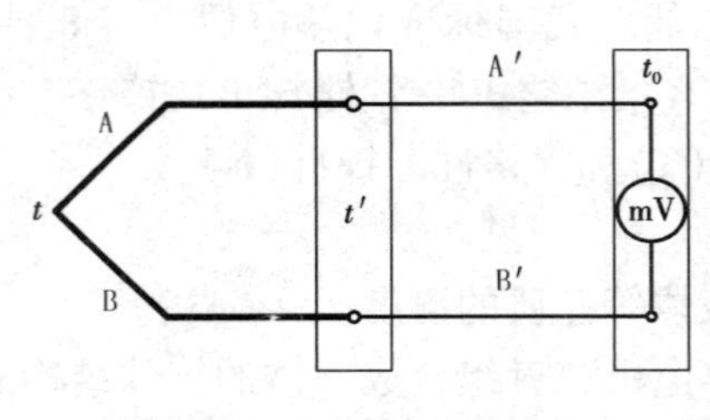

图 5-20 补偿导线法

实际测温时,由于热电偶的长度有限,冷端温度将直接受到被测介质温度和周围环境的影响。例如,热电偶安装在电炉壁上,电炉周围的空气温度的不稳定会影响接线盒中的冷端的温度,造成测量误差。为了使冷端不受测量端温度的影响,可将热电偶加长,但同时也增加了测量费用。所以一般采用在一定温度范围内(0~100 ℃)与热电偶热电特性相近且廉价的材料代替热电偶来延长热电极,这种导线称为补偿导线,该方法称为补偿导线法。如图 5-20 所示。A′、B′为补偿导线,根据补偿导线的定义有

$$E_{AB}(t',t_0)=E_{A'B'}(t',t_0)$$

使用补偿导线必须注意两个问题:①两根补偿导线与热电偶相连的接点温度必须相同,接点温度不超过 100 ℃;②不同的热电偶要与其型号相应的补偿导线配套使用,且必须在规定的温度范围内使用,极性不能接反。

在我国,补偿导线已有定型产品,如表 5-1 所示。

表 5-1 常用热电偶补偿导线表

热电偶名称	分度号	材料	极性	补偿导线成分	护套颜色	金属颜色
铂铑-铂	S	铜 铜镍	±	Cu 0.57 % ~0.6 % Ni,其余 Cu	红 绿	紫红 褐
镍铬-镍硅 镍铬-镍铝	K	铜 康铜	±	Cu 39 % ~41 % Ni, 1.4 % ~1.8 % Mn,其余 Cu	红 棕	紫红 白
镍铬-铜镍 镍铬-康铜	E	镍铬 考铜	±	8.5 % ~10 % Cr,其余 Ni 56 % Cu,44 % Ni	紫 黄	黑 白

5. 热电偶测温线路

1)测量某一点温度(一个热电偶和一个仪表配用的基本电路)

图 5-21 所示为热电偶测量某一点温度的基本电路。仪表读数为

$$E = E_{AB}(t, t_0) \tag{5-8}$$

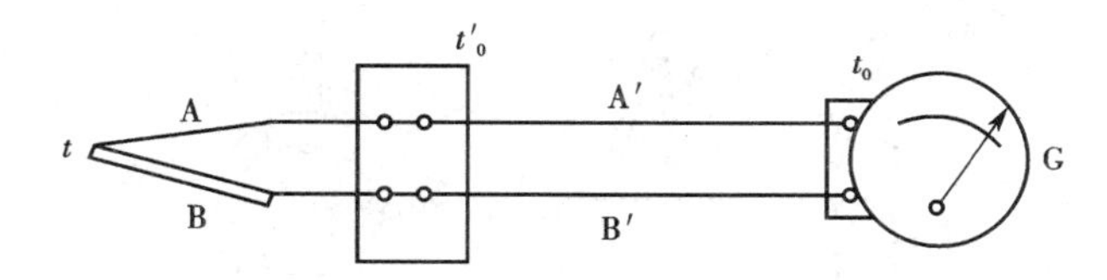

图 5-21 热电偶测量某一点温度的电路

2)测量两点温度之差的电路

将两支同型号的热电偶反向串联,使其冷端处于同一温度下,即可测量两点温度差。从图 5-22 可以分析出,仪表读数为:$E = E_{AB}(t_2, t_0) - E_{AB}(t_1, t_0)$。

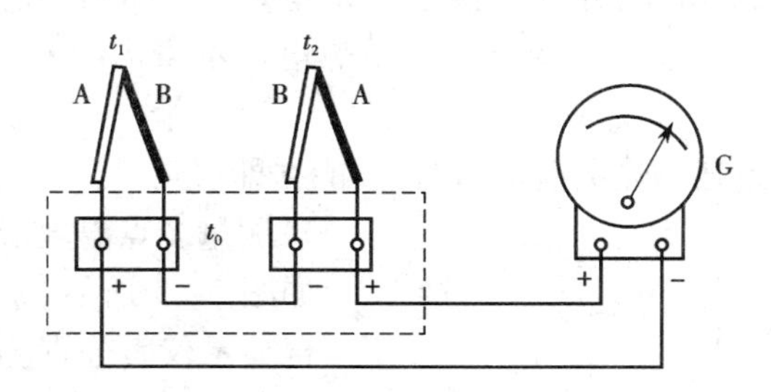

图 5-22 热电偶测量两点温差的电路

3)测量两点间温度和的电路

如图 5-23 所示,两支同型号的热电偶正向串联,仪表的读数为

$$E = E_{AB}(t_1, t_0) + E_{AB}(t_2, t_0) \tag{5-9}$$

该电路的特点是:输出的热电势较大,提高了测试灵敏度,可以测量微小温度的变化。并且因为热电偶串联,只要有一支热电偶烧断,仪表即没有指示,可以立即发现故障。

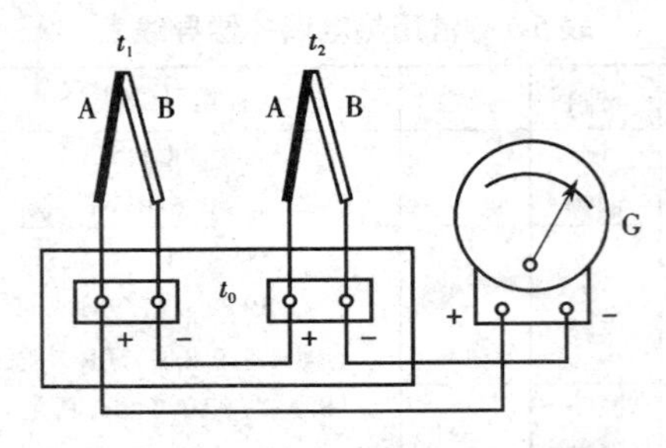

图 5-23　测量两点间温度和的电路

4）测量两点间平均温度的电路

如图 5-24 所示，两支同型号的热电偶并联，仪表的读数为

$$E=\frac{E_{AB}(t_1,t_0)+E_{AB}(t_2,t_0)}{2} \tag{5-10}$$

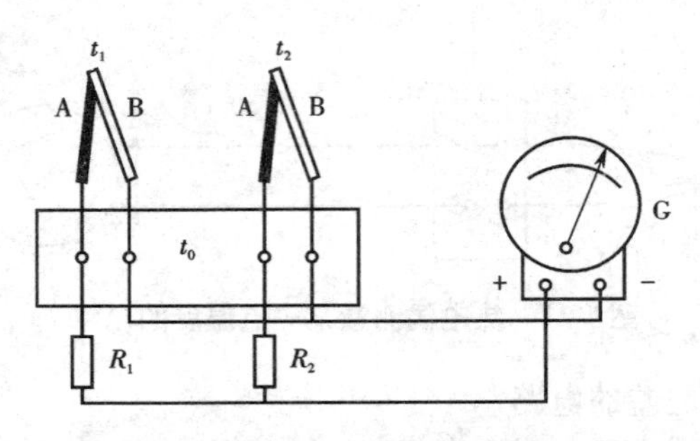

图 5-24　测量两点间平均温度的电路

图 5-24 中每一支热电偶分别串接了均衡电阻 R_1、R_2，其作用是在 t_1、t_2不相等时，在每一支热电偶回路中流过的电流不受热电偶本身内阻不相等时的影响，所以 R_1、R_2的阻值很大。

该电路的缺点：当某一热电偶烧断时，不能立即察觉，会造成测量误差。

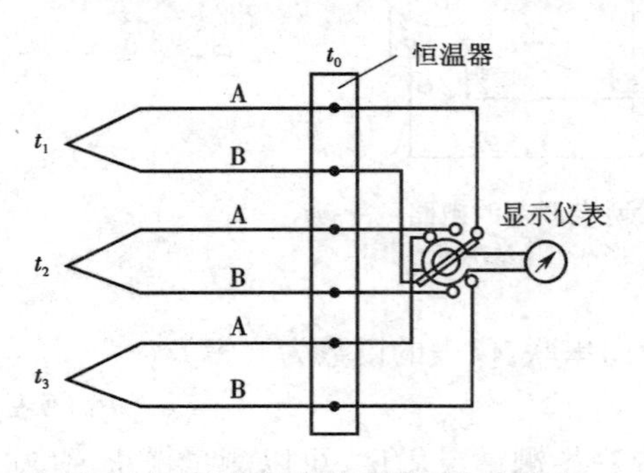

图 5-25　一台仪表分别测量多点温度

5）测量多点温度线路

如图 5-25 所示，通过波段开关，可以用一台显示仪表分别测量多点温度。该种连接方法要求每只热电偶型号相同，测量范围不能超过仪表指示量程，热电偶的冷端处于同一温度下。多点测量电路多用于自动巡回检测中，可以节约测量经费。

6. 热电偶的应用

以金属表面温度的测量为例说明。

一般当被测金属表面温度在 200 ~

300 ℃时,可采用黏合剂将热电偶的节点粘贴于金属表面。当被测表面温度较高,而且要求测量精度高和响应时间常数小的情况下,常采用焊接的方法,将热电偶的头部焊于金属表面。

【例1】测控应用。

图5-26所示为常用炉温测量控制系统。图中由毫伏定值器给出设定温度对应的毫伏数,当热电偶测量的热电势与定值器输出的数值有偏差时,说明炉温偏离设定值,此偏差经放大器放大后送到调节器,再经晶闸管触发器推动晶闸管执行器,从而调整炉丝加热功率,消除偏差,达到温控的目的。

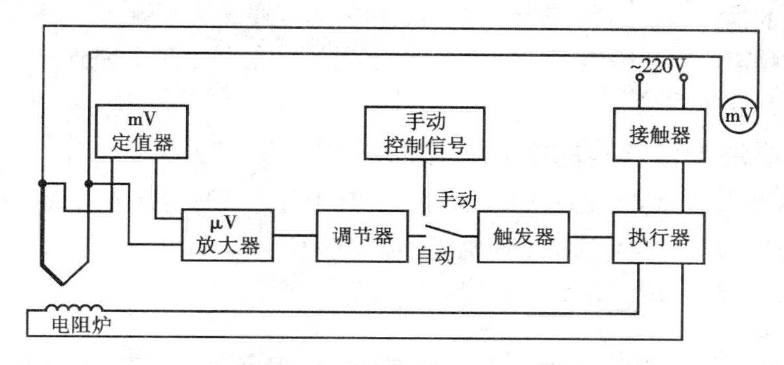

图5-26 热电偶温控系统

【例2】热电偶传感器用于管道内温度的测量。

如图5-27所示为管道内温度测量热电偶传感器的安装方法。热电偶的安装应尽量做到使测温准确、安全可靠及维修方便。不管采用何种安装方式,均应使热电偶插入管道内有足够的深度。安装热电偶时,应将测量端迎着流体方向。

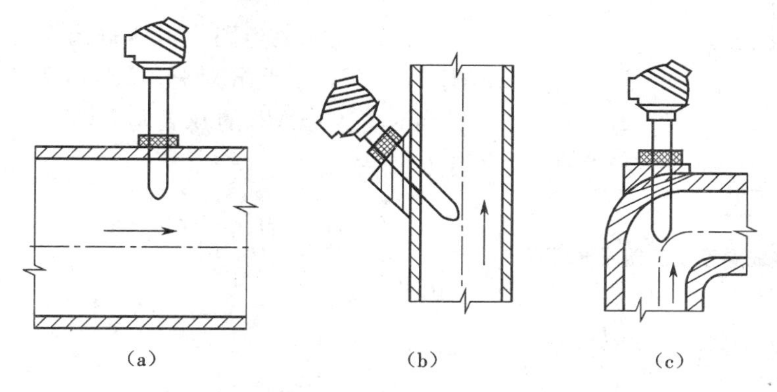

图5-27 热电偶传感器用于管道内温度的测量

(a)水平方向;(b)垂直方向;(c)拐角处

情境四　集成温度传感器

集成温度传感器实质上是一种半导体集成电路，它是利用晶体管 PN 结的电流和电压特性与温度的关系，把感温元件（PN 结）与有关的电子线路集成在很小的硅片上封装而成的。其具有体积小、线性好、反应灵敏、价格低、抗干扰能力强等优点，所以应用十分广泛。由于 PN 结不能耐高温，所以集成温度传感器通常测量 150 ℃以下的温度。集成温度传感器的输出形式分为电流输出、电压输出和频率输出 3 种。电流输出型的输出阻抗很高，可用于远距离精密温度遥感和遥测，而且不用考虑接线引入损耗和噪声。电压输出型的输出阻抗低，易于同信号处理电路连接。频率输出型易与微型计算机连接。

一、集成温度传感器的基本工作原理

图 5-28 为集成温度传感器原理示意图。其中 VT_1、VT_2为差分对管，由恒流源提供的 I_1、I_2分别为 VT_1、VT_2的集电极电流，则 ΔU_{be}为

$$\Delta U_{be} = \frac{kT}{q}\ln\left(\frac{I_1}{I_2}\gamma\right) \tag{5-11}$$

式中：k 为玻尔兹曼常数；q 为电子电荷量；T 为绝对温度；γ 为 VT_1 和 VT_2发射极面积之比。

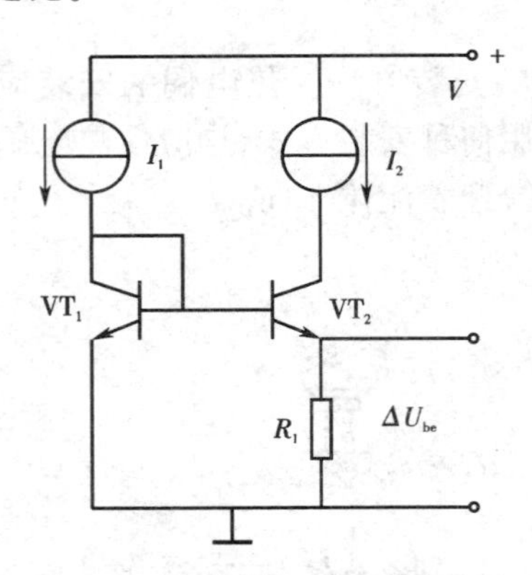

图 5-28　集成温度传感器原理示意

由式 5-10 可知，只要 I_1/I_2为恒定值，则 ΔU_{be}与温度 T 为单值线性函数关系。这就是集成温度传感器的基本工作原理。

二、电压输出型

图 5-29 所示的电路为电压输出型集成温度传感器。VT_1、VT_2为差分对管，调节电阻 R_1，可使 $I_1 = I_2$，当对管 VT_1、VT_2的 β 值大于等于 1 时，电路输出电压 U_o为

$$U_o = I_2 R_2 = \frac{\Delta U_{be}}{R_1} R_2 \tag{5-12}$$

由此可知

$$\Delta U_{be} = \frac{R_1}{R_2} U_o = \frac{kT}{q}\ln \gamma \tag{5-13}$$

由式 5-13 可知 R_1、R_2不变，则 U_o与 T 呈线性关系。若 $R_1 = 940\ \Omega$，$R_2 = 30\ \Omega$，$\gamma = 37$，则电路输出温度系数为 10 mV/K。

注意：$T(\text{K}) = t(℃) + 273.15$。

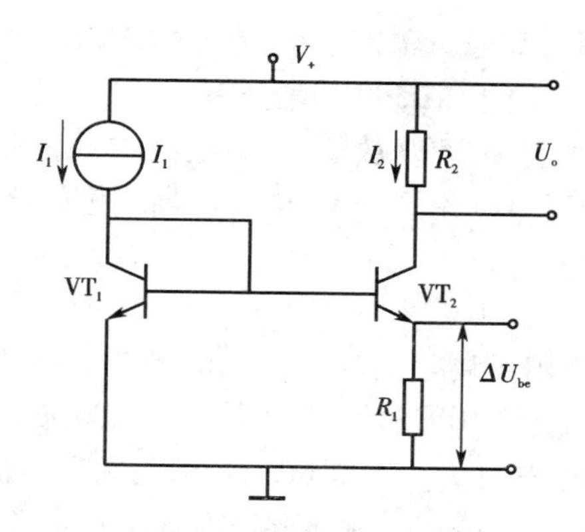

图 5-29　电压输出型温度传感器

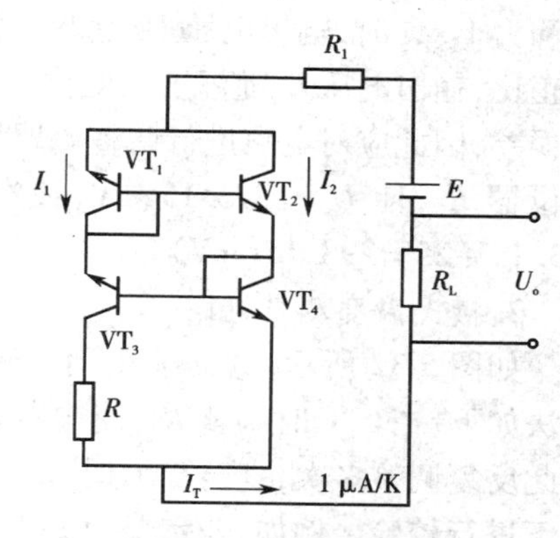

图 5-30　电流输出型温度传感器

三、电流输出型

电流输出型集成温度传感器原理如图 5-30 所示。对管 VT_1、VT_2作为恒流源负载，VT_3、VT_4作为感温元件，VT_3、VT_4发射极面积之比为 γ，此时电流源总电流 I_T为：

$$I_T = 2I_1 = \frac{2\Delta U_{be}}{R} = \frac{2kT}{qR}\ln\gamma \tag{5-14}$$

由上式可得知，当 R、γ 为恒定量时，I_T 与 T 呈线性关系。若 $R=358\ \Omega$，$\gamma=8$，则电路输出温度系数为 1 μA/K。

电流型集成温度传感器以其良好的线性和互换性，高的测量精度受到业界的普遍关注。其中，AD590 是美国模拟器件公司生产的单片双端集成温度传感器。它的主要特性有以下几点。

(1)具有线性的电流输出 1 μA/K。

(2)测温范围为 -55 ~ 150 ℃。

(3)电源电压范围为 4 ~ 30 V。AD590 可以承受 44 V 正向电压和 20 V 反向电压，因而器件反接也不会被损坏。

(4)输出电阻为 710 MΩ。

(5)精度高。AD590 共有 I、J、K、L、M 五挡，其中 M 挡精度最高，在 -55 ~ 150 ℃范围内，非线性误差为 ±0.3 ℃。

1. AD590 的基本应用电路

图 5-31(a)是 AD590 的封装形式，图 5-31(b)是 AD590 用于测量热力学温度的基本应用电路。AD590 在 25 ℃(298.15 K)时，理想输出电流为 298.15 μA。当电阻 R_1 和电位器 R_2 的电阻

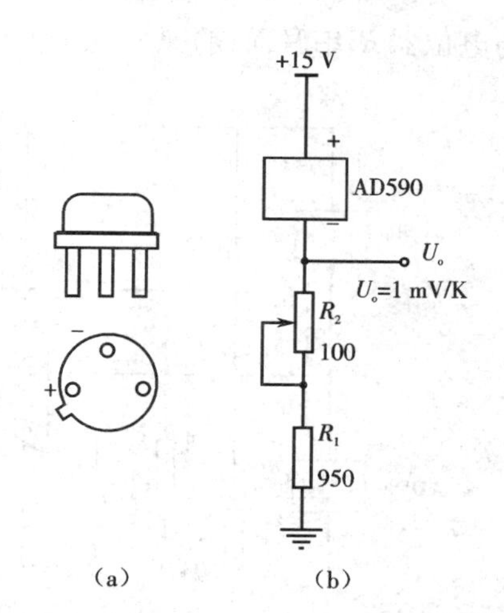

图 5-31　AD590 的封装及基本应用电路

(a)封装形式；(b)电路

之和为 1 kΩ 时，输出电压 U_o为 298.15 mV。因为流过 AD590 的电流与热力学温度成正比，输出电压 U_o随温度的变化为 1 mV/K。但由于 AD590 的增益有偏差，电阻也有误差，因此应对电路进行调整。调整的方法为：把 AD590 放于冰水混合物中，调整电位器 R_2，使 U_o = 273.15 mV；或在室温下（25 ℃）条件下调整电位器，使 U_o = 273.15 + 25 = 298.15(mV)。

2. 摄氏温度测量电路

如图 5-32 所示，电位器 R_2用于调整零点，R_4用于调整运放 LF355 的增益。调整方法如下：在 0 ℃时调整 R_2，使输出 U_o = 0，然后在 100 ℃时调整 R_4使 U_o = 100 mV。如此反复调整多次，直至 0 ℃时，U_o = 0 mV，100 ℃时 U_o = 100 mV 为止。最后在室温下进行校验。例如，若室温为 25 ℃，那么 U_o应为 25 mV。冰水混合物是 0 ℃环境，沸水为 100 ℃环境。

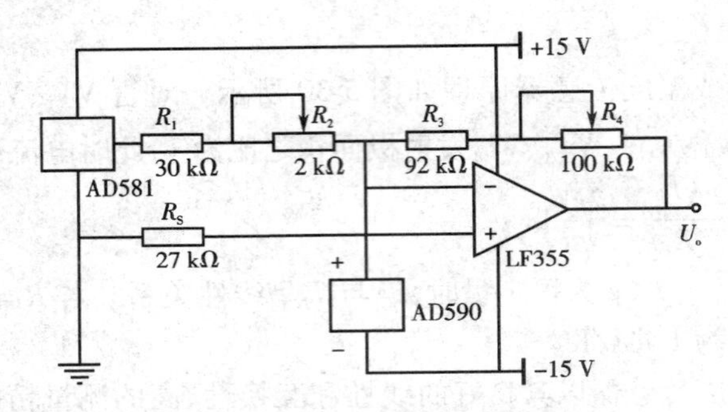

图 5-32 用于测量摄氏温度的电路

要使图 5-32 中的输出为 200 mV/℃，可通过增大反馈电阻（图中反馈电阻由 R_3与电位器 R_4串联而成）来实现。另外，测量华氏温度（符号为℉）时，因华氏温度等于热力学温度减去 255.4 再乘以 9/5，故若要求输出为 1 mV/℉，则调整反馈电阻约为 180 kΩ，使得温度为 0 ℃时，U_o = 17.8 mV；温度为 100 ℃ 时，U_o = 197.8 mV。AD581 是高精度集成稳压器，输入电压最大为 40 V，输出 10 V。

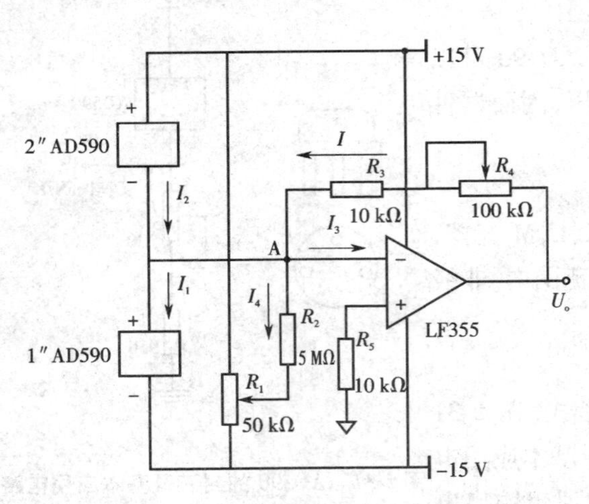

图 5-33 测量两点温度差的电路

3. 温差测量电路及其应用

图 5-33 是利用两个 AD590 测量两点温度差的电路。在反馈电阻为 100 kΩ 的情况下，设 1″和 2″ AD590 处的温度分别为 t_1（℃）和 t_2（℃），则输出电压为（t_1 − t_2）

100 mV/℃。图中电位器 R_1 用于调零。电位器 R_4 用于调整运放 LF355 的增益。

由基尔霍夫电流定律知：$I+I_2=I_1+I_3+I_4$

由运算放大器的特性知：$I_3=0$，$U_A=0$

调节调零电位器 R_1 使 $I_4=0$，可得：$I=I_1-I_2$

若 $R_4=90\ \text{k}\Omega$，则有：$U_o=I(R_3+R_4)=(I_1-I_2)(R_3+R_4)=(t_1-t_2)100\ \text{mV/℃}$

由上式知，改变 (R_3+R_4) 的值可以改变 U_o 的大小。

4. 热电偶的补偿

集成温度传感器用于热电偶参考端的补偿电路如图 5-34 所示，AD590 应与热电偶参考端处于同一温度下。AD580 是一个三端稳压器，其输出电压 U_o 为 2.5 V。电路工作时，调整电阻 R_2 使得 $I_1=t_0\times10^{-3}$ mA，这样在电阻 R_1 上产生一个随参考端温度 t_0 变化的补偿电压 $U_1=I_1\cdot R_1$。

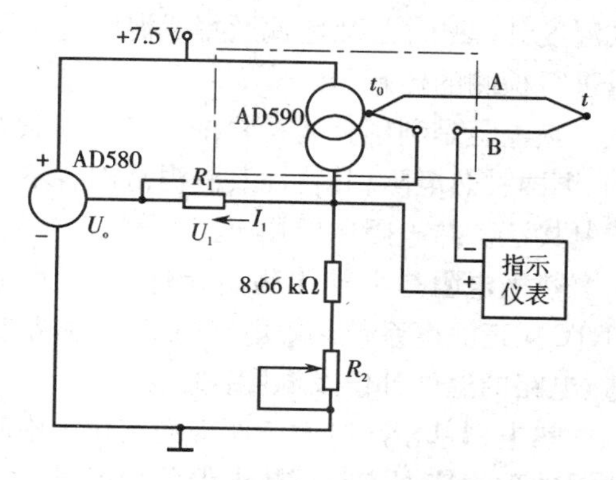

图 5-34 热电偶参考端的补偿电路

若热电偶参考端温度为 t_0，补偿时应使 $U_1\approx E_{AB}(t_0,0\ ℃)$。不同分度号的热电偶，$R_1$ 的阻值亦不同。这种补偿电路灵敏、准确、可靠、调整方便。

5. 温度控制

图 5-35 为 AD590 简单的温度控制电路。AD311 为比较器，其输出控制加热器电流，调节 R_T 可改变比较电压，从而改变控制温度。AD581 是稳压器，为 AD590 提供稳定电压。

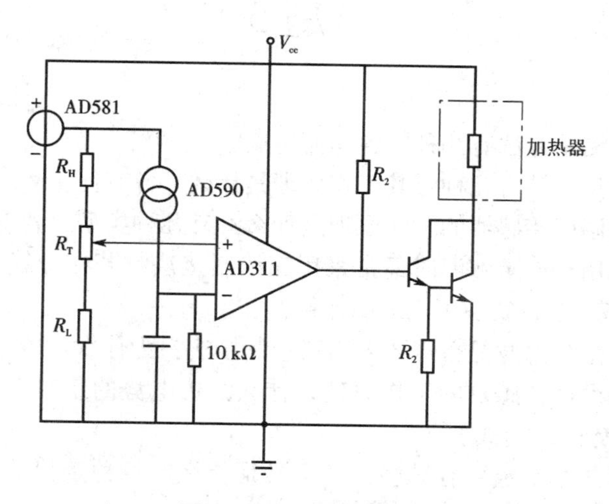

图 5-35 温度控制电路

要点回顾

温度是生产、生活中经常测量的变量。本任务重点介绍了温度的测量方法,膨胀式温度计、热电阻、热电偶及集成温度传感器等几种常用的对温度及与温度有关的参量进行检测的传感器。

热电阻是利用金属材料的阻值随温度的升高而增大的特性制作的。常用的有铂、铜两种热电阻,其特性及测温范围各不相同。热电阻在测量时需使用三线制或四线制接法。热电阻主要用于工业测温。

热敏电阻是半导体测温元件,按温度系数的不同可分为负温度系数热敏电阻(NTC)、正温度系数热敏电阻(PTC)、临界温度电阻器(CTR)三种。广泛用于温度测量、电路的温度补偿及温度控制。

热电偶基于热电效应原理而工作。中间温度定律和中间导体定律是使用热电偶测温的理论依据。掌握热电偶的分度号,了解它们的结构类型及特性,对掌握热电偶有较大的帮助。热电偶在使用时要进行温度补偿,要理解常用的几种补偿方法。

集成温度传感器实质上是一种半导体集成电路,它是利用晶体管 PN 结的电流和电压特性与温度的关系,把感温元件(PN 结)与有关的电子线路集成在很小的硅片上封装而成的。AD590 的典型应用是电流输出型集成温度传感器的实例。

习题 5

5-1　温度的测量方法有几种?各有何特点?

5-2　膨胀式温度计有几种?其工作原理是什么?各有何实际应用?

5-3　电阻式温度传感器的工作原理是什么?有几种类型?各有何特点?

5-4　为什么用热电阻测温时经常采用三线制接法?若在导线连接至控制室后再分三线接入仪表,是否实现了三线制连接?

5-5　热敏电阻测温时是否需要采用三线制接法?为什么?

5-6　热电偶温度传感器的工作原理是什么?热电势的组成有几种?写出热电偶回路中总热电势的表达式。

5-7　热电偶的基本定律有哪些?其含义是什么?每种定律的意义何在?并证明每种定律。

5-8　为什么要对热电偶进行冷端温度补偿?常用的补偿方法有几种?补偿导

线的作用是什么？连接补偿导线要注意什么？

5-9　热电偶测温线路有几种？试画出每种测温电路原理图，并写出热电势表达式。

5-10　试比较热电偶、热电阻、热敏电阻的异同。

5-11　已知分度号为K的热电偶热端温度为 $t=800$ ℃，冷端温度为 $t_0=30$ ℃，试求回路中的实际总电势。

5-12　如图5-36所示，用K型(镍铬－镍硅)热电偶测量炼钢炉熔融金属某一点温度，A′、B′为补偿导线，Cu为铜导线。已知 $t_1=40$ ℃，$t_2=0$ ℃，$t_3=20$ ℃。

(1)当仪表指示为39.314 mV时，计算被测点温度 t。

(2)如果将A′、B′换成铜导线，此时仪表指示为37.702 mV，再求被测点温度 t。

(3)将热电偶直接插到熔融金属同一高度来测量此点的温度，是利用了热电偶的什么定律？如果被测液体不是金属，还能用此方法测量吗？为什么？

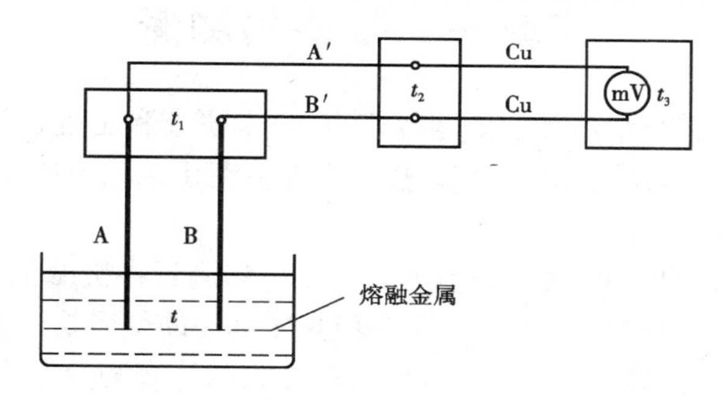

图5-36　第5-12题图

5-13　用两只K型热电偶测量两点温差，如图5-22所示。已知 $t_1=980$ ℃，$t_2=510$ ℃，$t_0=20$ ℃，试求两点的温差。

5-14　试用集成温度传感器AD590设计一款电子温度计。

5-15　试用集成温度传感器LM335设计一款超温报警电路。(设报警温度为60 ℃)

任务六　位移和速度的测量

任务要求

掌握用于测量位移和速度的传感器的结构。

掌握位移传感器和速度传感器的工作原理。

情境一　位移的测量

机械系统的位移测量涉及的范围较广,在科学研究和工程设计中经常会遇到。同时位移还是振动测量的参量,而振动现象存在的范围也相当广泛,如民用机械、交通运输及武器系统。

位移测量是线位移和角位移测量的总称。位移测量在机械工程中尤为重要,这不仅是因为在机械工程中经常要求精确地测量零部件的位移或位置,而且还因为力、压力、扭矩、速度、加速度、温度、流量及物位等参数的许多测量方法都是以位移测量作为基础的。

位移常用测量系统可分为以下3类。

(1)机械测量系统。该测量系统利用杠杆、齿轮、曲柄等机构对所测振动参量进行放大、传递,并用指针等显示。该方法主要用于位移测量,其动态特性较差,机械惯性大,不能远距离传送。

(2)光学测量系统。该测量系统用光学法、光电干涉、光导纤维、激光多普勒效应等方法进行测量。光电测量法是一种非接触测量方法,对被测对象无不良影响,具有较高的频响精度。

(3)电学测量系统。该测量系统用各种传感器及配套使用的仪器测量位移是目前使用最广泛的方法。电学测量系统可根据测试对象选用不同类型的传感器及测试方法。其特点是动态范围大,在接触式测量时,传感器对被测对象有一定影响。

一、电感式位移测量系统

电感式位移测量系统是变磁阻类测量装置。电感线圈中输入的是交流电流,当被测位移量引起铁芯与衔铁之间的磁阻变化时,线圈中的自感系数或互感系数产生变化，引起后续电桥桥路的桥臂中阻抗变化，当电桥失去平衡时，输出电压与被测的机械位移量成比例。电感式传感器常分成自感式（有单磁路和差动式两种）与互感式（常用的是差动变压器式）两类。

1. 单磁路电感式传感器

单磁路电感式传感器是由铁芯、线圈和衔铁组成，如图6-1所示。当被测位移量带动衔铁上下移动时，空气隙长度 x 的变化，引起磁路中气隙磁阻发生变化，而引起线圈电感的变化。根据电感的定义，线圈中的电感量为

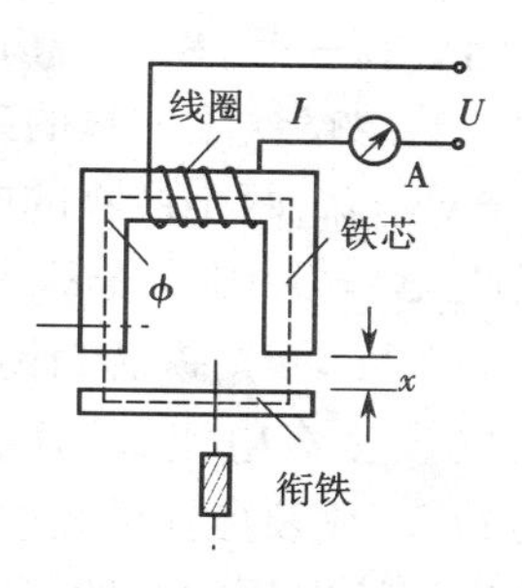

图 6-1　单磁路电感传感器

$$L=\frac{\psi}{I}=\frac{W\Phi}{I}=\frac{W}{I}\times\frac{IW}{R_m}=\frac{W^2}{R_{m0}+R_{m1}+R_{m2}}$$

$$=\frac{W^2}{\dfrac{2x}{\mu_0 A_1}+\dfrac{l_1}{\mu_1 A_1}+\dfrac{l_2}{\mu_2 A_2}}\approx\frac{W^2\mu_0 A_1}{2x} \tag{6-1}$$

式中：ψ 为穿过线圈的总磁链；Φ 为通过线圈的磁通量；W 为线圈匝数；IW 为磁路中的磁动势；R_m 为磁路中的磁阻；R_{m0} 为空气隙的磁阻；R_{m1} 为铁芯的磁阻；R_{m2} 为衔铁的磁阻；l_1、l_2、x 为铁芯、衔铁、空气隙的磁路长度；A_1、A_2 为铁芯、衔铁的导磁截面积；μ_0、μ_1、μ_2 为空气、铁芯、衔铁的导磁系数，$\mu_0=4\pi\times10^{-7}$ H/m。

由于铁芯和衔铁的导磁系数 μ_1、μ_2 远大于空气隙的导磁系数 μ_0，所以铁芯和衔铁的磁阻 R_{m1}、R_{m2} 可略去不计，所以磁路中的总磁阻只考虑空气隙的磁阻这一项。由此，得到电感线圈中的电感量如式(6-1)所示。当传感器设计制造完成后，W、μ_0、A_1 都是常数。则式(6-1)可改写为

$$L=K\frac{1}{x} \tag{6-2}$$

式中：$K=W^2\mu_0 A_1/2$。可见，当衔铁感受被测位移量产生位移时，则传感器必有 $\Delta L=L-L_0$ 的电感量输出，从而达到位移量到电感变化量的转换。式(6-2)表明：电感量与线圈匝数平方 W^2 成正比；与空气隙有效截面积 A_1 成正比；与空气隙磁路长度 x 成反比。因此，改变气隙长度或改变气隙截面积都能使电感量变化。对于变气隙型电感传感器，其电感量与气隙长度之间的关系如图6-2所示，可见 $L=f(x)$ 不呈线性关系。当气隙从初始 x_0 增加 Δx 或减少 Δx 时，电感量变化是不等的。因此，为了使电感传感器有较好的线性，必须使衔铁的位移量限制在较小范围内，一般取 $\Delta x=(0.1\sim0.2)x_0$，常适用于测量 0.001～1 mm 的位移值，只有在此范围内才有近似的线性关系。

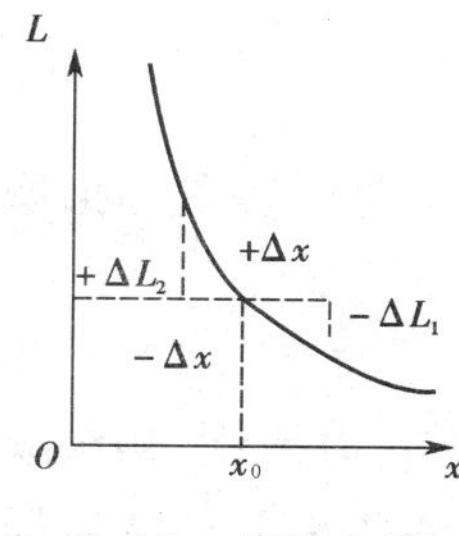

图 6-2　特征曲线

2. 差动电感式传感器

在实际应用中，常把两个完全对称的单磁路自感传感

器组合在一起，用一个衔铁构成差动电感式传感器。图 6-3 是其工作原理和输出特性。当忽略铁磁材料的磁滞和涡流损耗，工作开始时，衔铁处于中间位置，气隙长度 $x_1 = x_2 = x_0$，两个线圈的电感相等 $L_1 = L_2 = L_0$，流经两线圈中的电流相等 $I_1 = I_2 = I_0$，因此，$\Delta I = 0$，则负载 Z_L上没有电流流过，输出电压 $U_o = 0$。当衔铁由被测位移量带动作上下移动时，铁芯与衔铁之间的气隙长度一个增大，另一个减小，则 $L_1 \neq L_2$，$I_1 \neq I_2$。负载 Z_L上有电流 ΔI 流过，所以电桥失去平衡，有电压 U_o输出。电流 ΔI 和输出电压 U_o的值，代表衔铁的位移量之大小，如将 U_o经过相敏整流电路转换为直流电压，根据输出直流电压的极性，还可判断衔铁移动的方向。

根据图 6-3(b)，设衔铁向上移动 Δx，上下电感线圈的电感量由原始的 L 值分别变为 $L + \Delta L_1$和 $L - \Delta L_2$（设 $\Delta L_1 = \Delta L_2$），此时上下线圈总电感量的变化量为

$$\Delta L = (L + \Delta L_1) - (L - \Delta L_2) = \frac{W^2 \mu_0 A_1}{2(x - \Delta x)} - \frac{W^2 \mu_0 A_1}{2(x + \Delta x)}$$

$$= \frac{W^2 \mu_0 A_1 \Delta x}{x^2 - \Delta x^2} = 2L \frac{\Delta x}{x}\left[1 - \left(\frac{\Delta x}{x}\right)^2\right]^{-1} \tag{6-3}$$

当 $\Delta x \ll x$ 时，可略 $\Delta x / x$ 的高阶项，则

$$\Delta L = 2L \frac{\Delta x}{x} = \frac{W^2 \mu_0 A_1 \Delta x}{x^2} \tag{6-4}$$

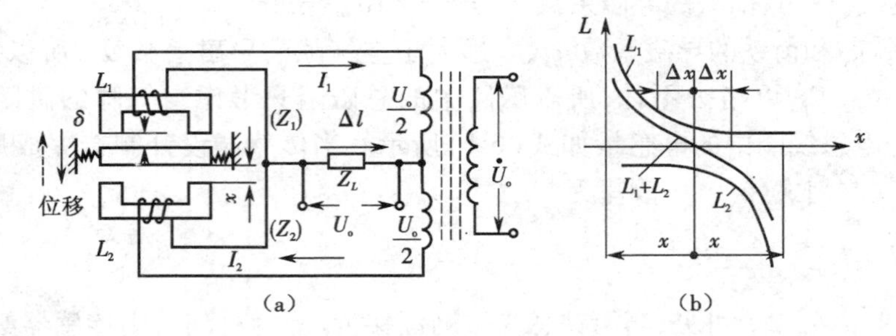

图 6-3 差动电感式传感器

(a)电路图；(b)输出特性曲线

灵敏度可表示为

$$S = \frac{\Delta L}{\Delta x} = 2\frac{L}{x} = \frac{W^2 \mu_0 A_1}{x^2} = 2K\frac{1}{x^2} \tag{6-5}$$

比较各式可得，差动电感式传感器比单磁路电感式传感器的总电感量和灵敏度都提高了一倍。

3. 差动变压器式传感器

差动变压器式传感器是互感式电感传感器中常见的一种。它由衔铁、初级线圈 L_1、次级线圈 L_{21}与 L_{22}和线圈架所组成。如图 6-4 所示，初级线圈作为差动变压器激励电源之用，相当于变压器的原边，而次级线圈是由两个结构、尺寸和参数等都相同

的线圈反相串接而成，形成变压器的副边。其工作原理与变压器相似，不同之处为：变压器是闭合磁路，而差动变压器是开磁路；前者原、副边间的互感系数是常数，而后者的互感系数随衔铁移动有相应变化（在忽略线圈寄生电容、衔铁损耗和漏磁的理想情况下）。

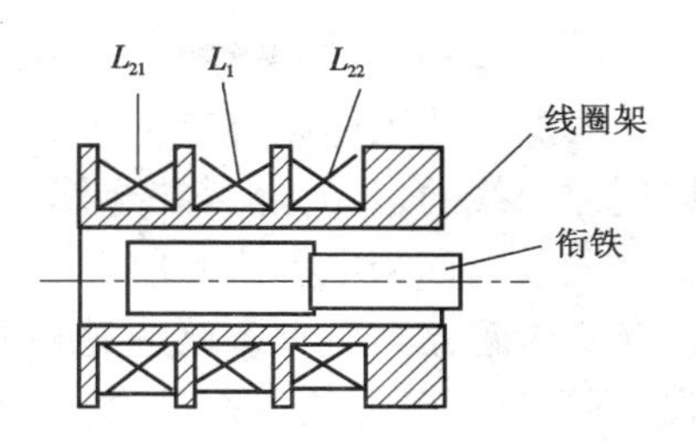

图 6-4 差动变压式位移传感器

由于差动变压器的输出电压是交流量，其幅值大小与衔铁位移成正比，其输出电压如用交流电压表来指示，只能反映衔铁位移的大小，但不能显示移动的方向。为此，其后接电路应既能反映衔铁位移的大小，又能显示位移的方向。其次在电路上还应设有调零电阻 R_0。在工作之前，使零点残余电压 e_0 调至最小。这样，当有输入信号时，传感器输出的交流电压经交流放大、相敏检波、滤波后得到直流电压输出，由直流电压表指示出与输入位移量相应的大小和方向。

差动变压器式电感传感器具有线性范围大、测量精度高、稳定性好和使用方便等优点，广泛应用于直线位移测量中。

图 6-5 是将差动变压器式电感传感器应用于锅炉自动连续给水控制装置的实例。该装置是由浮球－电感式传感器、控制器、调节阀与积分式电动执行器组成。浮球－电感式传感器是由浮球、浮球室和变压器式传感器所组成。

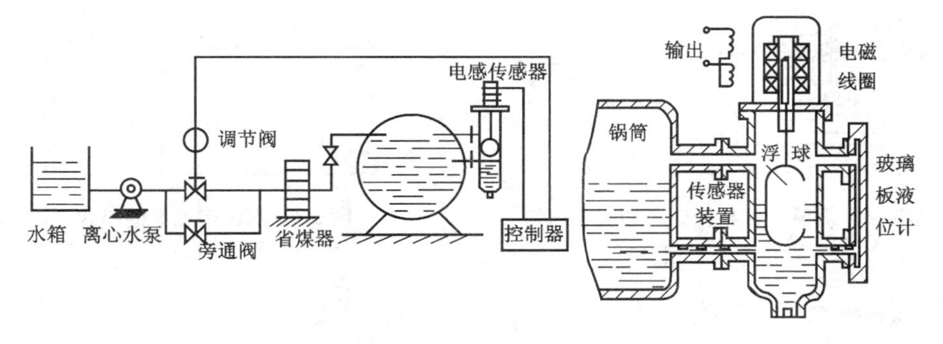

图 6-5 锅炉自动连续给水控制装置

锅炉水位的变化被浮球所感受，推动传感器的衔铁随着水位的波动而上下移动，使传感器的电感量发生变化，经控制器将电感量放大后反馈给调节阀。调节阀感受线圈电感量的变化，发生相应的开或关的电信号，调节阀通过执行器，开大或关小阀门，实现连续调节给水的目的。当锅炉水位上升时，调节阀逐步关小，使锅炉的给水量逐步减少；反之，调节阀逐步开大，则锅炉的给水量逐步增加。由于在执行器的阀杆上设置一个与传感器线圈特性相同的阀位反馈线圈，当传感器线圈与反馈线圈经放大后的电感电压信号相等时，执行器就稳定在某一高度上，锅筒内水位也保持在某一高度，从而使锅炉的给水量与蒸发量不断地自动趋于相对平衡位置。

二、电涡流式位移测量系统

根据法拉第电磁感应定律，将一块金属置于交变磁场中，或使金属块在磁场中作切割磁力线的运动，那么在金属体内将产生旋涡状的感应电流，这种电流叫做电涡流。该效应称为电涡流效应。利用电涡流效应制成的传感器称为涡流式传感器。电涡流式传感器具有频率响应范围宽、灵敏度高、测量范围大、结构简单、抗干扰能力强、不受油污等介质的影响，特别是非接触测量等优点。

1. 涡流式位移传感器的基本结构和工作原理

图6-6、图6-7是涡流式位移传感器的基本结构和工作原理图。由图可知传感器主要由探头和检测电路两部分构成。探头主要由线圈及骨架组成，检测电路由振荡器、检波器及放大器等组成。当振荡器产生的高频电压施加给靠近金属板一侧的电感线圈L时，L产生的高频磁场作用于金属板的表面。由于趋肤效应，高频磁场不能透过具有一定厚度的金属板而仅作用于其表面的薄层内，金属板表面产生感应涡流。涡流产生的磁场又反作用于线圈L上，导致传感器线圈L的电感及等效阻抗发生变化。传感器线圈L受涡流影响时的等效阻抗Z的函数表达式为

$$Z=F(\rho,\mu,\gamma,\omega,x) \tag{6-6}$$

式中：ρ为被测导体的电阻率；μ为被测导体的磁导率；γ为线圈与被测导体的尺寸因子；ω为线圈激磁电压的频率；x为线圈与被测导体间的距离。

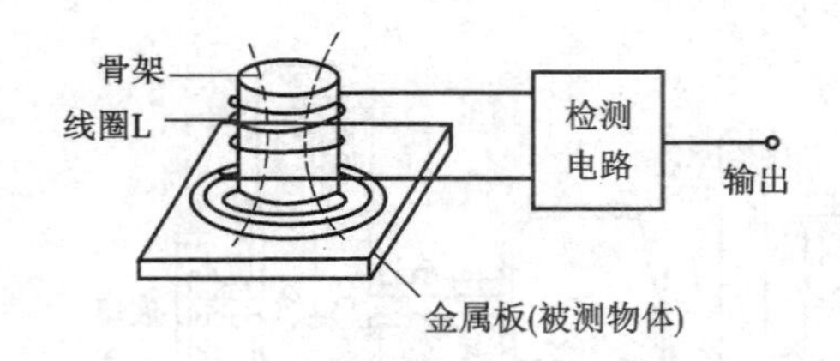

图6-6 涡流式位移传感器的基本结构及工作原理

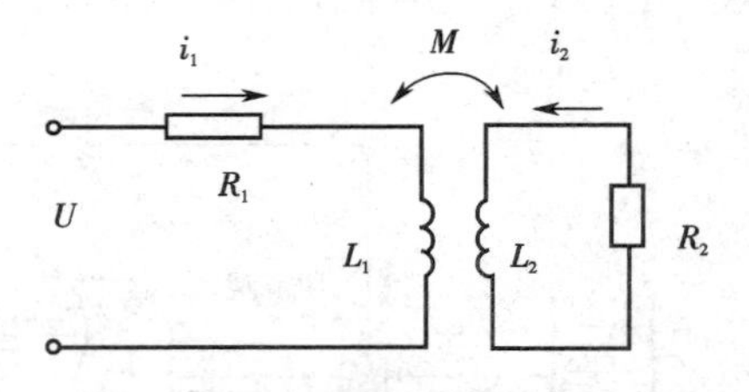

图6-7 涡流传感器的等效电路

当被测物体和传感器探头被确定以后，影响传感器线圈L阻抗Z的一些参数是不变的，此时只有线圈与被测导体之间的距离x的变化量与阻抗Z有关，如通过检测电路测出阻抗Z的变化量，即可实现对被测导体位移量的检测，涡流式位移传感器测位移时电涡流强度与距离的关系如图6-8所示。

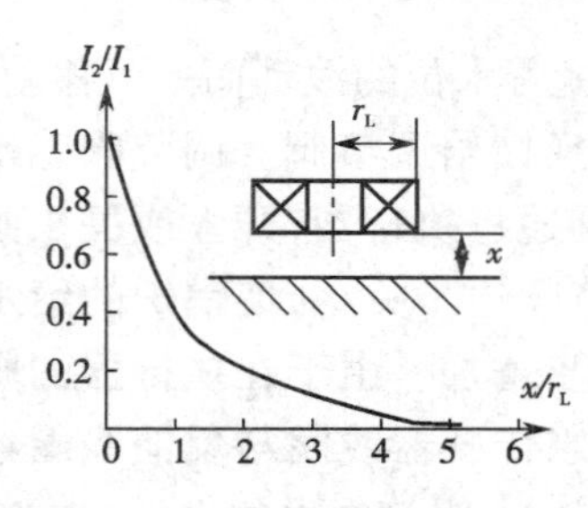

图6-8 电涡流强度与距离的关系

2. 被测导体对传感器灵敏度的影响

被测导体的电阻率ρ和相对磁导率μ越小，传感器的灵敏度愈高。另外被测导体的形状和尺寸大小对传感器的灵敏度也有影响。由于涡流式位移传感器是高频反射式涡流传感器，因此，被测导体必须达

到一定的厚度，才不会产生电涡流的透射损耗，使传感器具有较高的灵敏度。一般要求被测导体的厚度大于两倍的涡流穿透深度。

图 6-9 是被测导体为圆柱形时，被测导体直径与传感器灵敏度的关系曲线，从曲线可知，只有在 D/d 大于 3.5 时，传感器灵敏度才有稳态值。

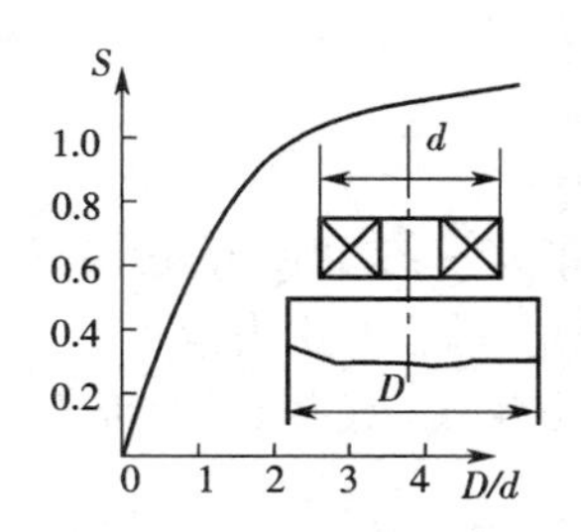

图 6-9　被测导体直径与传感器灵敏度的关系曲线

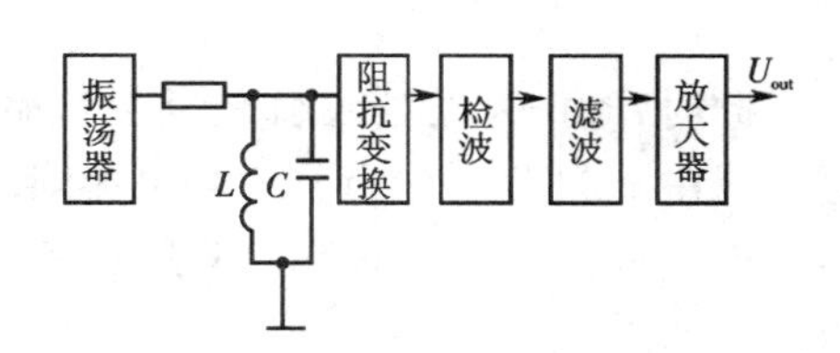

图 6-10　定频调幅式检测电路工作原理

3. 涡流式位移传感器的检测电路

根据涡流式位移传感器基本工作原理和特性，传感器线圈与被测导体间的距离 x 的变化可转换为品质因数 Q、阻抗 Z、线圈电感 L 三个参数的变化。检测电路的任务就是将这种变化转换为相应的电压、电流或频率输出。检测电路依照被测参数的不同可分为 Q 值检测电路、电桥电路和谐振电路。谐振电路又分为调频和调幅两种形式。

图 6-10 是常使用的定频调幅式检测电路的原理框图。其中振荡器向由传感器线圈 L 和 C 组成的并联谐振回路提供一个频率及振幅稳定的高频激励信号，它相当于一个恒流源。当被测导体距传感器线圈相当远时，传感器谐振回路的谐振频率为回路的固有频率，此时谐振回路的品质因数 Q 值最高，阻抗最大，振荡器提供的恒定电流在其上产生的压降最大。当被测导体与传感器线圈的距离在传感器测试的范围变化时，由于涡流效应使传感器谐振回路的品质因数 Q 值下降，传感器线圈的电感也随之发生变化，从而使谐振回路工作在失谐状态。这种失谐状态随被测导体与传感器线圈距离越来越近而变得越来越大，回路输出的电压也越来越小。谐振回路输出的信号经检波、滤波和放大后输送给后续电路，可直接显示出被测物体的位移量。

三、光电位置敏感元件

半导体光电位置敏感元件（Position Sensitive Detector，简称 PSD）是一种对其感光面上入射光点位置敏感的光电元件，即当入射光点落在器件感光面的不同位置时，将对应输出不同的电信号，通过对此输出电信号的处理，即可确定入射光点在器件感光面上的位置。PSD 可分为一维和二维 PSD。一维 PSD 可测定光点的一维位置坐标，二维 PSD 可检测出光点的平面二维位置坐标。用 PSD 构成的位移测量系统具有非接触、测量范围较大、响应速度快、精度高等优点，近年来广泛用于位移、物体表面振动、物体厚度等参数的检测。

PSD 的基本结构为 PN 结结构，其工作原理是基于横向光电效应。

当入射光点位置固定时，PSD 的单个电极输出电流与入射光强度成正比。而当入射光强度不变时，单个电极的输出电流与入射光点距 PSD 中心的距离 x 呈线性关系。若将两个信号电极的输出电流检出后作如下处理

$$P_x = \frac{I_2 - I_1}{I_2 + I_1} = \frac{x}{L} \tag{6-7}$$

此时，PSD 为仅对入射光点位置敏感的器件。P_x 称为一维 PSD 的位置输出信号。式中 L 为 PSD 中点到信号电极间的距离；x 为入射光点距 PSD 中点的距离。则得到的结果只与光点的位置坐标 x 有关，而与入射光强度无关，如图 6-11 所示。

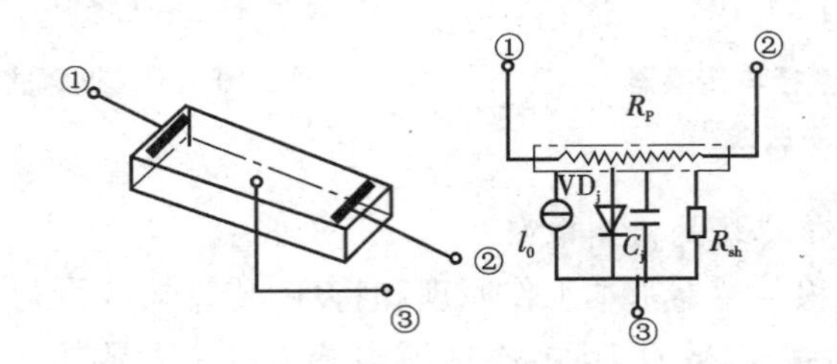

图 6-11　一维 PSD 的结构及等效电路

由于 PSD 可检测入射光点的位置，具有响应速度高、位置分辨率高等特点。因此，在加上光学成像镜头后可构成 PSD“摄像”机，用于检测距离和角度等参数。

情境二　速度的测量

一、转速传感器

物体转动的速度称为转速。转速又有角速度和线速度之分。

转动角速度等于 $\Delta\theta$ 与转动时间 Δt 之比，即

$$\omega = \frac{\Delta\theta}{\Delta t} \tag{6-8}$$

当 $\Delta\theta$（或 Δt）极小时，称 $\omega = \frac{\Delta\theta}{\Delta t}$为瞬时角速度，角速度的单位为 rad/s。

转速通常用单位时间内的转数表示，单位为 r/min。每秒钟的转数也称为转动频率，它是转动周期的倒数。

转速传感器是将旋转物体的转速转换为电量输出的传感器。转速传感器属于间接式测量装置，可用机械、电气、磁、光和混合式等方法制造。按信号形式的不同，转速传感器可分为模拟式和数字式两种。前者的输出信号值是转速的线性函数，后者的输出信号频率与转速成正比，或其信号峰值间隔与转速成反比。

转速传感器的种类繁多、应用极广，其原因是在自动控制系统和自动化仪表中大量使用各种电机，在不少场合下对低速（如每小时一转以下）、高速（如每分钟数十万转）、稳速（如误差仅为万分之几）和瞬时速度的精确测量有严格的要求。常用的转速传感器有光电式、电容式、变磁阻式以及测速发电机等。

1. 光电式转速传感器

光电式转速传感器分为投射式和反射式两类。

1）投射式

投射式光电转速传感器的读数盘和测量盘有间隔相同的缝隙。测量盘随被测物体转动，每转过一条缝隙，从光源投射到光敏元件上的光线产生一次明暗变化，光敏元件即输出电流脉冲信号。

光电式转速传感器在脉冲状态下工作，将轴的转速变换成相应频率的脉冲，然后测出脉冲频率就测得转速的数值。这种测速方法具有传感器结构简单、可靠、测量精度高等优点。

图 6-12 所示即为投射式光电转速传感器的结构原理。它由装在输入轴上的开孔盘、光源、光敏元件以及缝隙板组成，输入轴与被测轴相连接。从光源发射的光，通过开孔盘和缝隙照射到光敏元件上，使光敏元件感光。开孔盘上开有一定数量的小孔，当开孔盘转动一周，光敏元件感光的次数与盘的开孔数相等，因此产生相应数量的电脉冲信号。

这种结构的传感器由于开孔盘尺寸的限制，其开孔数目不可能太多，使应用受到限制。

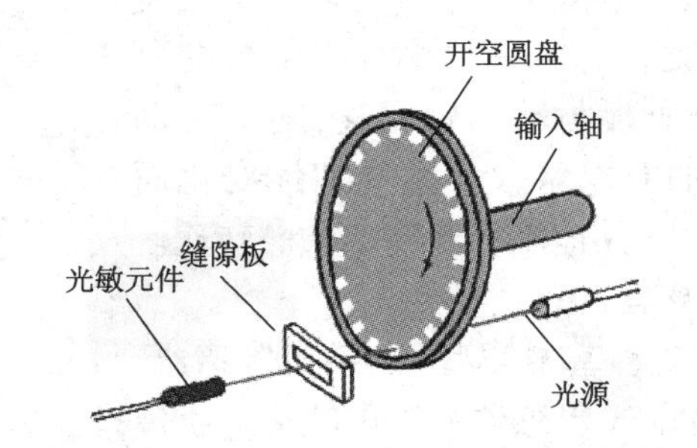

图 6-12　投射式光电转速传感器的结构原理

2）反射式

反射式光电转速传感器在被测转轴上设有反射记号，由光源发出的光线通过透镜和半透膜入射到被测转轴上。转轴转动时，反射记号对投射光点的反射率发生变化。反射率变大时，反射光线经透镜投射到光敏元件上即发出一个脉冲信号；反射率变小时，光敏元件无信号。在一定时间内对信号计数便可测出转轴的转速值。反射式光电传感器结构原理如图 6-13 所示。

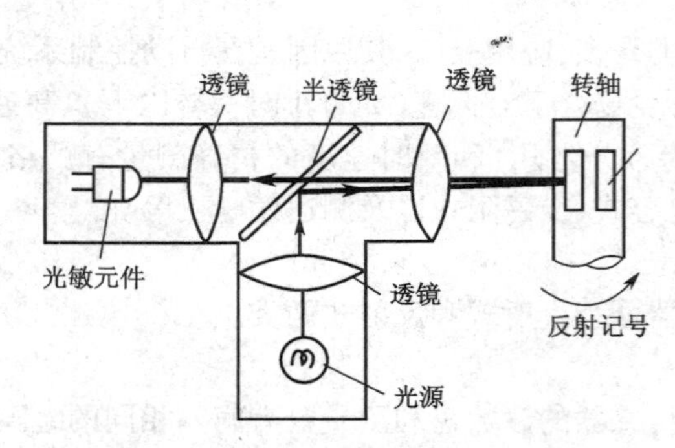

图6-13 反射式光电转速传感器的结构原理

2. 电容式转速传感器

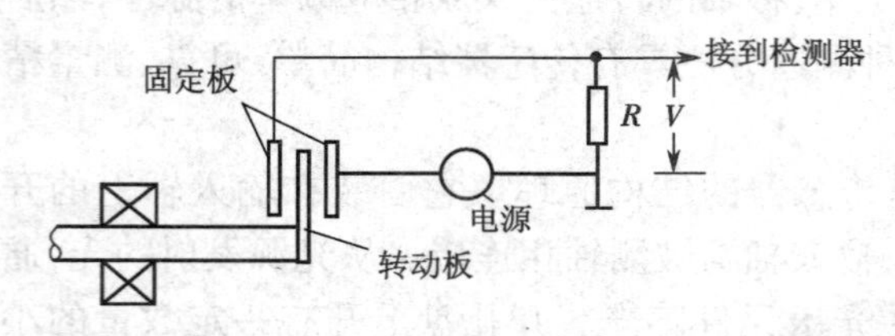

图6-14 面积变化型电容式转速传感器的结构原理

电容式转速传感器分为面积变化型和介质变化型两种。图 6-14 中是面积变化型电容式转速传感器的结构原理,图中电容式转速传感器由两块固定金属板和与转动轴相连的可动金属板组成。可动金属板处于电容量最大的位置,当转动轴旋转 180°时则处于电容量最小的位置。电容量的周期变化速率即为转速。可通过直流激励、交流激励和用可变电容构成振荡器的振荡槽路等方式得到转速的测量信号。介质变化型是在电容器的两个固定电极板之间嵌入一块高介电常数的可动板而构成的。可动介质板与转动轴相连,随着转动轴的旋转,电容器板间的介电常数发生周期性变化而引起电容量的周期性变化,其速率等于转动轴的转速。

3. 变磁阻式转速传感器

变磁阻式传感器的 3 种基本类型(电感式传感器、变压器式传感器和电涡流式传感器)都可制成转速传感器。电感式转速传感器应用较广,它利用磁通变化而产生感应电势,其电势大小取决于磁通变化的速率。这类传感器按结构不同又分为开磁路式和闭磁路式两种。开磁路式转速传感器(如图 6-15(a)所示)结构比较简单,输出信号较小,不宜在振动剧烈的场合使用。闭磁路式转速传感器由装在转轴上的外齿轮、内齿轮、线圈和永久磁铁构成(如图 6-15(b)所示)。内、外齿轮有相同的齿数。当转轴连接到被测轴上一起转动时,由于内、外齿轮的相对运动,产生磁阻变化,在线圈中

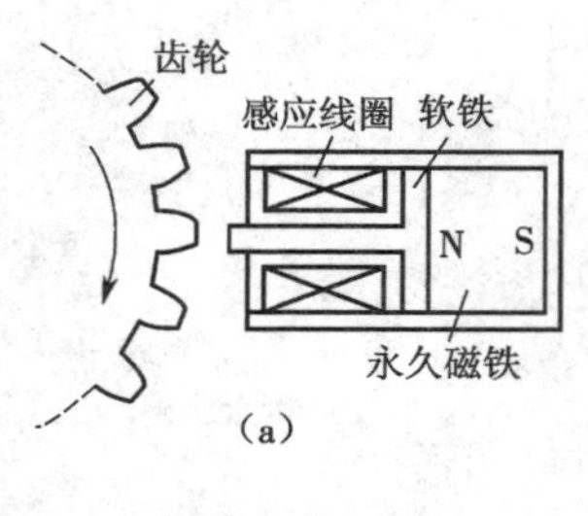

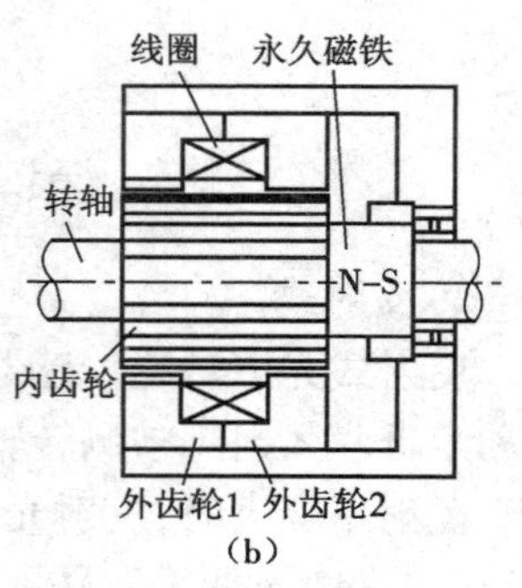

图6-15 电感式转速传感器原理

(a)开磁路式;(b)闭磁路式

产生交流感应电势。测出电势的大小便可测出相应转速值。

二、加速度的测量

1. 加速度传感器

加速度传感器是一种能够测量加速度的电子设备。如加速度可以是个常量,如重力加速度 g,也可以是变量。

2. 加速度传感器的应用

通过测量由于重力引起的加速度,可以计算出设备相对于水平面的倾斜角度。通过分析动态加速度,可以分析出设备移动的方式。但只测量倾角和加速度是不够的,工程师们已经想出了很多方法获得更多有用的信息。

加速度传感器可以帮助机器人了解它现在身处的环境。是在爬山？还是在走下坡,摔倒了没有？对于飞行类的机器人来说,控制姿态也是至关重要的。更要确保的是,机器人没有带着炸弹自己前往人群密集处。一个好的程序员能够使用加速度传感器来回答所有上述问题。此外,加速度传感器还可以用来分析发动机的振动。

目前最新的 IBM Thinkpad 手提电脑里就内置了加速度传感器,能够动态地监测出笔记本在使用中的振动,并根据这些振动数据,系统会智能地选择关闭硬盘还是让其继续运行,这样可以最大程度地保护硬盘内的数据,避免由于颠簸的工作环境,或者摔落电脑而造成的硬盘损害。另外,目前使用的数码相机和摄像机里也有加速度传感器,用来检测拍摄时手部的振动,并可根据这些振动,自动调节相机的聚焦。

3. 加速度传感器的工作原理

多数加速度传感器是根据压电效应的原理工作的。对于不存在对称中心的异极晶体,加在晶体上的外力除了使晶体发生形变以外,还将改变晶体的极化状态,在晶体内部建立电场,这种由于机械力作用使介质发生极化的现象称为压电效应。

一般加速度传感器就是利用了由于加速度造成其内部晶体变形的特性。由于该变形会产生电压,只要计算出产生电压与所施加的加速度之间的关系,就可以将加速度转化为电压输出。当然,还有很多其他方法可以制作加速度传感器,比如电容效应、热气泡效应、光效应,但是其最基本原理都是由于加速度使某种介质产生变形,通过测量其变形量并用相关电路转化为电压输出。

4. 加速度传感器实例

1)电容式加速度传感器

电容式加速度传感器的结构示意如图 6-16 所示。质量块由两根簧片支撑,置于壳体内,弹簧较硬,使系统的固有频率较高,因此构成惯性式加速度计的工作状态。当测量垂直方向上的直线加速度时,传感器壳体固定在被测振动体上,振动体的振动使壳体相对质量块运动,因而两固定极板相对质量块运动,致使上固定极板与质量块的上表面(磨平抛光)组成的电容 C_1 以及下固定极板与质量块的下表面(磨平抛光)组成的电容 C_2 随之改变,一个增大,一个减小,它们的差值正比于被测加速度。固定极板靠绝缘体与壳体绝缘。由于采用空气阻尼,气体黏度的温度系数比液体的小得多,因此这种加速度传感器的精度较高,频率响应范围宽,量程大,可以测很高的加速度。

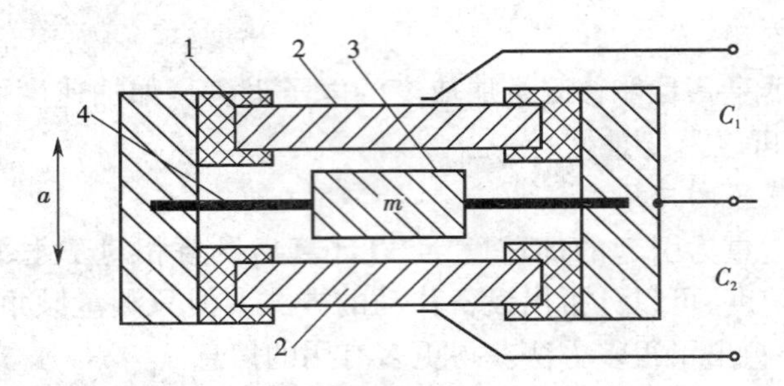

图 6-16　电容式加速度传感器的结构示意

1—绝缘体;2—固定极板;3—质量块;4—弹簧片

2)压电式加速度传感器

图 6-17　MYD—1360 压电式加速度传感器

压电式加速度传感器又称压电加速度计。它也属于惯性式传感器。它利用某些物质(如石英晶体)的压电效应,在加速度计受振时,质量块加在压电元件上的力也随之变化。当传感器向上运动时,质量块产生的惯性力使压电元件上的压应力增加;反之,当传感器向下运动时,压电元件的压应力减小,从而输出与加速度成正比的电信号。图 6-17 是压电式加速传感器的外形结构。

当被测振动频率远低于加速度计的固有频率时,则力的变化与被测加速度成正比。常用的压电式加速度计的结构类型如图 6-18 所示。S 是弹簧,M 是质块,B 是基座,P 是压电元件,R 是夹持环。图 6-18(a)是中央安装压缩型,压电元件—质量块—弹簧系统装在圆形中心支柱上,支柱与基座连接。这种结构有高的共振频率。然而基座 B 与测试对象连接时,如果基座 B 有变形则将直接影响拾振器输出。此外,测试对象和环境温度变化将影响压电元件,并使预紧力发生变化,易引起温度漂移。图 6-18(b)为环形剪切型,结构简单,能做成极小型、高共振频率的加速度计,环形质量块粘贴到装在中心支柱上的环形压电元件上。图 6-18(c)为三角剪切形,压电元件由夹持环将其夹牢在三角形中心柱上。加速度计感受轴向振动时,压电元件承受切应力。这种结构对底座变形和温度变化有极好的隔离作用,有较高的共振频率和良好的线性。

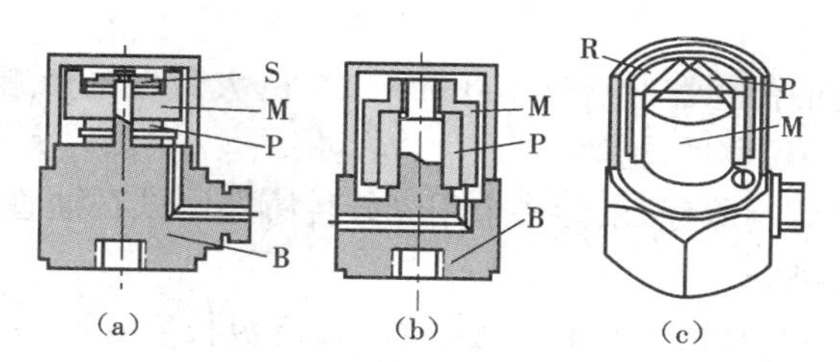

图 6-18　常用的压电式加速度计的结构类型

(a)中央安装压缩型;(b)环形剪切型;(c)三角剪切型

要点回顾

位移的测量涉及范围较广,是线位移和角位移测量的总称。测量位移的传感器有电感式位移传感器(单磁路电感式传感器、差动式电感传感器、差动变压器式传感器)、电涡流式位移传感器、光电位移传感器。

速度的测量包括转速和加速度的测量,其中转速的测量又包括角速度和线速度的测量。

测量转速的传感器主要有光电式转速传感器、电容式转速传感器、变磁阻式转速传感器等;测量加速度的传感器主要有电容式加速度传感器、压电式加速度传感器等。

习题 6

6-1　举出若干测量位移、速度、加速度的传感器。

6-2　说明电感式传感器测位移的原理。

6-3　一种电容式传感器的两个极板均为边长为 10 cm 的正方形,间距为 1 mm,两极板间气隙恰好放置一边长为 10 cm,厚度为 1 mm,相对介电常数为 4 的正方形介质。该介质可在气隙中自由滑动。若用该电容式传感器测量位移,试计算当介质极板向某一方向移出极板相互覆盖部分的距离分别为 1 cm、2 cm、3 cm 时,该传感器的输出电容值分别是多少?

6-4　一个变极距性电容式位移传感器的有关参数为:初始极距 $\delta=1$ mm,$\varepsilon_r=1$,$S=314$ mm^2。当极板极距变化为 $\Delta\delta=10\mu$m 时,计算该电容传感器的电容绝对变化量和相对变化量。

6-5 哪些类型的传感器适合于100 mm以上的大量程位移测量？哪些类型的传感器适合高精度微小位移的测量？

6-6 根据频率调制原理，设计一个用光纤传感器测试石油管道中原油流速的系统，并叙述其工作原理。

6-7 如图6-19所示的正方形平板电容器，极板长度 $a=4$ cm，极板间距离 $\delta=0.2$ mm。若用此变面积型传感器测量位移 x，试计算该传感器的灵敏度并画出传感器的特性曲线。（极板间介质为空气，$\varepsilon_0=8.85\times10^{-12}$ F/m。）

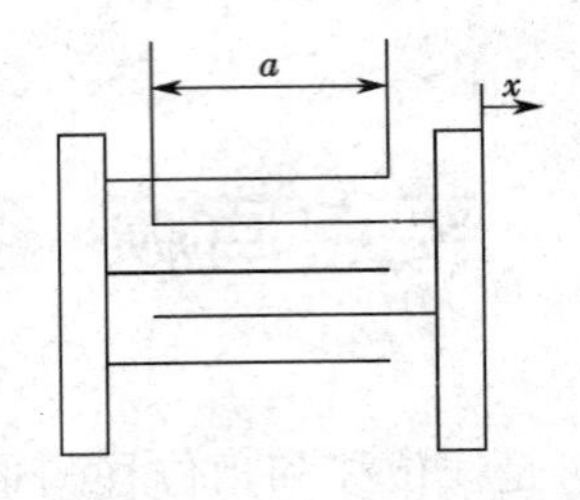

图6-19 第6-7题图

任务七　液位和物位检测技术

任务要求

掌握几种不同的液位和物位测量技术。

熟悉常用的液位和物位传感器的工作原理和检测电路。

物位是指开口容器或密封容器中液体介质液面的高低(液位)、两种液体介质的分界面和固体粉状或颗粒物在容器中堆积的高度(料面)。

物位测量的目的在于正确地测知容器中所贮藏物质的容量或质量;随时知道容器内物位的高低,对物位上、下限进行报警;连续地监视生产和进行调节,使物位保持在所要求的高度。物位测量对于保证设备的安全运行十分重要。例如锅炉汽包水位太高,将使蒸汽带液增加,蒸汽品质变坏,日久还将导致过热器结垢。

情境一　导电式水位传感器

导电式水位传感器的基本工作原理如图 7-1 所示。电极可根据检测水位的要求进行升降调节,它实际上是一个导电性的检测电路。当水位低于检知电极时,两电极间呈绝缘状态,检测电路没有电流流过,传感器输出电压为 0。假如水位上升到与两检知电极端都接触时,由于水有一定的导电性,因此测量电路中有电流流过,指示电路中的显示仪表就会发生偏转,同时在限流电阻两端有电压输出。人们通过仪表或输出电压便得知水位已达到预定的高度了。如果把输出电压和控制电路连接起来,便可对供水系统进行自动控制。

图 7-2 所示的是一种实用的导电式水位传感器的电路原理图。电路主要由两个运算放大器组成。IC_{1a}运算放大器及外围元件组成方波发生器,通过电容 C_1 与检知电极相接。IC_{1b}运算放大器与外围元件组成比较器,以识别仪表水位的电信号状态。采用发光二极管作为水位的指示。由于水有一定的等效电阻 R_0,当水位上升到与检知电极接触时,方波发生器产生的矩形波信号被旁路。相当于加在比较器反相输入端的信号为直流低电平,比较器输出端输出高电平,发光二极管处于熄灭状态。当水位低于检知电极时,电极与水呈绝缘状态,方波发生器产生正常的矩形波信号,此时比较器输出为方波,发光二极管闪烁发光,告知水箱缺水。如要对水位进行控制,可以设置多个电极,以电极不同的高度来控制水位的高低。

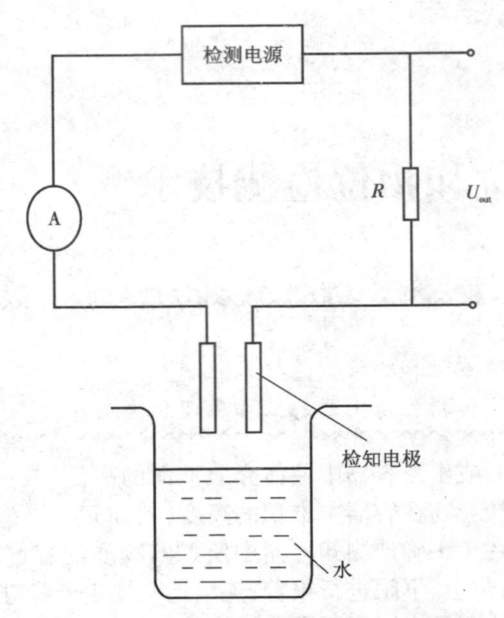

图 7-1 导电式水位传感器基本工作原理

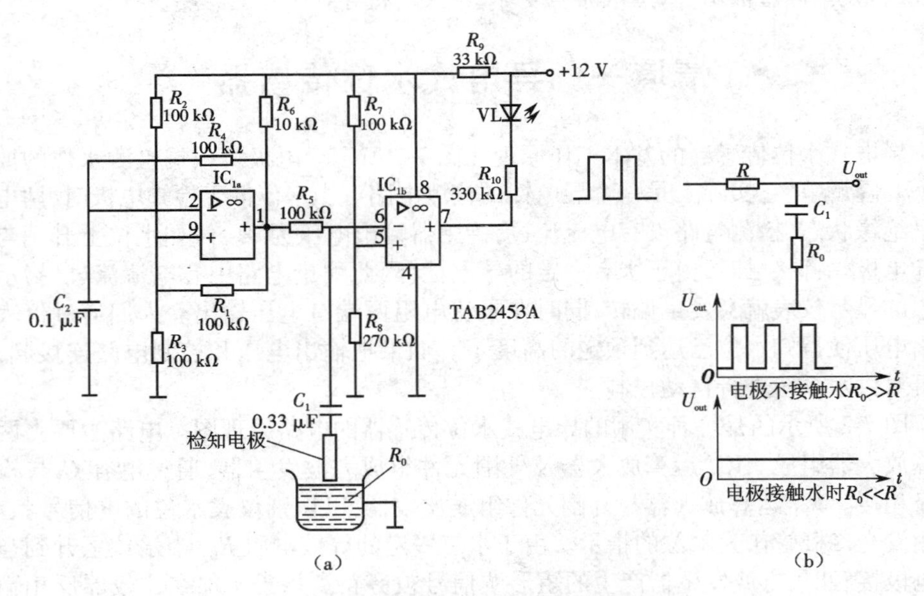

图 7-2 导电式水位传感器的电路原理

(a)电路原理图;(b)等效电路及输出波形

导电式水位传感器在日常工作和生活中应用很广,它在抽水及储水设备、工业水箱、汽车水箱等方面均得到广泛使用。

情境二　压差式液位传感器

压差式液位传感器是根据液面的高度与液压成比例的原理制成的。如果液体的密度恒定,则液体加在测量基准面上的压力与液面到基准面的高度成正比,因此通过压力的测定便可知液面的高度。

当储液罐为开放型时,如图 7-3 所示,其基准面上的压力由下式确定:

$$p = \rho g h = \rho g(h_1 + h_2) \quad (7\text{-}1)$$

式中:p 是测量基准面的压力;ρ 是液体的质量密度;g 是重力加速度;h 是液面距测量基准面的高度;h_1 是所控最高液面与最小液面之间的高度;h_2 是最小液面距测量基准面的高度。

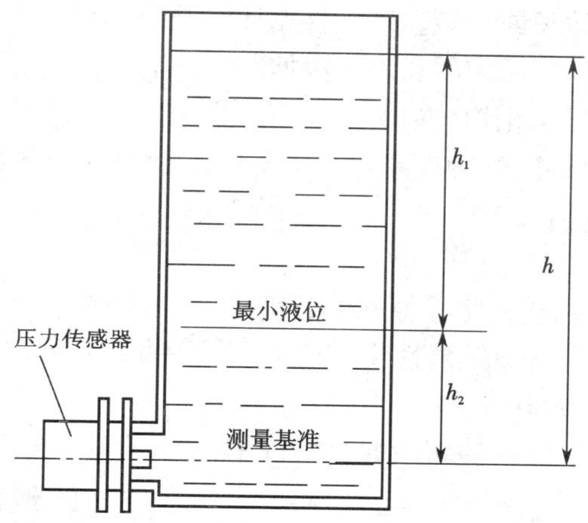

图 7-3　开放型储液罐压力示意

由于需要测定的是高度 h_1,因此调整压力传感器的零点,把压力传感器的零点提高 $\rho g h_2$,就可以得到与液面高度成比例的压力输出。

当储液罐为密封型时,如图 7-4 所示,压差、液位高度及零点的移动关系如下。

(1)高压侧的压力为　$p_1 = p_0 + \rho_1 g(h_1 + h_2)$

(2)低压侧的压力为　$p_2 = p_0 + \rho_2 g(h_3 + h_2)$

(3)两侧的压力差为　$\Delta p = p_1 - p_2 = \rho_1 g(h_1 + h_2) - \rho_2 g(h_3 + h_2)$

式中:ρ_1、ρ_2分别为两侧液体的质量密度。

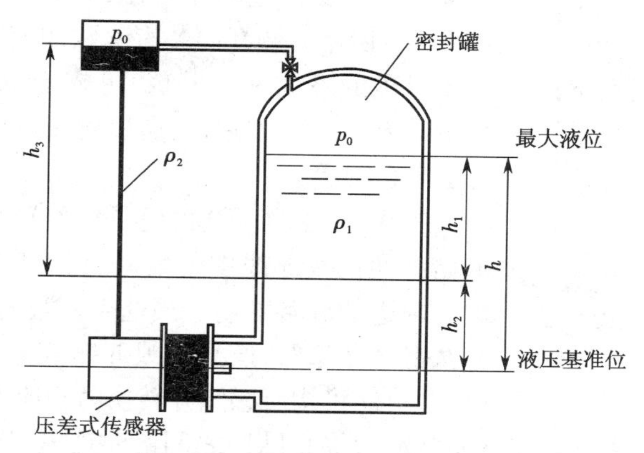

图 7-4　密封型储液罐测压示意

情境三　磁致伸缩液位传感器

一、磁致伸缩效应

大家知道物质有热胀冷缩的现象。除了加热外，磁场和电场也会导致物体尺寸的伸长或缩短。铁磁性物质在外磁场作用下，其尺寸伸长(或缩短)，去掉外磁场后，又恢复原来的长度，这种现象称为磁致伸缩现象(或效应)。另外，有些物质(多数是金属氧化物)在电场作用下，其尺寸也伸长(或缩短)，去掉外电场后，又恢复到原来的尺寸，这种现象称为电致伸缩现象。磁致伸缩效应可用磁致伸缩系数(或应变)λ描述：

$$\lambda = (l_H - l_0)/l_0 \tag{7-2}$$

式中：l_0是物体原来的长度；l_H是物件在外磁场作用下伸长(或缩短)后的长度。

一般铁磁性物质的λ很小，约百万分之一，通常用ppm代表。例如金属镍的λ约为40ppm。

磁致伸缩用的材料较多，主要有镍、铁、钴、铝类合金和镍、铜、钴、铁氧陶瓷。

二、磁致伸缩液位传感器的工作原理

磁致伸缩液位传感器是根据磁致伸缩效应研制而成的，可精确地测量液位、界面的高度和温度，具有测量精度高、稳定可靠、抗干扰、安装方便快捷、免定期维护和标定等优点，适用于石化、电力、生物制剂、粮油、酿造等行业各种界面的精确测量。

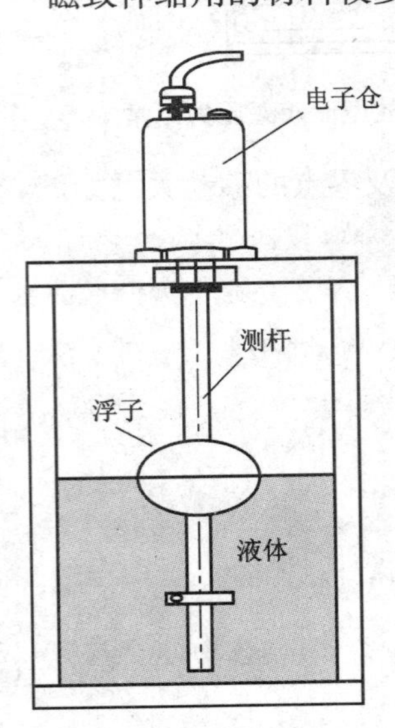

图7-5　磁致伸缩液位传感器测量示意

磁致伸缩线性位移(液位)传感器主要由测杆、电子仓和套在测杆上的非接触的磁环或浮球(子)组成，如图7-5所示。测杆内装有磁致伸缩线(波导线)，测杆由不导磁的不锈钢管制成，可靠地保护了波导丝。浮子内装有一组永久磁铁，所以浮子同时产生一个磁场，如图7-6所示。

工作时，由电子仓内电子电路产生一起始脉冲，此起始脉冲在波导线中传输时，同时产生了一沿波导线方向前进的旋转磁场。当这个磁场与磁环或浮球中的永久磁场相遇时，产生磁致伸缩效应，使波导丝发生扭动。这一扭动被安装在电子仓内的拾能机构所感知并转换为相应的电流脉冲即终止脉冲。通过电子电路计算出起始脉冲和终止脉冲之间的时间差，即可精确测出被测的位移和液位。图7-7所示为磁致伸缩液位传感器的外形图。

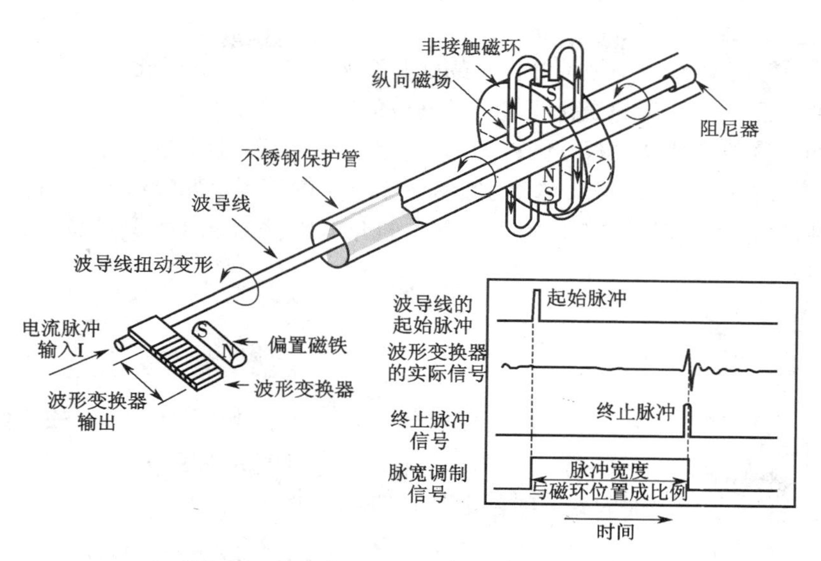

图 7-6　磁致伸缩液位传感器结构原理示意

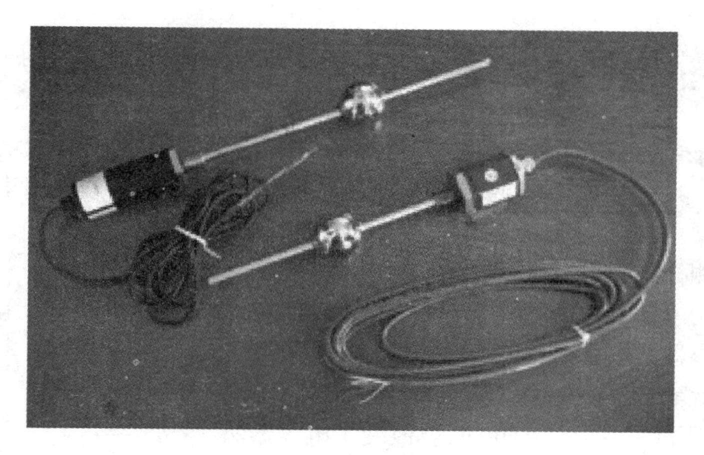

图 7-7　磁致伸缩液位传感器的外形

情境四　电容式物位传感器

电容式物位传感器是利用不同的被测物，其介电常数也不同的特点进行检测的。电容式物位传感器可用于各种导电、非导电液体的液位或粉装料位的远距离连续测量和指示。由于其结构简单，没有可动部分，因此应用范围较广。由于被测介质的不同，电容式物位传感器也有不同的形式，现以测量导电液体的电容式液位传感器和测量非导电液体的电容式物位传感器为例，简介其工作原理。

1. 电容式液位传感器的工作原理

电容式液位传感器是把液体位置的变化变换为电容量的变化,以实现非电量电测的。通过测量电容量的变化间接得到液位的变化。

电容式液位传感器是根据圆柱形电容器传感器原理进行工作的,其结构形式如图7-8所示,有两个长度为L、半径分别为R和r的圆筒形金属导体,中间隔以绝缘物质便构成圆柱形电容器。当中间所充介质的介电常数为ε_1时,则两圆柱间的电容量为

$$C_0=\frac{2\pi\varepsilon_1 L}{\ln\frac{R}{r}} \tag{7-3}$$

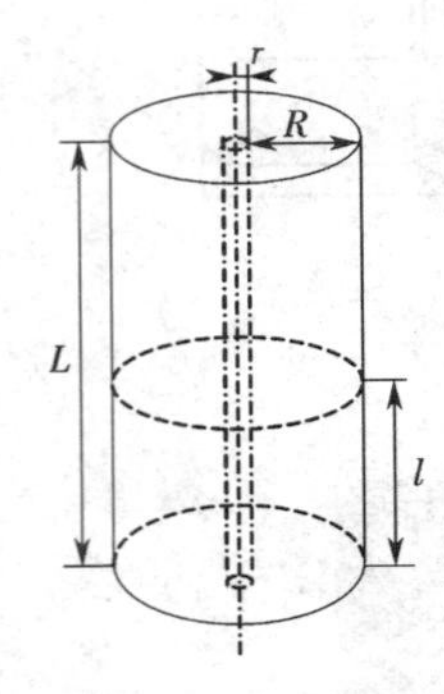

图7-8 圆柱形电容器

如果两圆柱形电极间填充了介电常数为ε_2的液体(非导电性)时,则两圆柱间的电容量就会发生变化。假如液体的高度为l,此时两电极间的电容量为

$$C=\frac{2\pi\varepsilon_2 l}{\ln\frac{R}{r}}+\frac{2\pi\varepsilon_1(L-l)}{\ln\frac{R}{r}}=C_0+\Delta C$$

电容量的变化量为 $$\Delta C=\frac{2\pi(\varepsilon_2-\varepsilon_1)l}{\ln\frac{R}{r}} \tag{7-4}$$

从式7-4可知,当ε_1、ε_2、R、r不变时电容增量ΔC与电极浸没的长度l成正比关系,因此测出电容量的变化数值,便可知液位的高度。

如果被测介质为导电性液体时,在液体中插入一根带绝缘套的电极。由于液体是导电的,容器和液体可看作为电容器的一个电极,插入的金属电极作为另一个电极,绝缘套管为中间介质,三者组成圆筒电容器,如图7-9所示。当液位变化时,就改变了电容器两极覆盖面积的大小,液位越高,覆盖面积就越大,容器的电容量就越大。假如中间介质的介电常数为ε_3,电极被导电液体浸没的长度为l,则此时电容器的电容量为

$$C=\frac{2\pi\varepsilon_3 l}{\ln\frac{R}{r}} \tag{7-5}$$

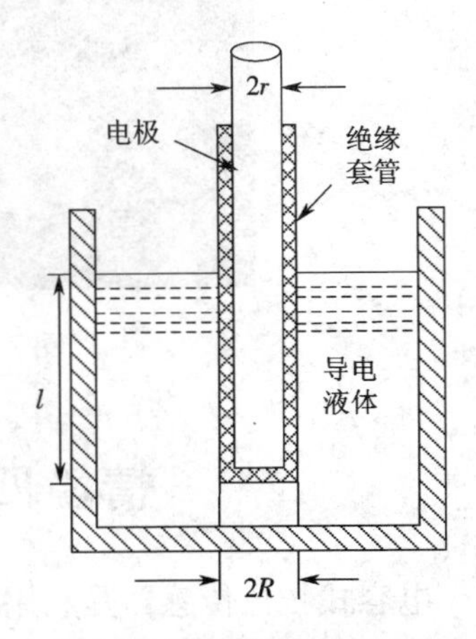

图7-9 导电液体液位测量

式中:R是绝缘覆盖层外半径;r是内电极的外半径。

由于式7-5中的ε_3为常数,所以C与l成正比,测得C的大小,便可知液位的高度l。

2. 电容式物位传感器

当测量粉状非导电固体料位和黏滞非导电液位时，可采用光电极直接插入圆筒形容器的中央，将仪表地线与容器相连，以容器作为外电极，物料或液体作为绝缘物构成圆筒形电容器。图 7-10 所示为电容式料位传感器结构。

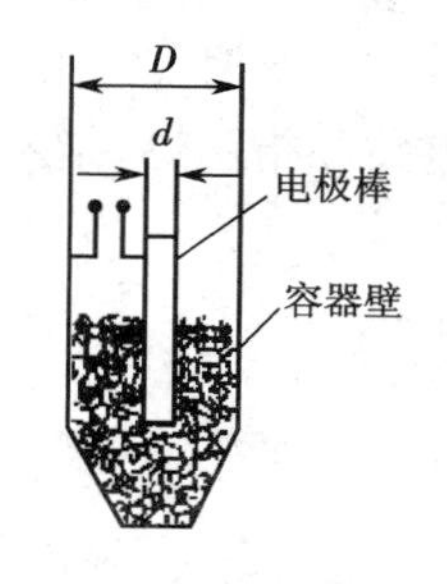

图 7-10　电容式料位传感器结构

电容物位传感器主要由电极（敏感元件）和电容检测电路组成。可用于导电和非导电液体之间及两种介电常数不同的非导电液体之间的界面测量。因测量过程中电容的变化都很小，因此准确地检测电容量的大小是物位检测的关键。

3. 电容式物位传感器的应用

晶体管电容料位指示仪是用来监视密封料仓内导电性不良的松散物质的料位，并能对加料系统进行自动控制。在仪器的面板上装有指示灯，红灯指示“料位上限”，绿灯指示“料位下限”。当红灯亮时表示料面已经达到上限，此时应停止加料；当红灯熄灭，绿灯仍然亮时，表示料面在上下限之间；当绿灯熄灭时，表示料面低于下限，应该加料。

晶体管电容料位指示仪电路原理如图 7-11 所示，电容传感器是悬挂在料仓里的金属探头，利用它对大地的分布电容进行检测。在料仓中的上、下限各设有一个金属探头。全部电路由信号转换和控制电路两部分组成。

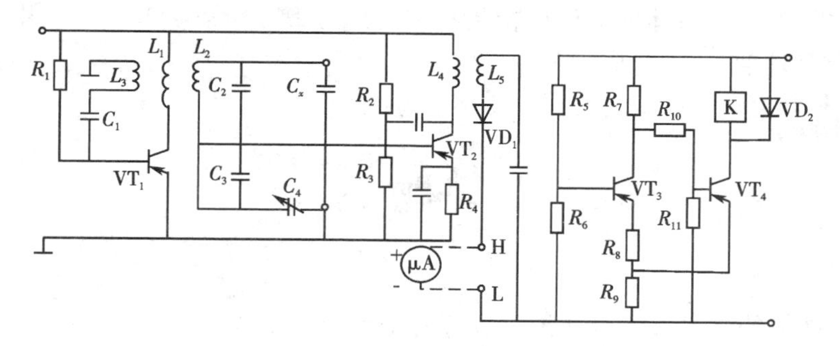

图 7-11　晶体管电容料位指示仪电路原理

信号转换电路是通过阻抗平衡电桥来实现的，当 $C_2C_4 = C_xC_3$时，电桥平衡。设 $C_2 = C_3$，则调整 C_4，使 $C_4 = C_x$时电桥平衡。C_x是探头对地的分布电容，它直接和料面有关，当料面增加时，C_x值将随着增加，使电桥失去平衡，按其大小可判断料面情况。电桥电压有 VT_1和 LC 回路组成的振荡器供电，其振荡器频率约为 70 kHz，其幅度值约为 250 mV。电桥平衡时，无输出信号；当料面变化引起 C_x变化，使电桥失去平衡时，电桥输出交流信号。此交流信号经 VT_2放大后，由 VD 检测变成直流信号。

控制电路是由 VT_3和 VT_4组成的射极耦合触发器（施密特触发器）和它所带动的继电器 K 组成，由信号转换电路送来的直流信号，当其幅值达到一定值后，使触发器翻转。此时 VT_4 由截止状态转换为饱和状态，使继电器 K 吸合，其触点去控制相应的电路和指示灯，指示料面已达到某一定值。

要点回顾

物位是人们生活中经常需要测量的变量。其中，液位的测量是为了获知精确的液位数据或者进行上下限报警工作。常用的液位传感器有浮子式液位传感器、导电式液位传感器、压差式液位传感器、磁致伸缩式液位传感器、电容式物位传感器及超声波式液位传感器等。

导电式水位传感器是利用水的导电性进行测量的，可进行水位上下限或某一固定位置的报警显示，常应用于水箱及太阳能热水器中。压差式液位传感器是根据液面的高度与液压成比例的原理制成的，可精确测量液位或液体质量。磁致伸缩液位传感器是根据磁致伸缩测量原理研制而成的，可精确地测量液位、界面的高度和温度，具有测量精度高、稳定可靠、抗干扰、安装方便快捷、免定期维护和标定等优点，适用于石化、电力、生物制剂、粮油、酿造等行业各种界面的精确计量。电容式物位传感器是利用被测物不同、其介电常数不同的特点进行检测的。电容式物位传感器可用于各种导电、非导电液体的液位或粉装料位的远距离连续测量和指示。由于其结构简单，没有可动部分，因此应用范围较广。

习题 7

7-1　液位的测量方法有几种？各有何特点？

7-2　试设计一种可应用于太阳能热水器的水位指示及水满报警器。

7-3　试分析图 7-3 所示压力传感器是如何测量液位的高度的。

7-4　电容式物位传感器是如何测量物体位置的？

7-5　试画出一用于油箱油位测量的电容式油位测量示意图。

任务八　光电检测技术

任务要求

掌握光电的有关知识和光电器件及其应用。

掌握 CCD 摄像传感器原理及其应用。

掌握光纤的结构、原理及其应用。

光电式传感器是光电检测系统中实现光电转换的关键元件，它是将光信号转换为电信号的光敏器件，它可用于检测直接引起光强变化的非电量，如光强、辐射测温、气体成分分析等；也可用来检测能转换为光量变化的其他非电量，如零件线度、表面粗糙度、位移、速度、加速度等。光电式传感器具有响应快、性能可靠、能实现非接触测量等优点，因而在检测和控制领域获得广泛应用。

任务八主要介绍光电式传感器的有关知识和光电器件、CCD 摄像传感器及其应用、光纤传感器及其应用。

情境一　光电效应和光电器件

一、光电效应

光电式传感器的作用原理是基于一些物质的光电效应。光电效应一般分为外光电效应、光电导效应和光生伏特效应。

1. 外光电效应

在光线照射下，电子逸出物体表面向外发射的现象称为外光电效应，也叫光电发射效应。其中，向外发射的电子称为光电子，能产生光电效应的物质称为光电材料。

众所周知，光子是具有能量的粒子，每个光子具有的能量可由下式确定：

$$E = h\nu \tag{8-1}$$

式中：h 为普朗克常数，$h = 6.626 \times 10^{-34}\ \mathrm{J \cdot s}$；$\nu$ 为光的频率，$\mathrm{s^{-1}}$。

物体在光的照射下，电子吸收光子的能量后，一部分用于克服物质对电子的束缚，另一部分转化为逸出电子的动能。设电子质量为 m（$m = 9.109\ 1 \times 10^{-31}\ \mathrm{kg}$），电子逸出物体表面时的初速度为 v，电子逸出功为 A，则根据能量守恒定律有

$$E = \frac{1}{2}mv^2 + A \tag{8-2}$$

这个方程称为爱因斯坦的光电效应方程。可以看出，只有当光子的能量 E 大于电子逸出功 A 时，物质内的电子才能脱离原子核的吸引向外逸出。由于不同的材料具有不同的逸出功，因此对某种材料而言便有一个频率限，这个频率限称为红限频率。当入射光的频率低于红限频率时，无论入射光多强，照射时间多久，都不能激发出光电子；当入射的光频率高于红限频率时，不管它多么微弱，也会使被照射的物体激发电子。而且光越强，单位时间里入射的光子数就越多，激发出的电子数目也越多，因而光电流就越大。光电流与入射的光强度成正比关系。

2. 内光电效应

在光线照射下，物体内的电子不能逸出物体表面，而使物体的电导率发生变化或产生光生电动势的效应称为内光电效应。内光电效应又可分为光电导效应和光生伏特效应。在光线作用下，电子吸收光子能量后，引起物质电导率发生变化的现象称为光电导效应；在光线照射下，半导体材料吸收光能后，引起 PN 结两端产生电动势的现象称为光生伏特效应。

二、外光电效应器件

基于外光电效应工作原理制成的光电器件，一般都是真空的或充气的光电器件，如光电管和光电倍增管。

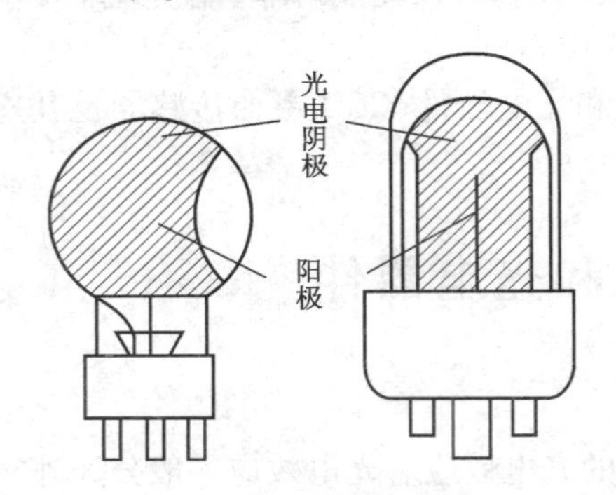

图 8-1 真空光电管的结构

1. 光电管

1）光电管的结构

光电管由一个涂有光电材料的阴极和一个阳极构成，并且密封在一只真空玻璃管内。阴极通常是用逸出功小的光敏材料涂敷在玻璃泡内壁上做成，阳极通常用金属丝弯曲成矩形或圆形置于玻璃管的中央。真空光电管的结构如图 8-1 所示。

2）光电管的工作原理

当光电管的阴极受到适当波长的光线照射时，便有电子逸出，这些电子被具有正电位的阳极所吸引，在光电管内形成空间电子流。如果在外电路中串入一适当阻值的电阻，则在光电管组成的回路中形成电流 I_ϕ，并在负载电阻 R_L 上产生输出电压 U_{out}。在入射光的频谱成分和光电管电压不变的条件下，输出电压 U_{out} 与入射光通量 ϕ 成正比，如图 8-2 所示。

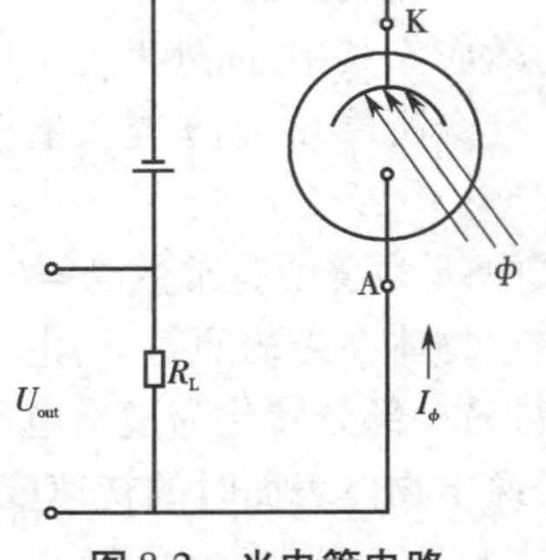

图 8-2 光电管电路

2. 光电倍增管

当入射光很微弱时，普通光电管产生的光电流很小，只有零点几微安，很不容易探测。为了提高光电管的灵敏度，常用光电倍增管对电流进行放大。

1）光电倍增管的结构

光电倍增管由光阴极、次阴极（倍增电极）以及阳极三部分组成，如图8-3所示。光阴极是由半导体光电材料锑－铯做成，次阴极是在镍或铜－铍的衬底上涂上锑－铯材料而形成的，次阴极多的可达30级，通常为12～14级。阳极是最后用来收集电子的，它输出的是电压脉冲。

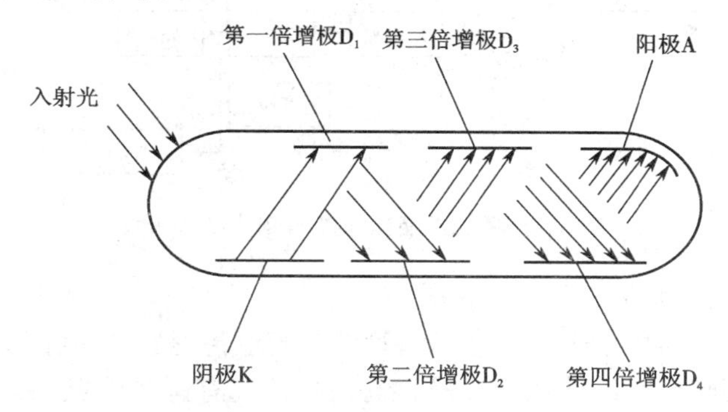

图8-3　光电倍增管的结构

2）光电倍增管的工作原理

光电倍增管是利用二次电子释放效应，将光电流在管内部进行放大。所谓二次电子，是指当电子或光子以足够大的速度轰击金属表面而使金属内部的电子再次逸出金属表面，这种再次逸出金属表面的电子叫做二次电子。

光电倍增管的光电转换过程：当入射光的光子打在光电阴极上时，光电阴极发射出电子，该电子流又打在电位较高的第一倍增极上，于是又产生新的二次电子；第一倍增极产生的二次电子又打在比第一倍增极电位高的第二倍增极上，该倍增极同样也会产生二次电子发射，如此连续进行下去，直到最后一级的倍增极产生的二次电子被更高电位的阳极收集为止，从而在整个回路里形成光电流I_A。

3. 外光电效应器件的应用

1）烟尘浊度监测仪

防止工业烟尘污染是环保的重要任务之一。为了消除工业烟尘污染，首先要知道烟尘排放量，因此必须对烟尘源进行监测。

烟道里的烟尘浊度是通过光在烟道里传输过程中的变化大小来检测的。如果烟道浊度增加，光源发出的光被烟尘颗粒的吸收和折射增加，到达光检测器上的光减少，因而光检测器输出信号的强弱便可反映烟道浊度的变化。

图8-4所示的是吸收式烟尘浊度监测仪的结构示意图。为了检测出烟尘中对人

体危害性最大的亚微米颗粒的浊度和避免水蒸气及二氧化碳对光源衰减的影响，选取可见光作为光源（400～700 nm 波长的白炽光）。光检测器选择光谱响应范围为400～600 nm 的光电管，以获取随浊度变化的相应电信号。为了提高检测灵敏度，采用具有高增益、高输入阻抗、低零漂、高共模抑制比的运算放大器，对信号进行放大。刻度校正被用来进行调零与调满刻度，以保证测试的准确性。显示器用来显示浊度瞬时值。报警电路由多谐振荡器组成，当运算放大器输出浊度信号超过规定值时，多谐振荡器工作，输出信号经放大后推动扬声器发出报警信号。

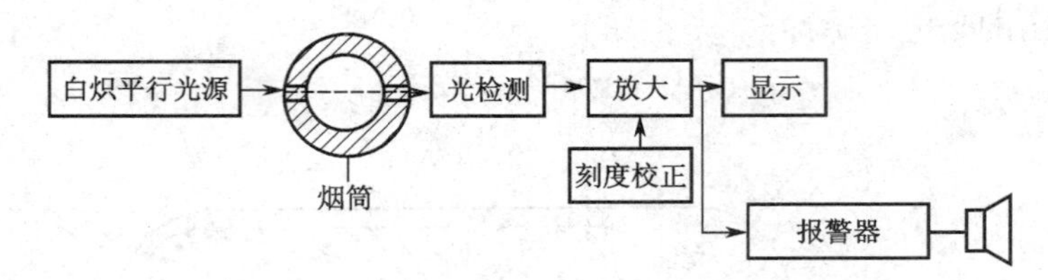

图 8-4 吸收式烟尘浊度监测仪结构示意

2）路灯光电控制器

路灯光电控制器由于采用光电倍增管作为光电传感器，电路的灵敏度高，能有效地防止电路状态转换时的不稳定过程。电路中还设有延时电路，具有对雷电和各种短时强光的抗干扰能力。

路灯光电控制器的电路如图 8-5 所示。电路主要由光电转换级、运放滞后比较级、驱动极组成。白天光电管 VT_1 的光电阴极受到较强的光照时，光电管产生的光电流，使得场效应管 VT_2 栅极上的正电压增高，漏源电流增大，这时在运算放大器 IC 的反相输入端的电压约为 +3.1 V，所以运算放大器输出为负电压，VD_7 处于截止状态，VT_3 也处于截止状态，继电器 K 不工作，其触点 K_1 为常开状态，因此路灯不亮。到了傍晚时分，由于环境光线减弱，光电管 VT_1 的电流减小，使得场效应管 VT_2 栅极电压和漏源电流随之减小。这时在运算放大器 IC 反相输入端上的电压为负电压，在其输出端输出有 +13 V 的电压，因此 VD_7 导通，VT_3 随之导通饱和，继电器 K 工作，其常开触点 K_1 闭合，路灯被点亮。到第二天清晨，由于光照的加强，电路则自动转换为关闭状态。

为防止雷雨天的闪电或突然短时间的强光照射，使电路造成误动作，在电路中，由 C_1、R_1 及光电管的内阻构成一个延时电路，延时为 3～5 s，这样即使有短时的强光作用也不会使电路翻转，仍能保持电路的正常工作。

为防止自然光从亮到暗变化时不稳定现象的发生，在电路中还接有正反馈电阻 R_{11}。R_{11} 的一端接在运算放大器 IC 的输出端，另一端经 R_6、R_7 分压后接在 IC 的同相输入端。由于有了正反馈，只要电路一转换，就会使电路处于稳定状态。

电路中的 VD_1 是温度补偿二极管，用它来补偿场效应管 VT_2 栅源极之间结压降随温度的变化。二极管 VD_2、VD_3 是为保护运算放大器而设置的。VD_4、VD_5 主要用来防止反向电压进入运算放大器。VD_8 为续流二极管。

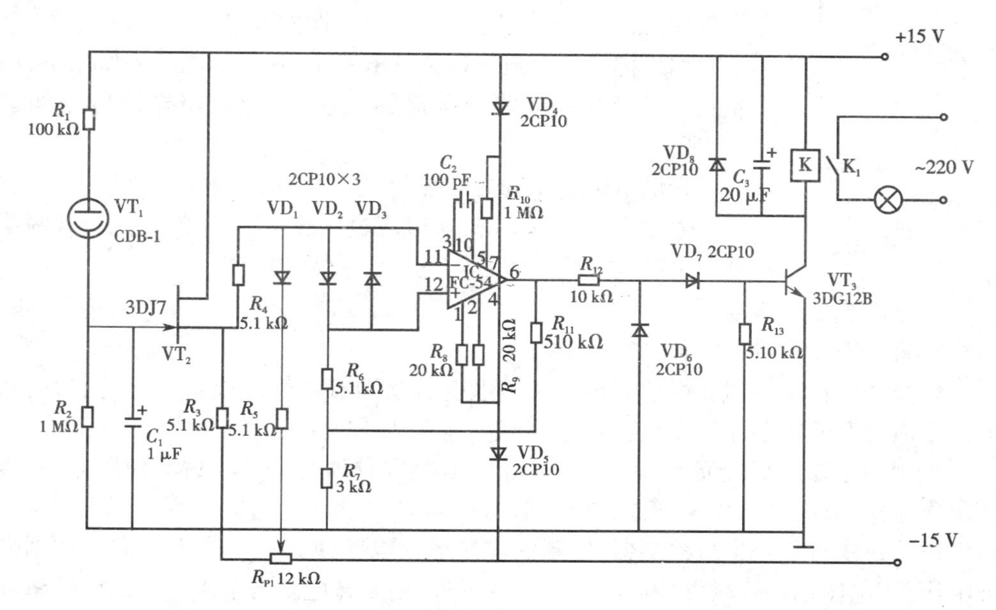

图 8-5　路灯光电控制器电路

三、光电导器件

基于光电导效应工作原理制成的光电器件主要是指光敏电阻。

1. 光敏电阻

1）光敏电阻的结构

光敏电阻又称为光导管。光敏电阻几乎都是用半导体材料制成的，光敏电阻的结构较简单，如图 8-6 所示。在玻璃底板上均匀地涂上薄薄的一层半导体物质，半导体的两端装上金属电极，使电极与半导体层可靠地接触，然后，将它们压入塑料封装体内。为了防止周围介质的污染，在半导体光敏层上覆盖一层漆膜，漆膜成分的选择应该使它在光敏层最敏感的波长范围内透射率最大。

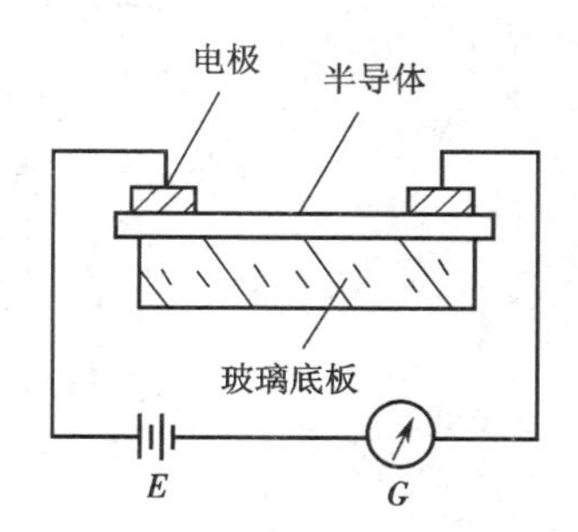

图 8-6　光敏电阻的结构

制作光敏电阻的材料一般由金属的硫化物、硒化物、碲化物等组成，如硫化镉、硫化铅、硫化铊、硫化铋、硒化镉、硒化铅、碲化铅等。

2）光敏电阻的工作原理

光敏电阻的工作原理是基于光电导效应。当无光照时，光敏电阻具有很高的阻值；当光敏电阻受到一定波长范围的光照射时，光子的能量大于材料的禁带宽度，价带中的电子吸收光子能量后跃迁到导带，激发出可以导电的电子 − 空穴对，使电阻降

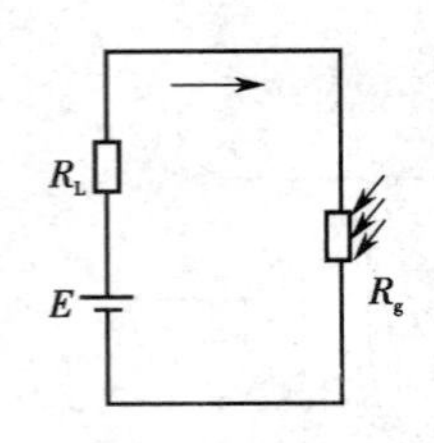

图 8-7 光敏电阻接线电路

低;光线越强,激发出的电子－空穴对越多,电阻值越低;光照停止后,自由电子与空穴复合,导电性能下降,电阻恢复原值。

如果把光敏电阻连接到外电路中,在外加电压的作用下,用光照射就能改变电路中电流的大小,光敏电阻接线电路如图 8-7 所示。

光敏电阻在受到光的照射时,由于内光电效应使其导电性能增强,电阻 R_g 值下降,所以流过负载电阻 R_L 的电流及其两端电压也随之变化。

2. 光电导器件的应用

1)灯光亮度自动控制器

灯光亮度自动控制器可按照环境光照强度自动调节白炽灯或荧光灯的亮度,从而使室内的照明自动保持在最佳状态,避免人们产生视觉疲劳。

控制器主要由环境光照检测电桥、放大器 A、积分器、比较器、过零检测器、锯齿波形成电路、双向晶闸管 V 等组成,电路原理如图 8-8 所示。过零检测器对 50 Hz 市电电压的每次过零点进行检测,并控制锯齿波形成电路使其产生与市电同步的锯齿波电压,该电压加在比较器的同相输入端。另外,由光敏电阻与电阻组成的电桥将环境光照的变化转换成直流电压的变化,该电压经放大并由积分电路积分后加到比较器的反相输入端,其数值随环境光照的变化而缓慢地成正比例变化。

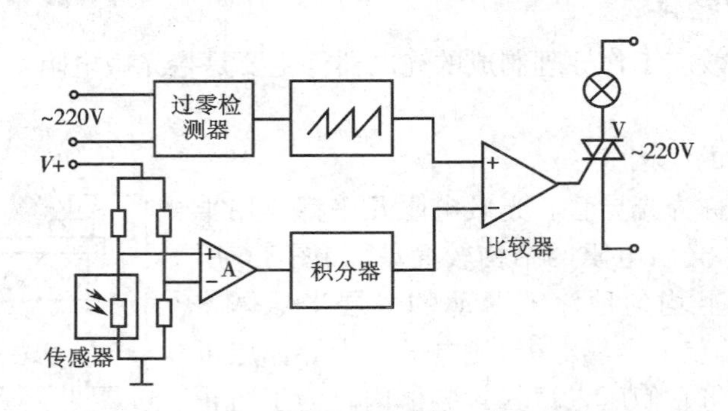

图 8-8 灯光亮度自动控制器原理

两个电压的比较结果,便可从比较器输出端得到随环境光照强度变化而脉冲宽度发生变化的控制信号,该控制信号的频率与市电频率同步,其脉冲宽度反比于环境光照,利用这个控制信号触发双向晶闸管,改变其导通角,便可使灯光的亮度随环境光照做相反的变化,从而达到自动控制环境光照不变的目的。

2)光控闪烁安全警示灯

道路施工时,需在施工现场挂上红色安全警示灯,以保护行人和行车的安全。高层建筑物的顶端按有关的规定必须设置红色警示灯,以确保飞机安全航行。光控闪烁安全警示灯比现在用的红色警示灯增加了光控和闪烁功能,白天它可自动熄灭,傍晚可自动点亮并发出十分引人注目的闪烁光。

光控闪烁安全警示灯电路如图 8-9 所示。它由极少数元件组成，其中光敏元件采用 CdS（硫化镉）光敏电阻，VT 为双向晶闸管，它的触发电压经双向触发二极管 VD_2 从电容 C 两端取得。当接通电源后，220 V 交流电经二极管 VD_1 半波整流，通过 R_1 向 C 充电，因充电电流很小，警示灯不会点亮。C 上的充电电压取决于 R_1 和光敏电阻 R_g 的分压值。白天，光敏电阻 R_g 受自然光源的照射呈现低阻值，电容 C 两端的电压超不过双向触发二极管 VD_2 的转折电压，双向晶闸管 VT 因无触发电压而处于截止状态，警示灯 E 不亮；夜晚，环境自然光变暗，光敏电阻 R_g 呈现高阻值，电容 C 两端的电压不断增高，当电压超过双向触发二极管 VD_2 的转折电压时，VD_2 导通，电容 C 通过 VD_2 和 R_2 放电，双向晶闸管获得足够的触发电流而导通，警示灯 E 点亮。当电容 C 上的电压放电到一定程度时，双向触发二极管重新截止，双向晶闸管 VT 失去触发电流在交流电过零时关断，警示灯熄灭。之后，电容 C 又按上述过程反复充电、放电，使双向晶闸管不断地截止与导通，控制着警示灯发出闪烁的亮光。

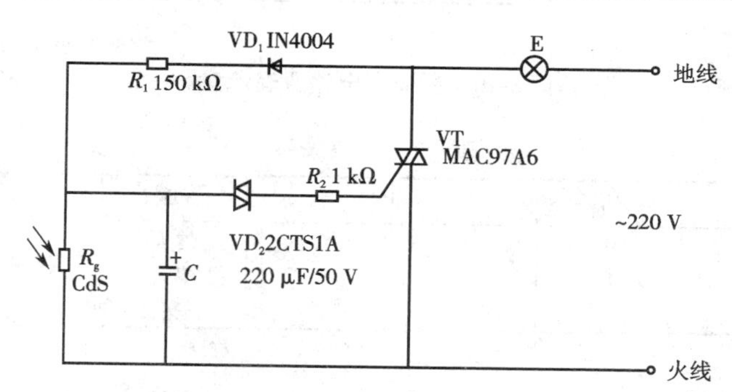

图 8-9　光控闪烁安全警示灯电路

3）测光器

图 8-10 是测光器电路原理图。电路中使用 CdS 光敏电阻作为测光元件，电路使用 ZH—3 测光专用集成电路，采用 3 只发光二极管作为显示元件。

ZH—3 集成电路内包括恒流源、电平跟随器及发光二极管驱动电路。IC 内的恒流源主要用来向 CdS 光敏电阻提供偏置，使 CdS 光敏电阻两端产生一定的输入电压，由于 CdS 光敏电阻的阻值随光照亮度而变化，故电平跟随器的输入电压和输出电压也随光照的强弱发生变化。当光照亮度在合适范围时，U_A 输出端为高电平，U_B 端为低电平，由门 1 ~ 门 3 组成的三态显示驱动器中的门 2 输出为低电平，当发光二极管 VD_3 亮时，表示亮度合适。而此时的门 1 和门 3 均输出高电平，故发光二极管 VD_2 和 VD_1 均不亮。当亮度过弱时，U_A 输出低电平，U_B 也为低电平，此时只有门 1 输出低电平，使发光二极管 VD_2 亮，VD_3 和 VD_1 均熄灭，表示亮度太弱。如果光照亮度太强，则 U_A 输出高电平，U_B 也为高电平。门 3 输出低电平，当发光二极管 VD_1 亮，VD_2 和 VD_3 均熄灭，表示亮度太强。上述的逻辑关系如表 8-1 所示。

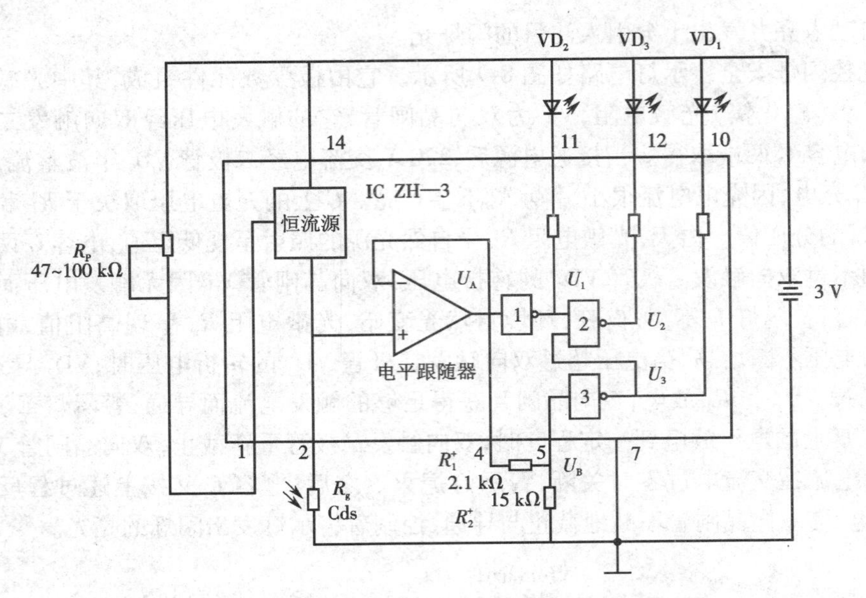

图 8-10 测光器电路原理示意

表 8-1 逻辑关系

U_A	U_B	U_1	U_2	U_3	VD_1	VD_2	VD_3
0	0	0	1	1	熄灭	亮	熄灭
1	0	1	0	1	熄灭	熄灭	亮
1	1	1	1	0	亮	熄灭	熄灭

从电路中可以看出，当光照强度一定时，U_A 点的电压取决于恒流源输出电流的幅度，该电流可通过电位器 R_P 来调节，以便使发光二极管 VD_3 在标准的光照下发光。除此之外，电阻 R_1 和 R_2 的阻值比对显示驱动器的窗口电平有明显的影响，因此，调节 R_1 与 R_2 的比值，可使窗口电平改变，即改变了光照强度合适的范围。所以，只要正确调节和确定 R_P、R_1、R_2 的阻值，便可使测光器满足不同的测光要求。该测光器具有工作电压低、功耗小、输出电流大等特点，因此，它可以应用在照相机和光度计中做测光使用。

四、光生伏特器件

基于光生伏特效应制成的光电器件有光敏二极管、光敏三极管和光电池。

1. 光敏二极管

1）光敏二极管的结构

光敏二极管与普通半导体二极管在结构上是类似的。图 8-11 所示为光敏二极管的结构图。在光敏二极管管壳上有一个能射入光线的玻璃透镜，入射光通过玻璃透镜正好照射在管芯上。发光二极管的管芯是一个具有光敏特性的 PN 结，它被封装在管壳内。发光二极管管芯的光敏面是通过扩散工艺在 N 型单晶硅上形成的一层薄膜。光敏二极管的管芯以及管芯上的 PN 结面积做得较大，而管芯上的电极面积做得较小，PN 结的结深比普通半导体二极管做得浅，这些结构上的特点都是为了提高光电转换的能力。另外与普通的硅半导体二极管一样，在硅片上生长了一层 SiO_2 保护层，它把 PN 结的边缘保护起来，从而提高了管子的稳定性，减小了暗电流。

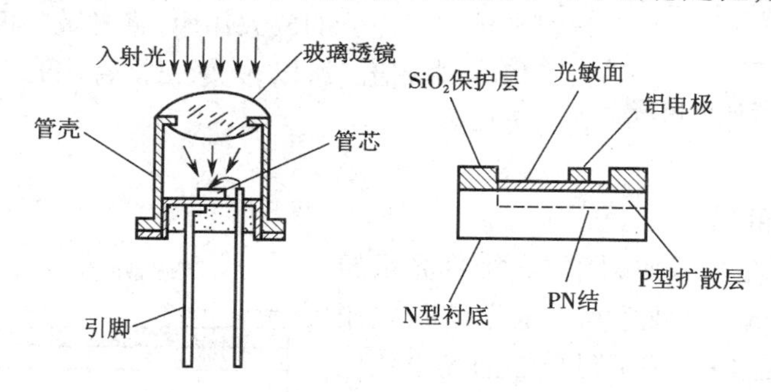

图 8-11　光敏二极管的结构

2）光敏二极管的原理

光敏二极管和普通半导体二极管一样，它的 PN 结具有单向导电性，因此光敏二极管工作时应加上反向电压，如图 8-12 所示。当无光照时，处于反偏的光电二极管工作在截止状态，这时只有少数载流子在反向偏压的作用下，越过阻挡层形成微小的反向电流，即暗电流。反向电流小的原因是在 PN 结中，P 型中的电子和 N 型中的空穴很少。当光照射在 PN 结上时，PN 结附近受光子轰击，吸收其能量而产生电子－空穴对，使得 P 区和 N 区的少数载流子浓度增加，在外加反偏电压和内电场的作用下，P 区的少数载流子越过阻挡层进入 N 区，N 区的少数载流子越过阻挡层进入 P 区，从而使通过 PN 结反向电流增加，形成光电流。光电流流过负载电阻 R_L 时，在电阻两端将得到随入射光变化的电压信号。光敏二极管就是这样完成光电功能转换的。

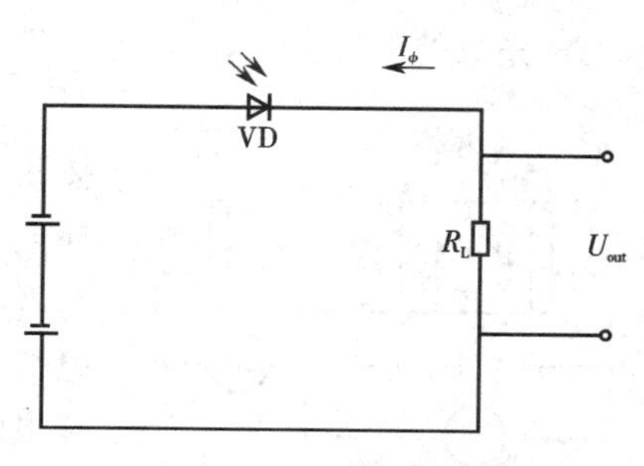

图 8-12　光敏二极管电路

2. 光敏三极管

将光敏三极管接在如图 8-13 所示的电路中，光敏三极管的集电极接正电压，其发射极接负电压。当无光照射时，流过光敏三极管的电流就是正常情况下光敏三极管集电极与发射极之间的穿透电流 I_{ceo}，它也是光敏三极管的暗电流，其大小为

$$I_{ceo} = (1 + h_{FE}) I_{cho} \tag{8-3}$$

式中：h_{FE} 为共发射极直流放大系数；I_{cho} 为集电极与基极间的反向饱和电流。

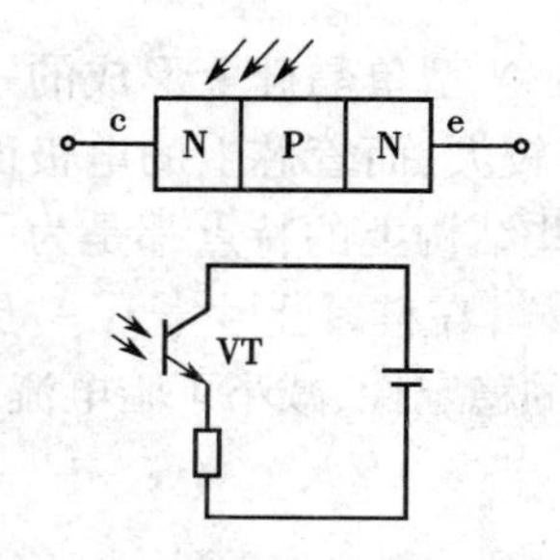

图 8-13 光敏三极管电路

当有光照射在基区时，激发产生的电子－空穴对增加了少数载流子的浓度，使集电极反向饱和电流大大增加，这就是光敏三极管集电极的光生电流。该电流注入发射极进行放大成为光敏三极管集电极与发射极间电流，它就是光敏三极管的光电流。可以看出，光敏三极管利用类似普通半导体三极管的放大作用，将光敏二极管的光电流放大了$(1+h_{FE})$倍。所以，光敏三极管比光敏二极管具有更高的灵敏度。

3. 光电池

1）光电池的结构

光电池是在光线照射下，直接将光量转变为电动势的光电元件，实质上它就是电压源。这种光电器件是基于阻挡层的光电效应工作的。硅光电池是在一块 N 型硅片上，用扩散的方法掺入一些 P 型杂质（例如硼）形成 PN 结，如图 8-14 所示。

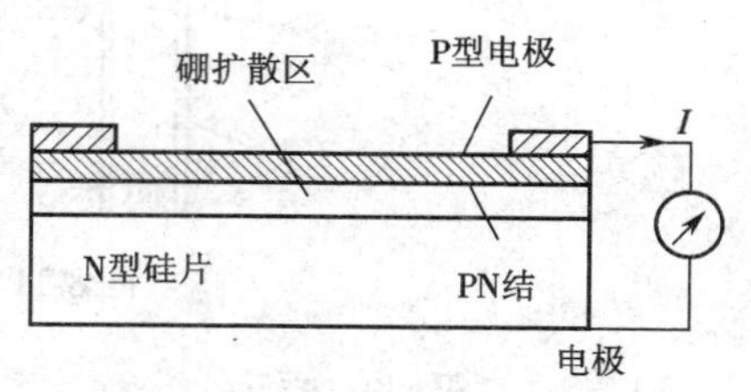

图 8-14 硅光电池结构示意

2）光电池的原理

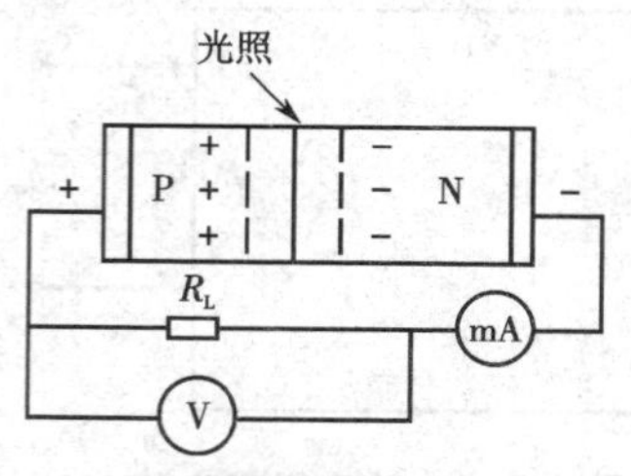

图 8-15 硅光电池原理示意

入射光照射在 PN 结上时，若光子能量大于半导体材料的禁带宽度，则在 PN 结内产生电子－空穴对，在内电场的作用下，空穴移向 P 型区，电子移向 N 型区，使 P 型区带正电，N 型区带负电，因而 PN 结产生电势。当光照射到 PN 结上时，如果在两级间串接负载电阻，则在电路中便产生电流，如图 8-15 所示。

4. 光生伏特器件的应用

1）注油液位控制装置

图 8-16 所示为注油液位控制装置图。DF 是控制进油的电磁阀，油箱的一侧有一根可显示液位的透明玻璃管，在玻璃管上套有一个光电传感器，传感器由指示灯泡和光敏二极管组成，它可以在玻璃管上上、下移动，以设定所控注油的液位。

图 8-17 所示为该装置的电路图。当液位低于设定的位置时，灯泡发出的光经玻璃管壁的散射，到达光敏二极管的光微弱，光敏二极管 VD_1 呈现较大的阻值，此时 VT_1 和 VT_2 导通，继电器 K 工作，其常开触点 K_1 闭合，电磁阀 DF 得电工作，由关闭状态转为开启状态，油源开始向油箱注油。当油位上升超过设定的液位时，灯泡发出的光经透明玻璃管内油柱形成的透镜，使光敏二极管 VD_1 接收到强光，其内阻变小，此时 VT_1 和 VT_2 由导通状态变为截止状态，继电器 K 停止工作，释放触点 K_1，电磁阀 DF 失电而关闭，停止注油。

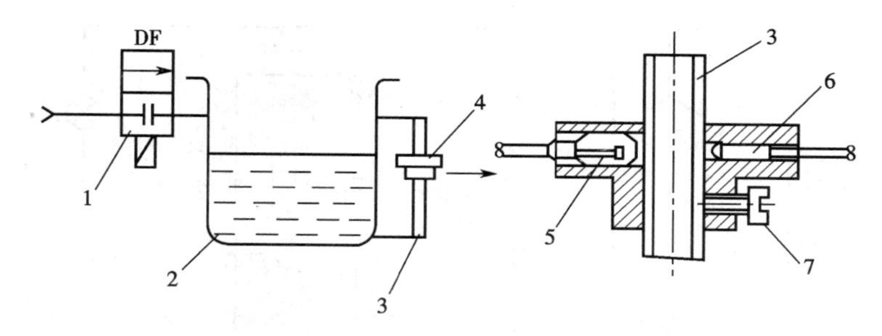

图 8-16　注油液位控制装置示意

1—电磁阀；2—油箱；3—透明玻璃管；4—光电传感器；
5—灯泡；6—光电二极管；7—紧固螺钉；8—手动开关

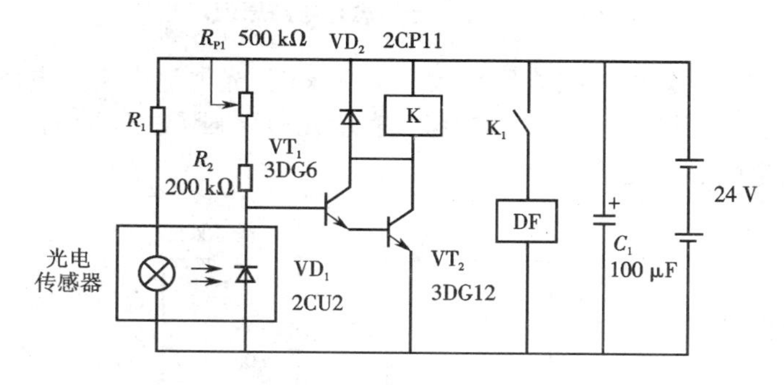

图 8-17　液位控制电路

2）光控闪光标志灯

光控闪光标志灯电路原理示意如图 8-18 所示。电路主要由 M5332L 通用集成电路 IC、光敏三极管 VT_1 及外围元件等组成。白天，光敏三极管 VT_1 受到光照内阻很小，使 IC 的输入电压高于基准电压，于是 IC 的 6 脚输出为高电平，标志灯 E 不亮；夜晚，无光照射光敏三极管 VT_1，其内阻增大，使 IC 的输入电压低于基准电压，于是 IC 内部振荡器开始振荡，其频率为 1.8 Hz，与此同时，IC 内部的驱动器也开始工作，使 IC 的 6 脚输出为低电平，在振荡器的控制下，标志灯 E 以 1.8 Hz 频率闪烁发光，以警示有路障存在。

3）测光文具盒

学生在学习时，如果不注意学习环境光线的强弱，很容易损害视力。测光文具盒是在文具盒上加装测光电路组成的，它不但有文具盒的功能，而且能显示光线的强弱，这样可指导学生在合适的光线下学习，以保护学生的视力。

图 8-19 是测光文具盒的测光电路。电路中采用 2CR11 硅光电池作为测光传感器，它被安装在文具盒的表面，直接感受光的强弱。采用两个发光二极管作为光照强弱的指示。当光照度小于 100 lx 时，光电池产生的电压较小，半导体管压降较大或处于截止状态，两个发光二极管都不亮；当光照度在 100 ~ 200 lx 之间时，发光二极管

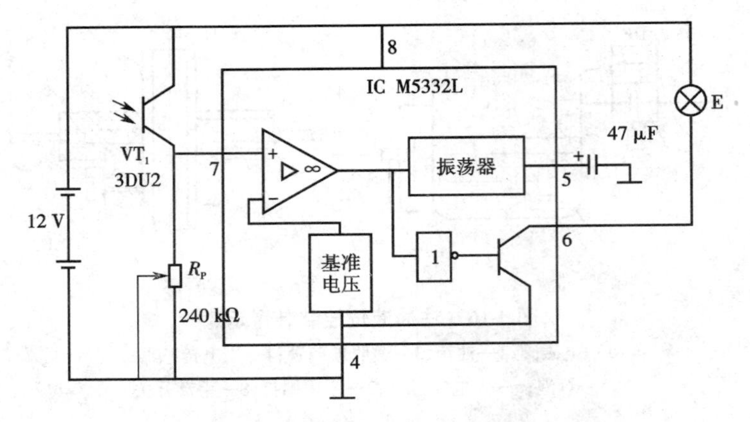

图 8-18 光控闪光标志灯电路原理示意

VD_2 点亮,表示光照度适中;当光照度大于 200 lx 时,光电池产生的电压较高,半导体管压降较小,此时两个发光二极管均点亮,表示光照太强了。借助测光表调节电位器 R_P 和 R^* 可使电路满足上述要求。

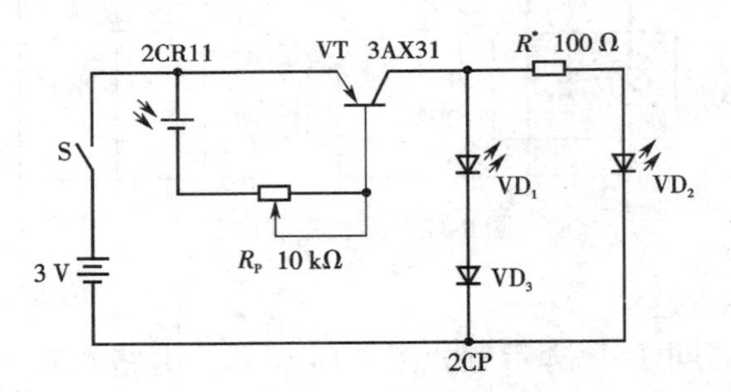

图 8-19 测光文具盒测光电路

图 8-20 所示为各种不同类型和用途的光电传感器。

情境二 CCD 摄像传感器及其应用

一、CCD 的基本结构及原理

CCD(Charge Coupled Device)是电荷耦合器件的简称,是 20 世纪 60 年代末出现的新型半导体器件。

CCD 使用一种高感光度的半导体材料制成,能把光线转变为电荷,通过模数转换器芯片转换为数字信号,数字信号经过压缩以后由相机内部的闪速存储器或内置硬盘卡保存,因而可以轻而易举地把数据传输给计算机,并借助于计算机的处理手段,可根据需要和想像来修改图像。

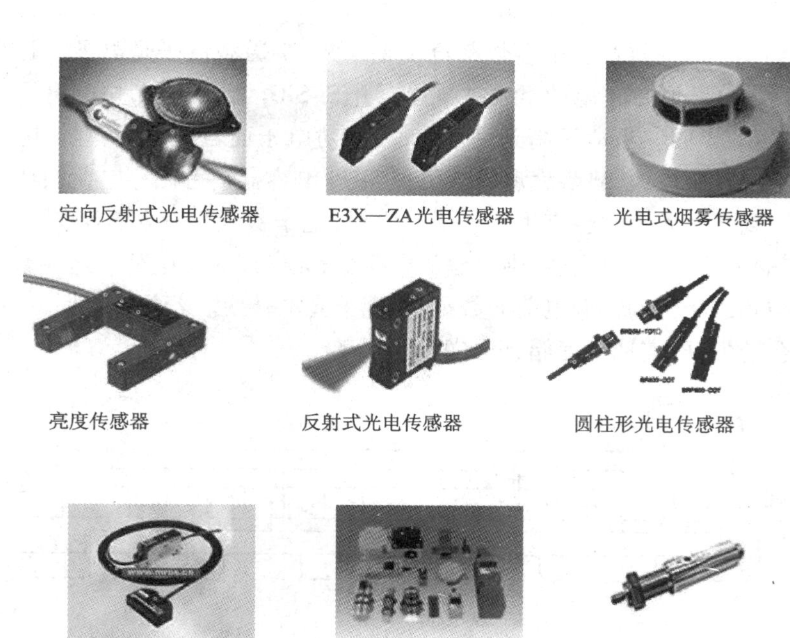

图 8-20　不同类型的光电传感器

CCD 由许多感光单位组成，通常以百万像素为单位。当 CCD 表面受到光线照射时，每个感光单位会将电荷反映在组件上，所有的感光单位所产生的信号加在一起，就构成了一幅完整的画面。

CCD 的加工工艺有两种，一种是 TTL（Transistor—Transistor Logic）工艺，一种是 CMOS（Complementary Metal Oxide Semiconductor）工艺。现在市场上所说的 CCD 和 CMOS 其实都是 CCD，只不过是加工工艺不同，前者是毫安级的耗电量，后者是微安级的耗电量。TTL 工艺下的 CCD 成像质量优于 CMOS 工艺下的 CCD。CCD 广泛用于工业和民用产品。

CCD 图像传感器是按一定规律排列的 MOS（Metal Oxide Semiconductor，金属 - 氧化物 - 半导体）电容器组成的阵列，其构造如图 8-21 所示。在 P 型或 N 型衬底上生长一层很薄的二氧化硅，再在二氧化硅薄层上依序沉积金属或掺杂多晶硅电极（栅极），形成规则的 MOS 电容器阵列，再加上两端的输入及输出二极管就构成了 CCD 芯片。

图 8-21 所示为 64 位 CCD 结构，G_i、G_o 分别为输入、输出场效管的控制极。每个光敏元（像素）对应有三个相邻的转移栅电极 1、2、3，所有电极间彼此离得足够近，以保证使硅表面的耗尽区和电荷的势阱耦合及电荷的转移。所有像素的 1 电极相连并施加时钟脉冲 ϕ_1，所有的 2、3 电极相连，并分别施加时钟脉冲 ϕ_2、ϕ_3。

假设 CCD 为 P 型衬底，则多数载流子是空穴，少数载流子是电子。若在栅极上加正电，衬底接地，则带正电的空穴被排斥离开 $Si\text{-}SiO_2$ 界面，带负电的电子则被吸引到紧靠 $Si\text{-}SiO_2$ 界面。当电压高到一定值，形成对电子而言所谓的势阱，电一旦进入就不能出来。电压愈大，势阱就愈深。可见 MOS 电容器具有储存电荷的功能。

当光照到光敏元上时会产生电子－空穴对，电子被吸引存储在势阱中。入射光强，则存储的电荷多；入射光弱，则存储的电荷少；无光照时无电荷。这样就把光的强弱转换为与其成比例的存储电荷的数量，实现了光电转换。若停止光照，一定时间内电荷也不会消失，即实现了存储、记忆的功能。

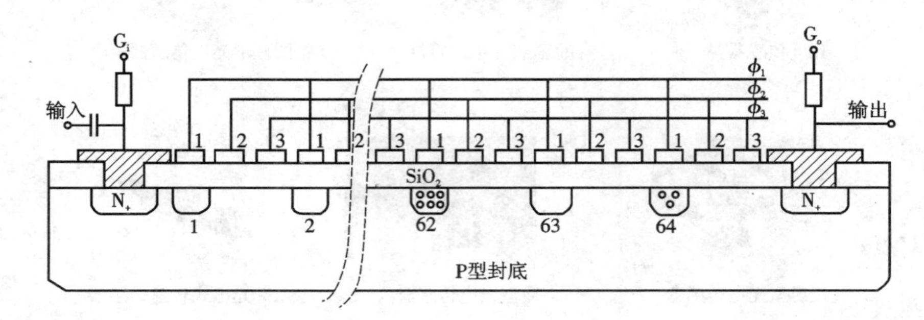

图 8-21　CCD 芯片的构造

CCD 在摄像机里是一个极其重要的部件，它起到将光线转换为电信号的作用，类似于人的眼睛，因此其性能的好坏将直接影响摄像机的性能。

CCD 的工作原理是被摄物体反射光线照射到 CCD 器件上，CCD 根据光的强弱积聚相应的电荷，从而产生与光电荷量成正比的弱电压信号，经过滤波、放大处理，通过驱动电路输出一个能表示敏感物体光强弱的电信号或标准的视频信号。

二、CCD 图像传感器的应用

CCD 图像传感器具有高分辨率、高灵敏度、较宽的动态范围，所以 CCD 器件在摄像机、数码相机、扫描仪、图像传感、尺寸测量及定位测控等领域得到非常广泛的应用，如图 8-22 所示。

1. CCD 在汽车前照灯配光测试中的应用

整个系统由工业用 CCD 摄像机、图像处理卡、监视器、打印机及微型计算机构成。其结构原理图如图 8-23 所示。本系统中的图像处理卡具有实时同步捕捉、快速 A/D 转换和采集存储等功能，如 VC32 彩色图像卡，有四份图像帧存储器，512 ×512 ×8 bit 帧存量，以满足测量要求。摄像机采用彩色摄像机，最低光照度为 0. 1 lx，水平清晰度为 320 ×410 TVL。图像卡接受由 CCD 摄像机采集的汽车前照灯在幕布上的图像视频信号，经图像卡的 A/D 模拟转换电路转化成数字信号，数字信号值的大小对应于前照灯的光线强弱，并存储在帧存储器中，由显示逻辑将数字信号转换成视

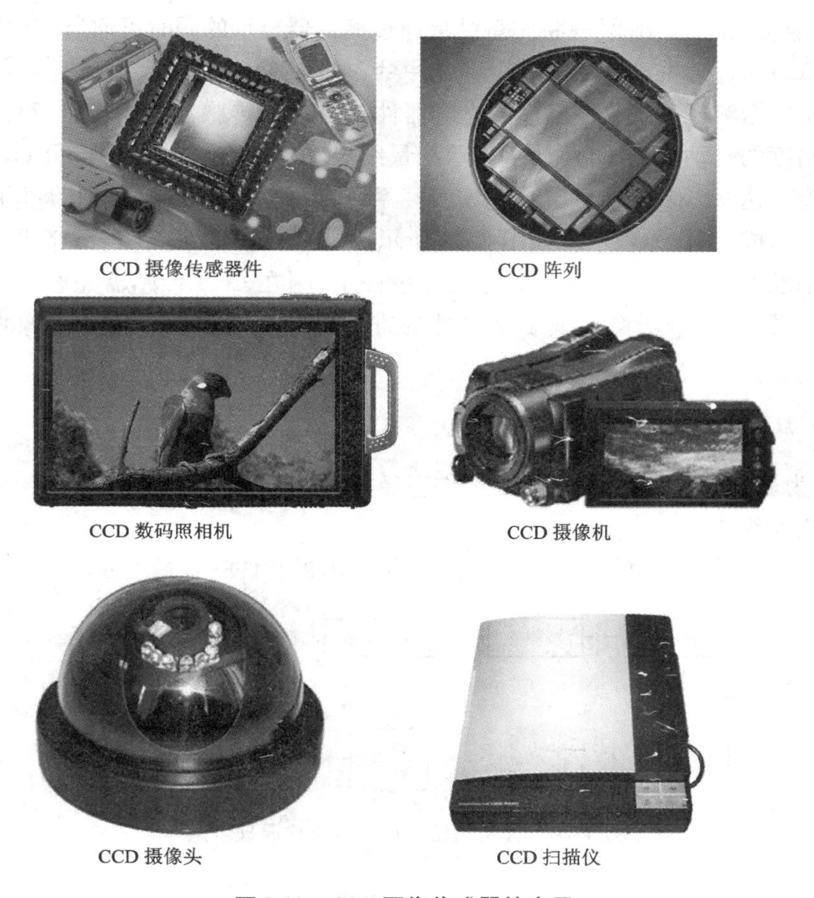

图 8-22　CCD 图像传感器的应用

频信号输出到监视器显示，通过软件访问帧存储器并进行各种数据处理，结果可通过打印机输出。软件由以下几个子程序组成。

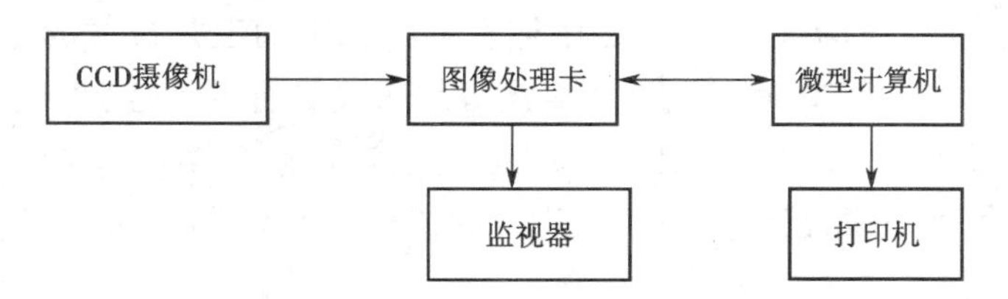

图 8-23　CCD 汽车前照灯配光测试系统结构原理示意

(1)数据采集与计算模块:对图像视频信号进行采集,并将数据存储于帧存储器中;对采集的数据进行处理,并对指定数据进行计算。

(2)数据动态修正模块:自动对数据进行修正。

(3)图像处理模块:实现车灯图像监视器显示。

(4)测量结果输出模块:将测量结果通过显示器显示的同时可通过打印机打印。

2. CCD 传感器在光电精密测径系统中的应用

光电精密测径系统采用新型的光电器件——CCD 传感器检测技术,可以对工件进行高精度的自动检测,可用数字显示测量结果和对不合格工件进行自动筛选。其测量精度可达 ±0.003 mm。光电精密测径系统主要由 CCD 传感器、测量电路系统和光学系统组成,工作原理示意如图 8-24 所示。被测件被均匀照明后,经成像系统按一定倍率准确地成像在 CCD 传感器的光敏面上,则在 CCD 传感器光敏面上形成了被测件的影像,这个影像反映了被测件的直径尺寸。被测件直径与影像之间的关系为

$$D=\frac{D'}{\beta} \tag{8-4}$$

式中:D 为被测件直径大小;D'为被测件直径在 CCD 光敏面上影像的大小;β 为光学系统的放大率。

因此,只要测出被测件影像的大小,就可求出被测件的直径尺寸。

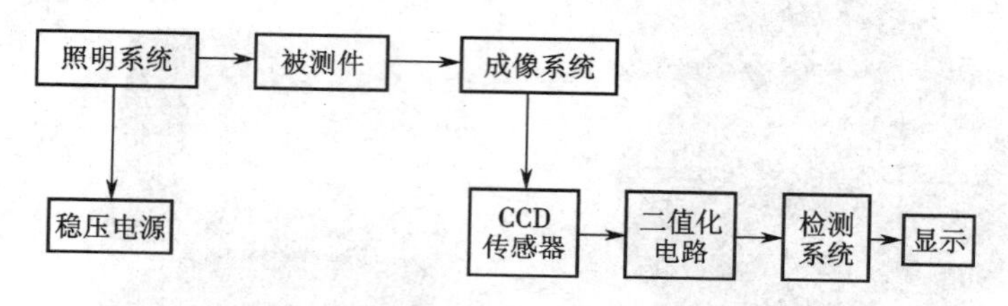

图 8-24　光电精密测径系统工作原理示意

情境三　光纤传感器及其应用

光纤的完整名称叫做“光导纤维”(Optical Fiber),由能传导光波的石英玻璃纤维外加保护层构成。石英玻璃纤维是用纯石英经特别的工艺拉成的细丝,其直径比头发丝还要细(50 ~ 100 μm)。相对于金属导线来说具有重量轻、线径细的特点。用光纤传输电信号时,在发送端先要将其转换成光信号,而在接收端又要由光检测器还原成电信号。目前来说,已经实现一根光纤的传输速率在 100 Gb/s 以上。而且这个速率还远远不是光纤的传输速率的极限。

光纤传感器(Fiber Optic Sensor,FOS)是 20 世纪 70 年代迅速发展起来的一种新型传感器。它具有灵敏度高、抗电磁干扰、传输频带宽、耐腐蚀、耐高温、体积小、质量轻等优点,可广泛用于位移、速度、加速度、压力、温度、液位、流量、水位、电流、磁场、放射性等物理量的测量。

一、光纤的结构及其传光原理

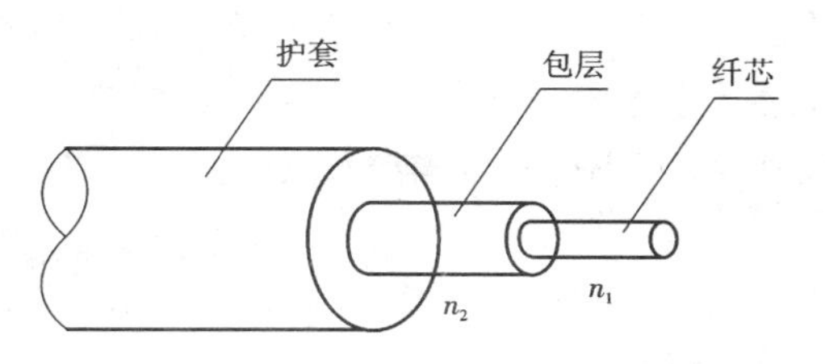

图 8-25　光纤的基本结构

一根光纤的结构包括纤芯、包层和涂敷层,如图 8-25 所示。纤芯和包层一般由某种类型的玻璃或塑料制成,纤芯的折射率 n_1 略大于包层的折射率 n_2。纤芯的直径一般约为 50 ~ 100 μm,光主要在纤芯中传输。包层外面涂有硅铜或丙烯酸盐等涂料,构成涂敷层,其作用是保护光纤不受外来损害,增加光纤的机械强度。光纤最外层包上一层不同颜色的塑料套管,一方面起保护作用,另一方面以不同颜色区分各根光纤。

通常将许多单条光纤组成光缆,光缆中的光纤少则几根,多则几千根。光缆主要用于通信。

光的传输是基于光的全反射。光纤传光的原理如图 8-26 所示,由于纤芯的折射率 n_1 大于包层的折射率 n_2,当光线从空气中以小于一定值 θ_c 的入射角 θ 射入纤芯后,光纤将在纤芯和包层的分界面处产生全反射,光将在光纤内曲折地向前传播,而不会从光纤内折射出来。

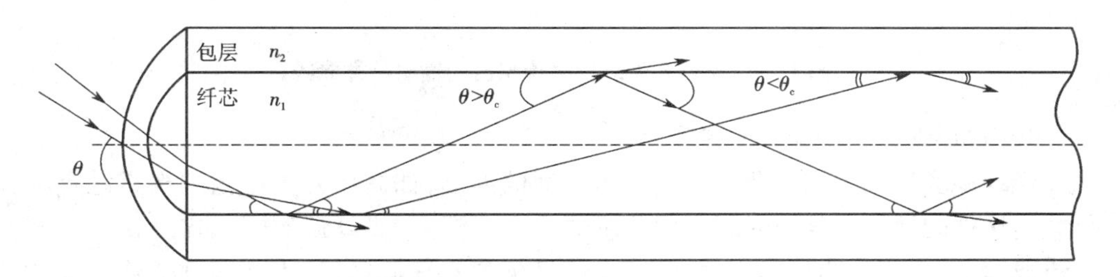

图 8-26　光纤导光原理示意

二、光纤传感器的应用

1. 反射式光纤位移传感器的工作原理

反射式光纤位移传感器是一种传输型光纤传感器。其原理如图 8-27 所示:光纤采用 Y 型结构,两束光纤一端合并在一起组成光纤探头,另一端分为两支,分别作为光源光纤和接收光纤。光从光源耦合到光源光纤,通过光纤传输,射向反射片,再被反射到接收光纤,最后由光电转换器接收,转换器接受到的光源与反射体表面性质、反射体到光纤探头距离有关。当反射表面性质、位置确定后,接收到的反射光光强随光纤探头到反射体的距离的变化而变化。显然,当光纤探头紧贴反射片时,接收器接收到的光强为零。随着光纤探头离反射面距离的增加,接收到的光强逐渐增加,到达最大值点后又随两者的距离增加而减小。图 8-28 所示为反射式光纤位移传感器的输出特性曲线,利用这条特性曲线可以通过对光强的检测得到位移量。反射式光纤位移传感器是一种采用非接触式测量方式的传感器,具有探头小、响应速度快、测量线性化(在小位移范围内)等优点,可在小位移范围内进行高速位移检测。

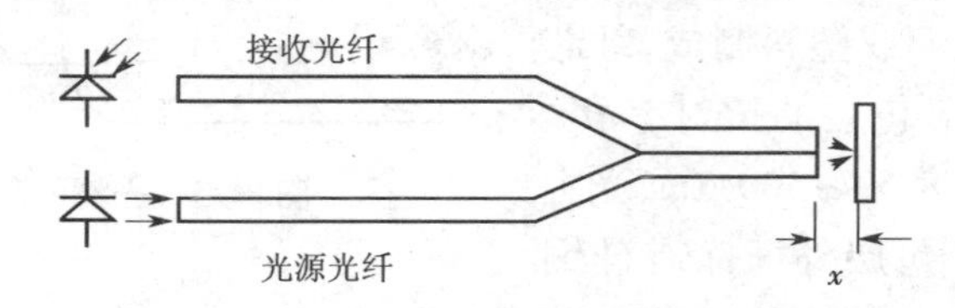

图 8-27　反射式位移传感器原理

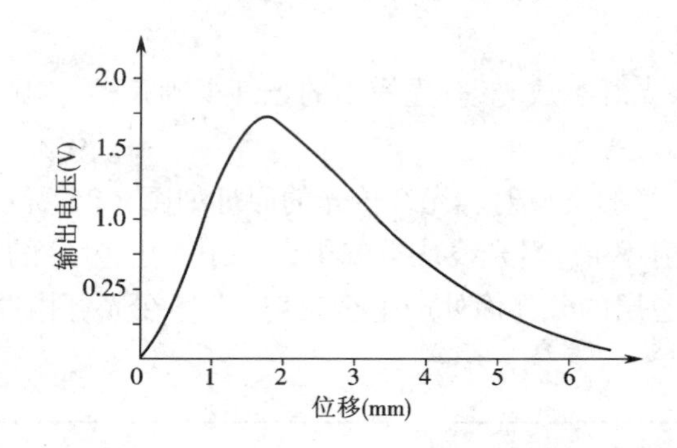

图 8-28　反射式光纤位移传感器的输出特性曲线

2. Optic3000 光纤温度传感器

光纤温度传感器用于测量带电物体表面的温度,如高压开关柜内的裸露触点和母线连接处的运行温度。光纤温度传感器是由测温点、光纤调制器和光纤接口三部分组成,测温点用于测量温度,并将温度信号传到光纤调制器,光纤调制器将温度信号调制成光信号,并将光信号通过光纤传导到光纤监测仪的主机。图 8-29 是 Optic3000 光纤温度传感器的结构。

测温点具有小巧的体积,当与被测物体表面直接接触时,能保证快速测量温度的变化,动态效果好。测温范围:-30 ~125 ℃。

图 8-30 为 Optic3000 光纤温度传感器在开关柜上的安装图,传感器具有小巧的感温头,可直接安装到被测物体表面,该传感器主要应用于高压开关柜接头、高压母线接头的温度测量。

3. 光纤压力传感器

利用压力使光纤变形,进而影响光纤中传输光的强度,构成了强度型光纤压力传感器。

图 8-31(a)是光纤压力传感器的原理图,激光经过扩束镜,聚焦注入多模光纤,包层中的非导引模由脱模器(一般涂有黑漆的光纤,长度为数厘米)去掉,然后进入

图 8-29　Optic3000 光纤温度传感器

图 8-30　光纤传感器在开关柜上的安装

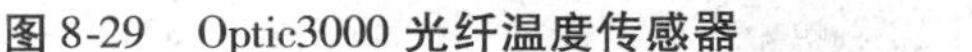

变形器(一般为 5 个周期,节距 3 mm)。当变形器受外界压力作用时,光纤的微变程度发生变化,影响光纤的传输能量,通过光探测器测出其变化。这一装置能检测的最小位移量为 0.08 nm,频响为 20 ~ 1 100 Hz,线性度为 1%,为提高检测的灵敏度,可将光纤盘绕成平面螺旋状,以增加作用长度,如图 8-31(b)所示。

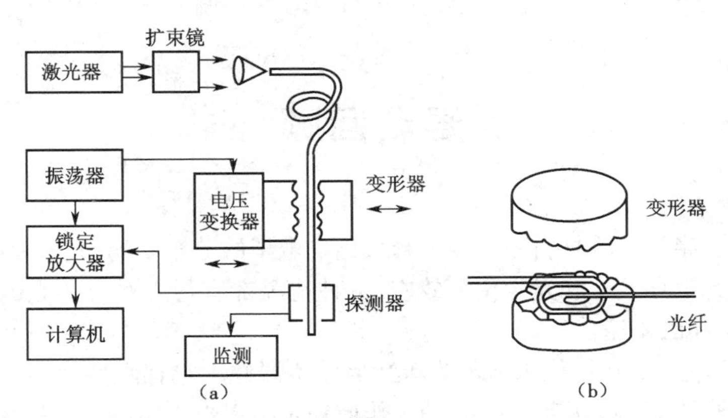

图 8-31　光纤压力传感器的原理和结构

(a)原理图;(b)变形器内部结构

图 8-32 为生产实际中应用的不同形式和用途的光纤传感器。

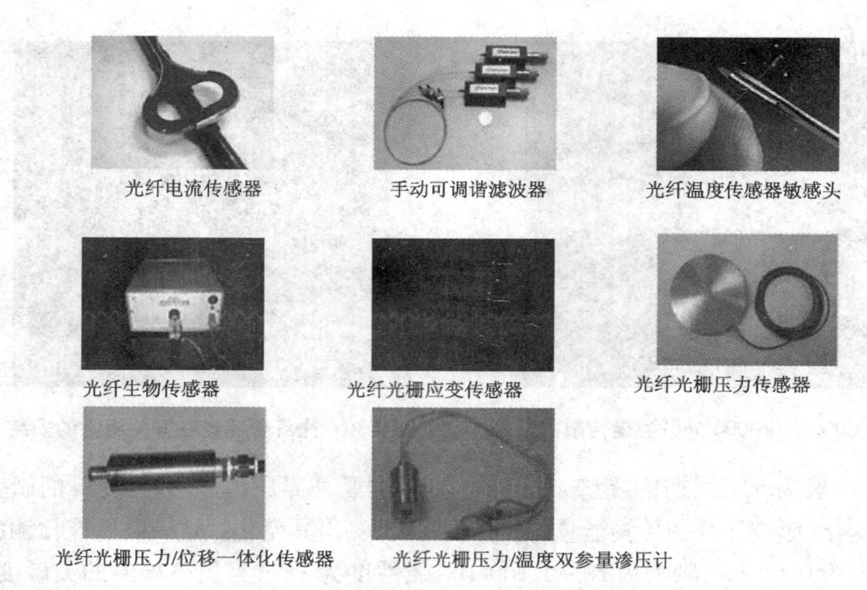

图 8-32 不同形式和用途的光纤传感器

要点回顾

根据金属、半导体等材料在光照下释放出的电子的分布不同,光电效应可以分为外光电效应、光电导效应和光生伏特效应,每种情况都有与之对应的光电器件,每一种器件又有不同的用途。

CCD 是 20 世纪 60 年代末出现的新型半导体器件。它有两种加工工艺,一种是 TTL 工艺,一种是 CMOS 工艺。CCD 的工作原理是根据被摄物体光线的强弱,产生与之成正比的弱电压信号,经过处理,输出电信号或视频信号。主要应用在摄像机、数码相机、扫描仪、图像传感、尺寸测量及定位测控等领域。

光纤传感器是 20 世纪 70 年代发展起来的一种新型传感器。具有很多优点,应用范围很广并有很好的发展前景。

习题 8

8-1 光电效应有哪几种?与之对应的光电器件各有哪些?

8-2　光电传感器有哪几种常见形式？各有哪些用途？

8-3　简述光电式传感器的特点和应用场合。

8-4　何谓外光电效应、光电导效应和光生伏特效应？

8-5　试比较光敏电阻、光电池、光敏二极管和光敏三极管的性能差异，并简述在不同场合下应选用哪种器件最为合适。

8-6　简述 CCD 图象传感器的工作原理及应用。

8-7　举例说明光纤传感器的工作原理。

8-8　简述光电式传感器的特点和应用场合，用方框图表示光电式传感器的组成。

8-9　试比较光电池、光敏晶体管、光敏电阻和光电倍增管在使用性能上的差别。

8-10　通常用哪些主要特性表征光电器件的性能？它们对正确选用器件有什么作用？

8-11　怎样根据光照特性和光谱特性选择光敏元件？试举例说明。

任务九　接近开关技术

任务要求

掌握接近开关的工作原理。

熟悉几种常见的接近开关。

了解接近开关在实际中的应用。

接近传感器是一种具有感知物体接近能力的器件。它利用位移传感器对接近的物体具有的敏感特性来识别物体的接近，并输出相应开关信号。因此，通常又把接近传感器称为接近开关。

常见的接近开关有电涡流式、电容式、霍尔式、光电式、热释电式、多普勒式、电磁感应式及微波式、超声波式等等。

情境一　电涡流式接近开关

电涡流式接近开关由高频振荡电路、检波电路、放大电路、整形电路及输出电路组成，如图9-1所示。检测用敏感元件为检测线圈，它是振荡电路的一个组成部分。当检测线圈通以交流电时，在检测线圈的周围就产生一个交变的磁场，当金属物体接近检测线圈时，金属物体就会产生电涡流而吸收磁场能量，使检测线圈的电感 L 发生

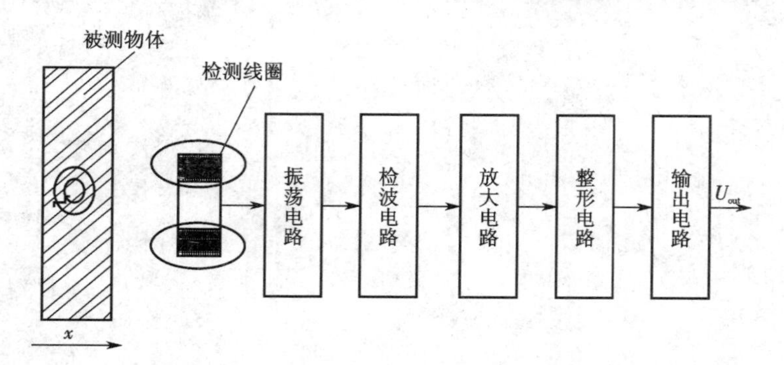

图9-1　电涡流式接近开关的组成

变化,从而使振荡电路的振荡频率减小,以至停振。振荡和停振这两个信号由电路转换为开关信号,经输出放大后送给后续电路。电涡流式接近开关工作过程如图 9-2 所示。

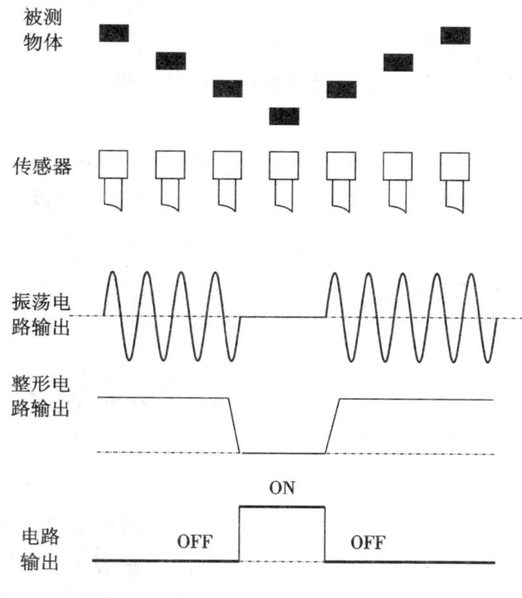

图 9-2　电涡流式接近开关工作过程

情境二　电容式接近开关

电容式接近开关是一个以电极为检测端的静电电容式传感器,它由高频振荡电路、检波电路、放大电路、整形电路及输出电路组成,如图 9-3 所示。

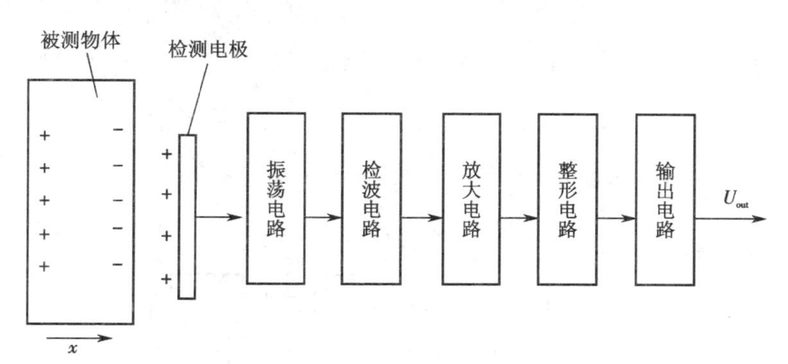

图 9-3　电容式接近开关结构原理示意

平时检测电极与大地之间存在一定的电容量,它成为振荡电路的一个组成部分。

当被检测电极接近检测电极时，由于检测电极加有电压，检测电极就会受到静电感应而产生极化现象，被测物体越靠近检测电极，检测电极上的电荷就越多，由于检测电极的静电电容为 $C=Q/U$，所以电荷的增多，使检测电极电容 C 随之增大，进而又使振荡电路的振荡减弱，甚至停止振荡。振荡电路的振荡与停振这两种状态被检测电路转换为开关信号后向外输出。

应该注意的是，电容式接近开关检测的被测物体是金属导体，非金属导体不能用该方法测量。

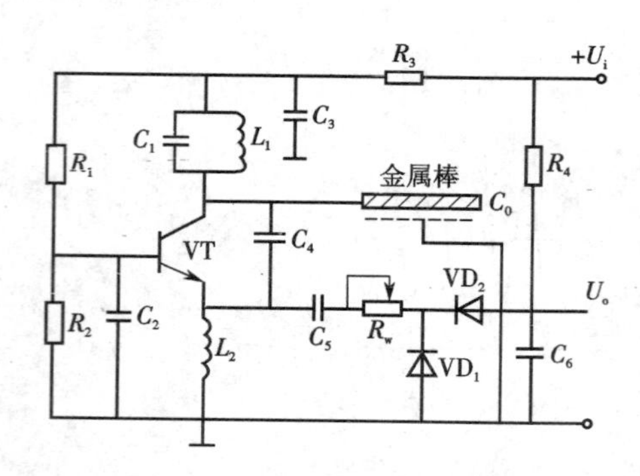

图 9-4　电容式接近开关电路

图 9-4 是电容式接近开关的电路图。C_1 与 L_1 构成并联谐振电路，L_2 和 VT 形成共基接法，C_4 是反馈电容，C_5 是耦合电容，R_3 与 C_3 形成去藕电路。R_1 和 R_2 是偏置电阻，它们与 C_2 形成选频网络。电位器用于调节接近距离。VD_1 与 VD_2 构成检波电路。C_6 是检波电容，C_0 是接近物与金属棒形成的电容。若被测物接近金属棒，C_0 变大，与 C_4 并联后使反馈电容增加，从而减弱振荡，经 VD_1 和 VD_2 检波后，输出的电压为低电平。否则，振荡器正常振荡，输出高电平。

情境三　霍尔式接近开关

霍尔式接近开关是基于霍尔效应原理来工作的。

霍尔式接近开关传感器由霍尔元件、放大器、施密特整形电路和开关输出等部分组成，其结构原理如图 9-5 所示。当霍尔元件通以恒定的控制电流，且有磁体近距离接近霍尔元件然后再离开时，元件的霍尔输出将发生显著变化，输出一个脉冲霍尔电势。该电压经放大器放大后，送至施密特整形电路。当放大后的霍尔电势大于“开

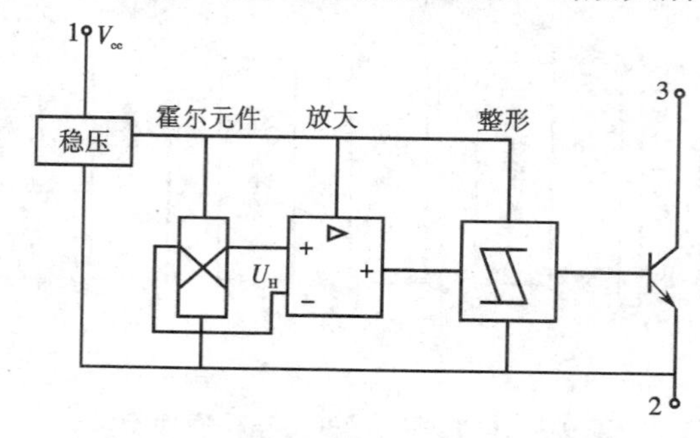

图 9-5　霍尔式接近开关结构原理

启”阈值时，施密特电路翻转，输出高电平，使晶体管导通，整个电路处于开状态。当磁场减弱时，霍尔元件输出的电压很小，经放大器放大后其值仍小于施密特的“关闭”阈值时，施密特整形器又翻转，输出低电平，使晶体管截止，电路处于关状态。这样，一次磁场强度的变化，就使传感器完成一次开关动作。

霍尔开关具有无触点、低功耗、长使用寿命、高响应频率等特点，内部采用环氧树脂封灌成一体，所以能在各种恶劣环境下可靠地工作。霍尔开关可应用于接近开关、压力开关、里程表等，是一种新型的电器配件。霍尔开关在安装时要注意磁铁的极性，磁铁极性装反将无法工作。

利用霍尔开关还可以制成霍尔转速表，在被测转速的转轴上安装一个齿盘，也可选取机械系统中的一个齿轮，将霍尔器件及磁路系统靠近齿盘。齿盘的转动使磁路的磁阻随气隙的改变而周期性地变化，霍尔器件输出的微小脉冲信号经隔直、放大、整形后就可以确定被测物的转速，如图 9-6 所示。转速计算公式为

$$n = 60\frac{f}{z} \tag{9-1}$$

式中：f 为输出脉冲数；z 为齿盘的齿数；n 为转速。

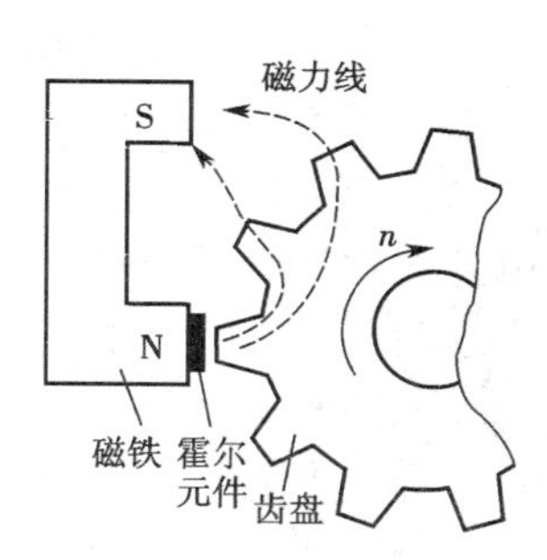

图 9-6　霍尔转速表

情境四　光电式接近开关

光电式接近开关是用来检测物体的靠近、通过等状态的光电传感器。它把发射端和接收端之间光的强弱变化转化为开关信号的变化以达到探测目的。由于光电开关输出回路和输入回路是电隔离的（即电缘绝），故它可以在许多场合得到应用。

光电式接近开关一般由红外线发射元件和光敏接收元件组成。它是利用被测物体对光束的遮挡或反射，由同步回路选通电路，从而检测物体的有无，因此凡是能够反射光线的物体均可被检测。光电开关将输入电流在发射器上转换为光信号输出，接收器再根据有无接收到光信号或接收到的光信号的强弱对目标物体进行探测。

根据检测方式的不同，光电式接近开关可分为对射式、镜反射式、漫反射式、槽式和光纤式等几类。

1. 对射式光电开关

对射式光电开关包括在结构上相互分离且光轴相对放置的发射器和接收器。发射器发出的光线直接进入接收器，当被检测物体经过发射器和接收器之间且阻断光线时，光电开关就产生了开关信号。当检测物体为不透明时，对射式光电开关是最可靠的检测装置，如图 9-7（a）所示。这种光电开关检测距离最大可达十几米。

2. 镜反射式光电开关

镜反射式光电开关集发射器和接收器于一体。光电开关发射器发出的光线经过

反射镜反射回接收器,当被检测物体经过且完全阻断光线时,光电开关就产生了检测开关信号,如图 9-7(b)所示。镜反射式光电开关采用单侧安装,并应根据被测物体的距离调整反射镜的角度以取得最佳的反射效果,它的检测距离一般为几米。

3. 漫反射式光电开关

漫反射式光电开关同样集发射器和接收器于一体,如图 9-7(c)所示。当有被检测物体经过时,物体将光电开关发射器发射的足够量的光线反射到接收器,于是光电开关就产生了开关信号。当被检测物体的表面光亮或其反射率极高时,漫反射式的光电开关是首选的检测模式,但其检测距离一般较小,只有几百毫米。

4. 槽式光电开关

槽式光电开关又称光电断续器,它通常采用标准的 U 形结构,其发射器和接收器分别位于 U 形槽的两边,并形成一光轴,当被检测物体经过 U 型槽且阻断光轴时,光电开关就产生了开关量信号。槽式光电开关比较适合检测高速运动的物体,并能分辨透明与半透明的物体,其使用安全可靠,如图 9-7(d)所示。

5. 光纤式光电开关

光纤式光电开关采用塑料或玻璃光纤传感器引导光线,可以对距离远的被检测物体进行检测,如图 9-7(e)所示。通常光纤传感器分为对射式和漫反射式。

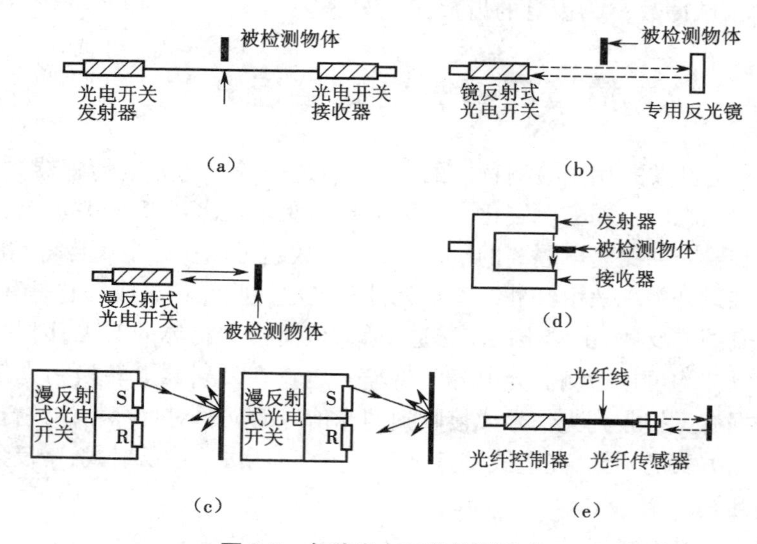

图 9-7 各种光电开关检测示意

(a)对射式;(b)镜反射式;(c)漫反射式;(d)槽式;(e)光纤式

要点回顾

电涡流式接近开关具有结构简单、分辨力强和测量精度高等优点，因此在工业自动化测量技术中得到广泛应用。它的主要缺点是响应较慢，不宜于快速动态测量。

电容式接近开关是一个以电极为检测端的静电电容式传感器，它具有结构简单、精度高、功耗小、灵敏度高等优点，能够实现金属导体的计数和接近检测，用途较广。

霍尔式接近开关具有无触点、低功耗、长使用寿命、高响应频率等特点，内部采用环氧树脂封灌成一体化，所以能在各种恶劣环境下可靠地工作。

光电式接近开关是用来检测物体的靠近、通过等状态的光电传感器。它把发射端和接收端之间光的强弱变化转化为开关信号的变化以达到探测的目的。由于光电开关输出回路和输入回路是电绝缘的，所以它可以在许多场合得到应用。

习题 9

9-1　简述电涡流式接近开关的工作原理及主要特点。

9-2　举例说明电涡流式接近开关的应用。

9-3　简述电容式接近开关的工作原理及其适用场合。

9-4　举例说明霍尔式接近开关的应用。

9-5　试设计一光电开关，用于生产流水线的产量计数，画出结构图及电路原理图。

9-6　冲床工作时，为保护工人的手指安全，设计一安全控制系统，选用两种以上的传感器同时探测工人的手是否处于危险区域（冲头下方）。只要有一个传感器输出有效（即检测到手未离开该危险区），则不让冲头动作，或使正在动作的冲头惯性轮刹车。说明检测控制方案以及必须同时设置两个传感器组成“或”的关系、必须同时使用两只手（左右手）操作冲床开关的好处。

任务十　检测技术和抗干扰技术

任务要求

熟悉检测技术、测量方法、检测系统的构成和分类以及数据处理的方法。

掌握干扰产生的原因、类型和干扰信号的耦合方式以及常用的抑制干扰措施。

情境一　检测技术

自古以来,检测技术就早已渗透到人类的生产活动和日常生活的各个方面,如计时、产品的质量监控等。在科学技术高度发达的今天,人类已进入瞬息万变的信息时代,人们在从事工业生产和科学实验等活动中,越来越需要对各类信息资源进行有效地开发、获取、传输和处理。大家知道,传感器是感知、获取检测信息的窗口,如何有效地利用传感器实现各种参数的自动检查和精确测量,则是自动控制系统的基础。为了更好地掌握传感器的相关知识,应该对检测技术的基本概念、基本测量方法、检测系统的组成、测量误差、数据处理等方面的理论及工程应用进行学习和研究。只有了解和掌握了这些基本理论,才能更有效地完成检测任务。

一、检测技术

科学技术的发展与检测技术的发展是密切相关的,现代化的检测手段所具有的可能性在很大程度上决定了科学技术的发展水平。检测技术达到的水平越高,则科学技术的水平也就越高。同时,科学技术的进步又为检测技术提供了新的发展方向和有力保证。检测技术是以研究检测系统中的信息提取、信息转换以及信息处理的理论与技术为主要内容的一门应用技术学科。

检测技术主要研究被测物理量的测量原理、测量方法、检测系统和数据处理等方面的内容。

不同性质的被测物理量应采用不同的原理去测量,测量同一性质的被测物理量也可采用不同测量原理。测量原理决定后,就要考虑用什么方法去测量,这就是人们所要研究的测量方法。确定了被测物理量的测量原理和测量方法后,就要设计或选用装置组成一个自动检测系统。有了已标定过的检测系统，就可以进行实际的检测工作。在实际检测中得到的数据必须进行误差分析和处理，才能得到正确可信的检测结果。

二、测量方法

1. 测量

测量是检测技术的重要组成部分，是以确定被测对象量值为目的的一系列操作。测量能够帮助人们获得客观事物定性的认识和定量的信息，寻找并发现客观事物发展的规律。

在工业现场，更进一步的测量目的是利用测量所获得的信息来控制某一生产过程，通常这种控制作用是与检测系统紧密相关的。

测量过程实质上是一个比较过程，是一种把物理参数变换为具有意义的数字的过程，也就是说，测量是将被测物理量与同种性质的标准量进行比较，从而确定被测物理量对标准量的倍数。

由测量所获得的被测物理量的量值称为测量结果。测量结果可用一定的数值表示，也可以用一条曲线或某种图形表示。但无论其表现形式如何，测量结果应包括数值和测量单位两部分。更为准确地说，测量结果还应包括误差部分。

2. 测量方法

测量方法对检测系统是十分重要的，它直接关系到检测任务是否能够顺利完成。因此，应针对不同的检测目的和具体情况进行分析，然后找出切实可行的测量方法，再根据测量方法选择合适的检测技术工具，组成一个完整的检测系统，进行实际测量。对于测量方法，从不同的角度出发，可有不同的分类方法。

1）根据测量手段分类

（1）直接测量。在使用仪表进行测量时，对仪表读数不需要经过任何运算，就能直接表示测量所需要的结果，称为直接测量。例如，用磁电式电流表测量电路的电流，用弹簧管式压力表测量锅炉的压力等就是直接测量。直接测量的优点是测量过程简单而迅速，缺点是测量精度不容易做到很高，这种测量方法在工程上被广泛采用。

（2）间接测量。有的被测物理量无法或不便于直接测量，这就要求在使用仪表进行测量时，首先对与被测物理量有确定函数关系的几个量进行测量，然后将测量值代入函数关系式，经过计算得到所需的结果，这种方法称为间接测量。例如，要测量某长方体的密度 ρ，其单位为 kg/m^3，显然无法直接获得具有这种单位的量值，但是可以先测出长方体的长、宽和高，即 a、b、c（单位为 m）及其质量 m（单位为 kg），然后根据下式求得密度

$$\rho = \frac{m}{abc} \quad (kg/m^3) \tag{10-1}$$

间接测量比直接测量所需要测量的量要多，而且计算过程复杂，引起误差的因素也较

多,但如果对误差进行分析并选择和确定优化的测量方法,在比较理想的条件下进行间接测量,测量结果的精度不一定低,有时还可得到较高的测量精度。间接测量一般用于不方便直接测量或者缺乏直接测量手段的场合。

(3)组合测量。在应用仪表进行测量时,若被测物理量必须经过求解联立方程组,才能得到最后结果,则称这样的测量为组合测量,又称联立测量。在进行组合测量时,一般需要改变测试条件,才能获得一组联立方程所需要的数据。组合测量是一种特殊的精密测量方法,操作手续较复杂,花费时间很长,一般适用于科学实验或特殊场合。

2)根据测量方式分类

(1)偏差式测量。用仪表指针的位移(即偏差)决定被测物理量的量值,这种测量方法称为偏差式测量。应用偏差式测量时,仪表刻度事先用标准器具标定。在测量时,输入被测物理量,按照仪表指针标识在标尺上的示值,决定被测物理量的数值。这种方法测量过程比较简单、迅速,但测量结果精度较低。

(2)零位式测量。零位式测量是用指零仪表的零位指示检测测量系统的平衡状态,在测量系统平衡时,用已知的标准量决定被测物理量的量值的测量方法。应用这种测量方法进行测量时,已知标准量直接与被测物理量比较,已知量应连续可调,指零仪表指零时,被测物理量与已知标准量相等。例如天平、电位差计等。零位式测量的优点是可以获得比较高的测量精度,但测量过程比较复杂,测量时要进行平衡操作,耗时较长,不适用于测量快速变化的信号。

(3)微差式测量　微差式测量是综合了偏差式测量与零位式测量的优点而提出的一种测量方法。它将被测物理量与已知的标准量相比较,取得差值后,再用偏差法测得此差值。故这种方法的优点是反应快,而且测量精度高,特别适用于在线控制参数的测量。

3)根据测量精度分类

(1)等精度测量。在整个测量过程中,若影响和决定测量精度的全部因素(条件)始终保持不变,如由同一个测量者,用同一台仪器,用同样的方法,在同样的环境条件下,对同一被测物理量进行多次重复测量,称为等精度测量。在实际中,很难做到这些因素(条件)全部始终保持不变,所以一般情况下只是近似地认为是等精度测量。

(2)非等精度测量。用不同精度的仪表或不同的测量方法,或在环境条件相差很大的情况下对同一被测物理量进行多次重复测量称为非等精度测量。

4)根据被测物理量随时间是否变化分类

(1)静态测量。被测物理量在测量过程中认为是固定不变的,这种测量称为静态测量。静态测量不需要考虑时间因素对测量的影响。

(2)动态测量。若被测物理量在测量过程中是随时间不断变化的,这种测量称为动态测量。

5)根据敏感元件是否与被测介质接触分类

(1)接触测量。

(2)非接触测量。

三、检测系统

检测系统这一概念是传感技术发展到一定阶段的产物。在工程实际中,需要有传感器与多台测量仪表有机地组合起来,构成一个整体,才能完成信号的检测,这样便形成了检测系统。随着计算机技术及信息处理技术的不断发展,检测系统所涉及的内容也不断得以充实。在现代化的生产过程中,过程参数的检测都是自动进行的,即检测任务是由检测系统自动完成的,因此研究和掌握检测系统的构成及原理十分必要。

1. 检测系统的构成

检测系统是传感器与测量仪表、变换装置等的有机组合。图 10-1 所示为检测系统的构成。

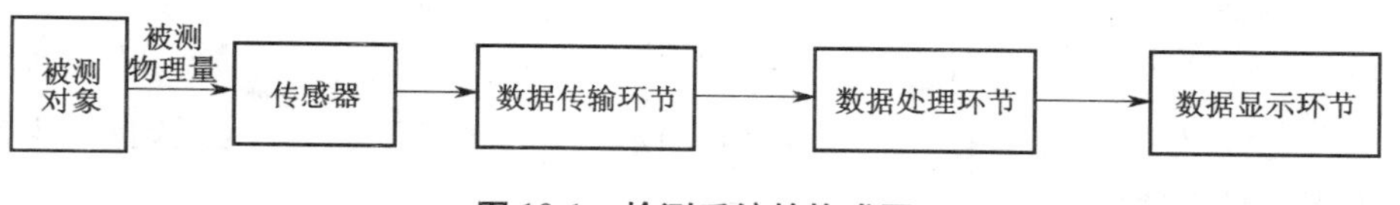

图 10-1　检测系统的构成图

(1)传感器是感受被测物理量的大小并输出相对应的可用输出信号的器件或装置。

(2)数据传输环节用来传输数据。当检测系统的几个功能环节独立地分隔开的时候,则必须由一个地方向另一个地方传输数据,数据传输环节就是完成这种传输功能。

(3)数据处理环节是将传感器的输出信号进行处理和变换。如对信号进行放大、运算、滤波、线性化、数模(D/A)或模数(A/D)转换,转换成另一种参数信号或某种标准化的统一信号等,使其输出信号便于显示、记录,也可与计算机系统连接,以便对测量信号进行信息处理或用于系统的自动控制。

(4)数据显示环节将被测物理量信息变成人感官能接受的形式,以达到监视、控制或分析的目的。测量结果可以采用模拟显示,也可以采用数字显示,并可以由记录装置进行自动记录或由打印机将数据打印出来。

2. 开环检测系统与闭环检测系统

1)开环检测系统

开环测量系统的全部信息变换只沿着一个方向进行,如图 10-2 所示。

图中,x 为输入量,y 为输出量,k_1、k_2、k_3 为各环节的传递系数。输入输出关系为

$$y=k_1k_2k_3x \tag{10-2}$$

采用开环方式构成的测量系统,结构较简单,但各环节特性的变化都会造成测量

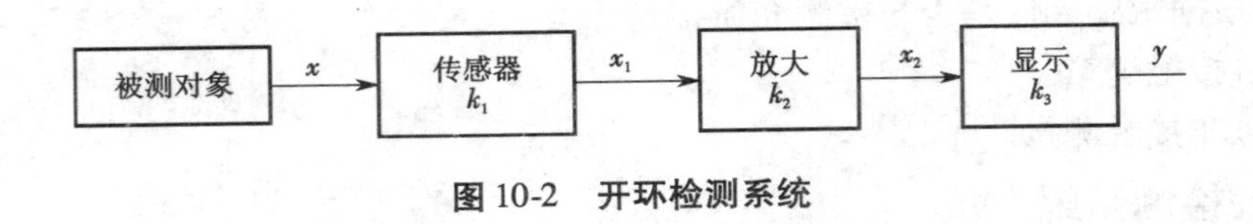

图 10-2 开环检测系统

误差。

2)闭环检测系统

闭环检测系统有两条通道,一条为正向通道,另一条为反馈通道,其结构如图10-3 所示。

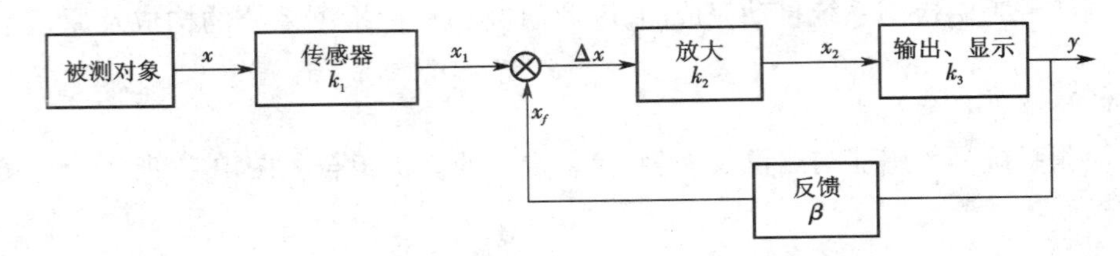

图 10-3 闭环检测系统

图中,Δx 为正向通道的输入量,β 为反馈环节的传递系数,x_f 为反馈量,正向通道的总传递系数为

$$k = k_2 k_3 \tag{10-3}$$

闭环检测系统输入输出关系由反馈环节的特性决定,放大器等环节特性的变化不会造成测量误差,或者说造成的误差很小。

所以,在构成检测系统时,应将开环系统与闭环系统有机地组合在一起加以应用,才能达到所期望的目的。

四、测量误差及数据处理

1. 测量误差

测量的目的是通过测量获取被测物理量的真实值。但在实际测量过程中,由于种种原因,例如,传感器本身性能不理想、测量方法不完善、受外界干扰影响及人为的疏忽等,都会造成被测参数的测量值与真实值不一致,两者不一致程度用测量误差表示。

误差就是测量值与真实值之间的差值,它反映了测量的精度。

随着科学技术的发展,人们对测量精度的要求越来越高,可以说测量工作的价值就取决于测量的精度。当测量误差超过一定限度时,测量工作和测量结果就失去了意义,甚至会给工作带来危害。因此,对测量误差的分析和控制就成为衡量测量技术水平乃至科学技术水平的一个重要方面。但是由于误差存在的必然性和普遍性,人们只能将误差控制在尽可能小的范围内,而不能完全消除它。另一方面,测量的可靠性也至关重要,不同场合、不同系统对测量结果可靠性的要求也不同。例如,当测量值用作控制信号时，则要注意测量的稳定性与可靠性。因此，测量的精度及可靠性等性能指标一定要与具体测量的目的和要求相联系、相适应。

测量误差的表示方法有多种，其含义及实际应用各不相同。

1)绝对误差和相对误差

绝对误差表示测量值与被测物理量真实值(真值)之间的差值，即

$$\Delta = x - A \tag{10-4}$$

式中：Δ 为绝对误差；x 为测量值；A 为真实值。

对测量值进行修正时，要用到绝对误差。修正值 c 是与绝对误差大小相等、符号相反的值，因此被测物理量真实值应等于测量值加上修正值，即 $A = x + c$。修正值给出的方式，可以是具体的数值，也可以是一条曲线或公式。

绝对误差不能作为测量精度的尺度。例如，在测量温度时，如绝对误差 $\Delta =$ 1 ℃，对体温测量来说是不允许的，但对于测量锅炉的炉温来说却是精度很高的测量结果。因此，在很多场合常用相对误差来代替绝对误差表示测量结果，这样可以比较客观地反映测量的准确性。

2)基本误差和附加误差

基本误差是指仪表在规定的标准条件下所具有的误差，是仪表本身所固有的。标准条件一般指检测系统在标定刻度时所保持的电源电压(220 ±5)V、电网频率(50 ±2)Hz、环境温度(20 ±5)℃、湿度(65% ±5%)RH。如果某台仪表在这个条件下工作，则该仪表所具有的误差为基本误差。测量仪表的精度等级就是由基本误差决定的。

附加误差是指当仪表的使用条件偏离标准条件时出现的误差。例如，温度附加误差、频率附加误差、电源电压波动附加误差等。实际应用时，这些附加误差应叠加到基本误差上去。

3)工具误差和方法误差

工具误差是指由于测量工具本身不完善引起的误差，而方法误差则是指测量方法不精确、理论依据不严密及对被测物理量定义不明确等因素所产生的误差，有时也称理论误差。

2. 误差的性质

根据测量数据中的误差所呈现的规律，将误差分为 3 种，即系统误差、随机误差和粗大误差。

1)系统误差

在一定的条件下，对同一被测物理量进行多次重复测量，如果误差按照一定的规律变化，则把这种误差称为系统误差(简称系差)。这里所谓的变化规律，是指该误差可能是定值(常量)，或累进性变化(逐渐增大或逐渐减小)或周期性变化等。

系统误差决定了测量的准确度，系统误差越小，测量结果越准确，故系统误差说明了测量结果偏离被测物理量真值的程度。由于系统误差是有规律性的，因此可以

通过实验或引入修正值的方法一次修正给以消除。

2)随机误差

由于大量偶然因素的影响而引起的测量误差称为随机误差(简称随差,又称偶然误差)。对同一被测物理量进行多次重复测量时,随机误差的绝对值和符号将不可预知地随机变化,但总体上服从一定的统计规律。

引起随机误差的原因很多,且大多难以控制,所以对于随机误差不能用简单的修正值法来修正,只能通过概率和数理统计的方法去估计它出现的可能性。

随机误差决定了测量的精密度。随机误差越小,测量结果的精密度越高。如果一个测量数据的准确度和精密度都很高,就称此测量的精确度很高,其测量误差也一定很小。为加深对精密度、准确度和精确度的理解,下面用打靶的例子来说明。打靶结果如图 10-4 所示。子弹落在靶心周围有 3 种情况:图(a)的弹着点很分散,表明它的精密度很低;图(b)的弹着点集中但偏向一方,表明精密度高但准确度低;图(c)的弹着点集中靶心,则表明既精密又准确,即精确度高。

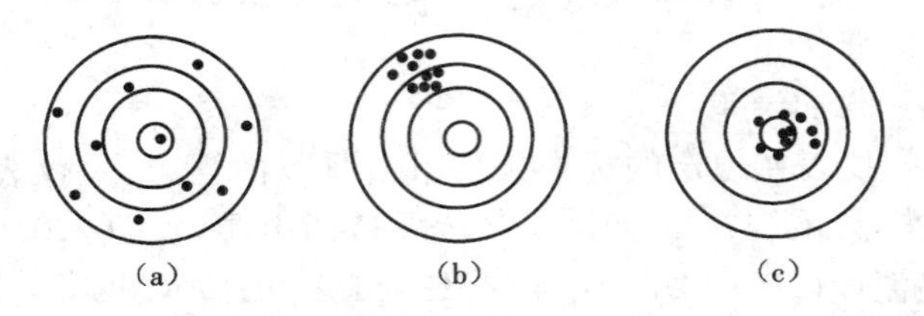

图 10-4 打靶弹着点分布

(a)精密度低;(b)准确度低;(c)精确度高

3)粗大误差

在一定测量条件下,测量值明显偏离实际真实值所形成的误差称为粗大误差(简称粗差,又称疏忽误差)。确认含有粗大误差的测量值称为坏值。对于粗大误差,首先应设法判断是否存在,然后将坏值剔除,因为坏值不能反映被测物理量的真实结果。

3. 测量数据的估计和处理

从工程测量实践可知,测量数据中含有系统误差和随机误差,有时还会含有粗大误差。它们的性质不同,对测量结果的影响及处理方法也不同。在测量中,对测量数据进行处理时,首先判断测量数据中是否含有粗大误差,如果有,则必须加以剔除。再看数据中是否存在系统误差,对系统误差可设法消除或加以修正。对排除了系统误差和粗大误差的测量数据,则利用随机误差性质进行处理。总之,对于不同情况的测量数据,首先要加以分析研究,判断情况,分别处理,再经综合整理以得出合乎科学性的结果。

随机误差的统计处理方法如下。

在测量中,当系统误差已设法消除或减小到可以忽略的程度时,如果测量数据仍有不稳定的现象,说明存在随机误差。对于随机误差可以采用概率数理统计的方法来研究其规律、处理测量数据。随机误差处理的任务就是从随机数据中求出最接近真值的值(或称最佳估计值),对数据精密度的高低(或称可信程度)进行评定并给出测量结果。

1)随机误差的分布

随机误差的分布可以在大量重复测量数据的基础上总结出来,由此得出统计规律。测量实践表明,当测量次数足够多时,测量过程中产生的随机误差服从正态分布规律。

2)随机误差的评价指标

随机误差是按正态分布规律出现的,具有统计意义,通常以测量数据的算术平均值$\bar{x}$和均方根误差σ作为评价指标。

(1)算术平均值。在实际测量时,真值A一般无法得到。所以只能从一系列测量值x_i中找一个接近真值A的数值作为测量结果,这个值就是算术平均值$\bar{x}$。因为如果随机误差服从正态分布,则算术平均值处随机误差的概率密度最大,如对被测物理量进行n次等精度测量,得到n个测量值$x_1,x_2,\cdots,x_n$,则它们的算术平均值为

$$\bar{x}=\frac{1}{n}(x+x+\cdots+x_n)=\frac{1}{n}\sum_{i=1}^{n}x_i \tag{10-5}$$

可以证明,随着测量次数n的增多,算术平均值$\bar{x}$越来越接近真值A,当n无限大时,测量值的算术平均值就是真值。所以在各测量值中算术平均值$\bar{x}$是最可信赖的,将它作为被测物理量实际的真值(即最佳估计值)是可靠而且合理的。

(2)标准误差(又称均方根误差)。上述的算术平均值是反映随机误差的分布中心,而标准误差则反映随机误差的分布范围。标准误差越大,测量数据的分散范围也越大,所以标准误差σ可以描述测量数据和测量结果的精度,是评价随机误差的重要指标。图10-5为3种不同σ的正态分布曲线。由图可见:σ越小,分布曲线越陡,说明随机变量的分散性小,测量精度高;反之,σ越大,分布曲线越平坦,随机变量的分散性也大,则精度也低。

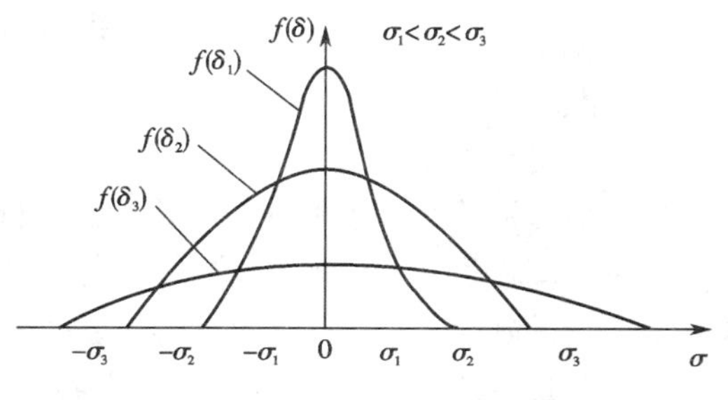

图10-5　3种不同σ的正态分布曲线

4. 系统误差的检查及消除

发现系统误差一般比较困难,下面只介绍几种发现系统误差的一般方法。

1)实验对比法

这种方法是通过改变产生系统误差的条件,进行不同条件的测量,来发现系统误差的,此种方法适用于发现固定的系统误差。例如,一台测量仪表本身存在固定的系统误差,即使进行多次测量也不能发现,只有用更高一级精度的测量仪表测量时,才能发现这台测量仪表的系统误差。

2)残余误差法

这种方法是根据测量值的残余误差的大小和符号的变化规律,直接由误差数据或误差曲线来判断有无系统误差。这种方法主要适用于发现有规律变化的系统误差。把残余误差按照测量值先后顺序作图,如图 10-6 所示。图 10-6(a)中残余误差大体上是正负相同,且无明显的变化规律,则无根据怀疑存在系统误差;图 10-6(b)中残余误差有规律地递增(或递减),表明存在线性变化的系统误差;图 10-6(c)中残余误差大小和符号大体呈周期性变化,可以认为有周期性系统误差;图 10-6(d)中残余误差变化规律较复杂,则怀疑同时存在线性系统误差和周期性系统误差。

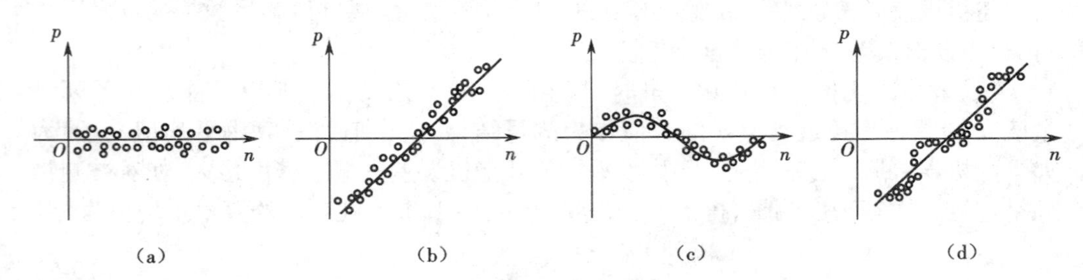

图 10-6 残余误差的变化规律

(a)无系统误差;(b)线性系统误差;
(c)周期性系统误差;(d)线性和周期性系统误差共存

3)理论计算法

通过现有的相关准则进行理论计算,也可以检验测量数据中是否含有系统误差。不过这些准则都有一定的适用范围。

5. 误差的合成与分配

以上主要是针对直接测量的误差分析,直接测量中,测量误差就是测量值的误差。

而对于间接测量,则是通过测量值与被测物理量之间的函数关系,经过计算得到被测物理量的数值,所以间接测量的误差是各个测量值误差的函数。

一个测量系统或一个传感器都是由若干部分组成的,设各环节分别为 $x_1,x_2,\cdots,x_n$,系统总的输入输出之间的函数关系为 $y=f(x_1,x_2,\cdots,x_n)$,而各部分又都存在误差,因此会影响测量系统或传感器总的误差,这类误差的分析也可归纳到间接测量的误差分析。

在间接测量中,已知各测量值的误差(或局部误差),求总的误差,称为误差合成(也称误差综合);反之,确定了总的误差后,计算各环节(或各部分)具有多大误差才能保证总的误差值不超过规定值,称为误差的分配。在传感器和检测系统的设计时经常用到误差的合成与误差的分配。

1)误差的合成

在实际测量中,当系统误差远大于随机误差的影响,随机误差可忽略不计时,基本上可按系统误差的合成来处理,但这种情况一般较少。当系统误差较小或已修正时，则可按随机误差合成来处理。最常见的是系统误差和随机误差的影响差不多，二者均不可忽略，此时，误差的合成可根据具体情况，分别按不同的方法处理。

对不同类型的误差应采取不同的合成方法，对同类型的误差，由于误差分布不同，合成的方法也不尽相同，故在误差合成时，要首先确定单项误差的分布规律。对于随机误差，绝大多数情况下是遵循正态分布的。

2）误差的分配

如果说由各测量值的误差合成总误差是误差传播的正向过程，那么给定总误差后，如何将这个总误差分配给各环节，即对各环节误差应提出什么要求，就可以说是误差传播的反向过程。这种制订误差分配方案的工作是经常会遇到的，但是当总误差给定后，由于系统存在若干个环节，所以从理论上来说误差分配方案可以有无穷多个。因此只可能在某些前提下进行分配，下面介绍几种常见的误差分配原则。

（1）等精度分配。等精度分配是指分配给各环节的误差彼此相同。这种分配多用于各环节性质相同（量纲相同）、误差大小相近的情况。当然这样分配也可能不完全合理，可根据情况进行进一步调整。

（2）等作用分配。等作用分配是指分配给各环节的误差在数值上虽然不一定相等，但它们对测量误差总的作用或总的影响是相同的。

（3）按主要环节误差进行分配。当各环节误差中的某一项误差特别大时，若其他项对误差总的影响很小（小于等于测量结果总的标准偏差的 1/3 ~ 1/10），这时可以不考虑次要环节的误差分配问题，只要保证主要环节的误差小于总的误差即可。

主要环节的误差也可以是若干项，这时可把误差在这几个主要误差项中分配，对系统影响较小的次要误差项，则可不予考虑或酌情分配较小的误差比例。

情境二　抗干扰技术

干扰在检测系统中是一种无用信号，它会在测量结果中产生误差。因此要获得良好的测量结果，就必须研究干扰来源及抑制措施。通常把消除或削弱各种干扰影响的全部技术措施总称为抗干扰技术或称为防护。

抗干扰技术是检测技术中一项重要内容，它直接影响测量工作的质量和测量结果的可靠性。因此，测量中必须对各种干扰给予充分的注意，并采取有关的技术措施，把干扰对测量的影响降低到最低或容许的限度。

一、干扰的产生

干扰（也叫噪声）是指测量中来自测量系统内部或外部，影响测量装置或传输环节正常工作和测试结果的各种因素的总和。

干扰的产生主要有两类：电气设备干扰和放电干扰。电气设备干扰主要有射频干扰、工频干扰和感应干扰等；放电干扰主要有弧光放电干扰、火花放电干扰、电晕放电干扰和天体、天电干扰等。

二、干扰的类型

根据干扰产生的原因，干扰通常可分为以下几种类型。

1. 机械干扰

机械干扰是指由于机械的振动或冲击，使仪表或装置中的电气元件发生振动、变形，使连接线发生位移，使指针发生抖动、仪器接头松动等。

对于机械类干扰主要采取减震措施来解决，例如采用减震软垫、减震弹簧、隔板消震等措施。

2. 热干扰

热干扰是指设备和元器件在工作时产生的热量所引起的温度波动，以及环境温度的变化引起仪表和装置的电路元器件的参数变化。

3. 光干扰

光干扰是指半导体元件在光的作用下会改变其导电性能，产生电势而引起阻值变化，从而影响检测仪表正常工作。因此，半导体元器件应封装在不透光的壳体内，对于具有光敏作用的元件，尤其应注意光的屏蔽问题。

4. 湿度干扰

湿度增加会引起绝缘体的绝缘电阻下降，漏电流增加；电介质的介电系数增加，电容量增加；吸潮后骨架膨胀会使线圈阻值增加，电感器变化；应变片粘贴后，胶质变软，精度下降等。

对于湿度干扰通常采取的措施是：避免将其放在潮湿处，仪器装置定时通电加热去潮，电子器件和印制电路浸漆或用环氧树脂封灌等。

5. 化学干扰

酸、碱、盐等化学物品以及其他腐蚀性气体，除了其化学腐蚀性作用将损坏仪器设备和元器件外，还能与金属导体产生化学电动势，从而影响仪器设备的正常工作。对于化学干扰通常采取的措施是根据使用环境对仪器设备进行必要的防腐措施，将关键的元器件密封并保持仪器设备清洁干净。

6. 电磁干扰

电磁干扰是指通过电路或磁路对测量仪表产生干扰作用，电场和磁场的变化在测量装置的有关电路或导线中感应出干扰电压，从而影响测量仪表的正常工作。这种电磁干扰对于传感器和各种检测仪表来说是最为普遍、影响最严重的干扰。

三、干扰信号的耦合方式

干扰信号进入接收电路或测量装置内的途径，称为干扰信号的耦合方式。干扰的耦合方式主要有电磁耦合、静电电容耦合、漏电流耦合、共阻抗耦合。

1. 电磁耦合

电磁耦合（电感性耦合）是由于电路之间存在互感，使一个电路的电流变化，通过磁交变影响到另一个电路。图 10-7 是两个电路电磁耦合示意图和等效电路。

对于电磁耦合干扰，降低接收电路的输入阻抗，并不会减小干扰。而应尽量采取远离干扰源或设法降低 M 等措施。

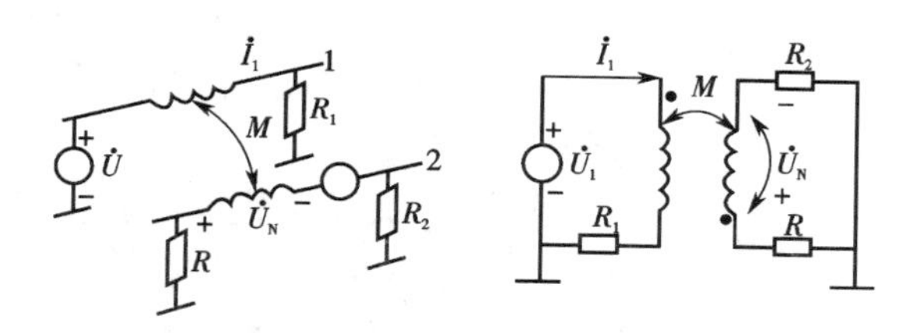

图 10-7　电磁耦合和等效电路

2. 静电电容耦合

静电电容耦合是由于两个电路之间存在寄生电容，产生静电效应，使一个电路的电荷变化影响到另一个电路。图 10-8 是两个平行导线之间存在静电耦合的例子。导线 1 是干扰源，导线 2 是检测系统的传输线，C_1、C_2 分别为导线 1、2 的对地寄生电容，C_{12}是导线 1 和 2 之间的寄生电容，R 为导线 2 的对地电阻。根据电路理论，此时导线 2 所产生的对地干扰电压即 R 的电压为

$$\dot{U}_N = \frac{j\omega\left[\frac{C_{12}}{(C_{12}+C_2)}\right]}{j\omega + \frac{1}{[R(C_{12}+C_2)]}}\dot{U}_1 \tag{10-6}$$

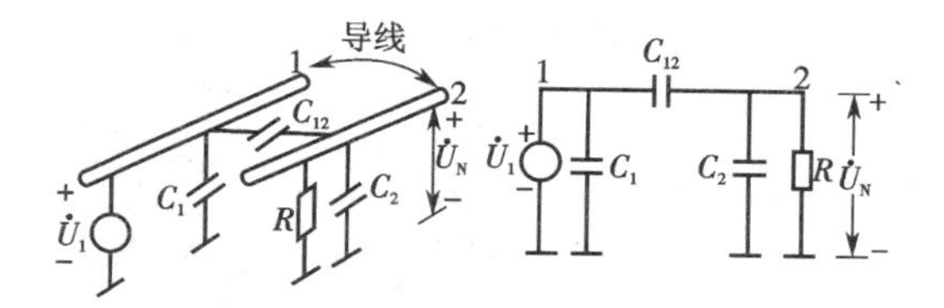

图 10-8　静电电容耦合

一般情况下有

$$R \ll \frac{1}{1/\omega(C_{12}+C_2)} \tag{10-7}$$

式 10-6 简化为

$$\dot{U}_N = j\omega RC_{12}\dot{U}_1 \tag{10-8}$$

从式 10-8 可以看出，干扰电压 $\dot{U}_N$ 与干扰源的电压 U_1 及角频率成正比。这表明，高电压小电流的高频干扰源主要是通过静电耦合形成干扰的。干扰电压 $\dot{U}_N$ 与 C_{12}成正比，这说明应通过合理布线和适当防护措施减小电路间的寄生电容。干扰电压 $\dot{U}_N$ 与 R 成正比，这说明，降低接收电路的输入阻抗，可以减小静电耦合干扰。

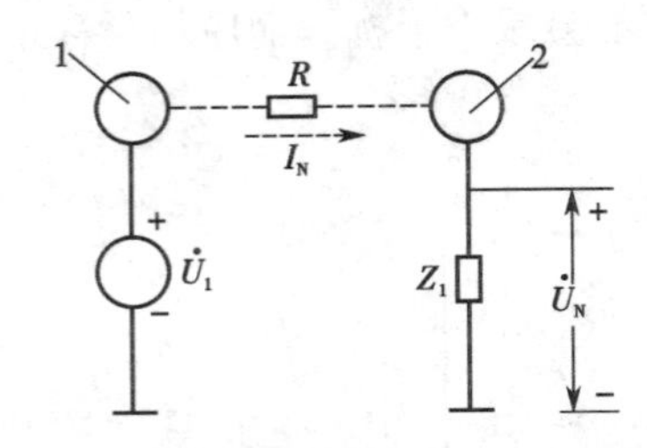

图 10-9 漏电流耦合等效电路

3. 漏电流耦合

由于绝缘不良，流经绝缘电阻 R 的漏电流 I_N 作用于有关电路引起的干扰，称为漏电流耦合。一般情况下，漏电流耦合可以用图 10-9 所示等效电路表示。

图中 $\dot{U}_1$ 表示干扰源电势，R 表示漏电阻，Z_1 表示被干扰电路的输入阻抗，$\dot{U}_N$ 表示干扰电压。漏电流经常发生在用仪表测量较高的直流电压、测量仪表附近有较高的直流电源、高输入阻抗的直流放大器中。为了削弱漏电流干扰，必须改善绝缘性能并采取相应的防护措施。

4. 共阻抗耦合

共阻抗耦合是由于两个电路间有公共阻抗，当一个电路中有电流流过时，通过共阻抗便在另一个电路上产生干扰电压。共阻抗耦合主要有电源内阻抗的共阻抗耦合、公共地线的共阻抗耦合以及信号输出电路的共阻抗耦合。一般情况下，共阻抗耦合可以用图 10-10 所示等效电路来表示。

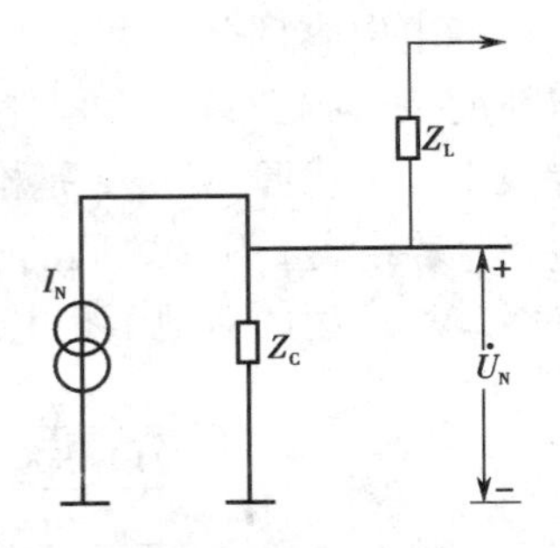

图 10-10 共阻抗耦合等效电路

图中 Z_C 表示两个电路之间的共有阻抗，I_N 表示干扰源电流，$\dot{U}_N$ 表示被干扰电路的干扰电压。消除共阻抗耦合干扰的核心是消除两个或几个电路之间的共阻抗。

四、常用的抗干扰的措施

为了保证测量系统的正常工作，必须削弱和防止干扰的影响，如消除或抑制干扰源、破坏干扰途径以及消除被干扰对象（接收电路）对干扰的敏感性等。通过采取各种抗干扰技术措施，使仪器设备能稳定可靠地工作，从而提高测量的精确度。

下面讨论几种常用的抗干扰技术。

1. 接地技术

接地是保证人身和设备安全、抗噪声干扰的一种方法。合理地选择接地方式是抑制电容性耦合、电感性耦合以及电阻耦合，减小或削弱干扰的重要措施。地线的种类主要有屏蔽接地线或机壳接地线、信号接地线（模拟、数字接地线）、负载接地线和交流电源地线等。

1）低频电路（$f<1$ MHz）一点接地

它可有效克服地电位差的影响和公共地线的共阻抗引起的干扰。图 10-11 所示为单级电路的一点接地示意图。图 10-12 为多级电路的一点接地示意图。

（2）高频电路（$f>10$ MHz）大面积就近多点接地

它要求强电地线与信号地线分开设置；模拟信号地线与数字信号地线分开设置；

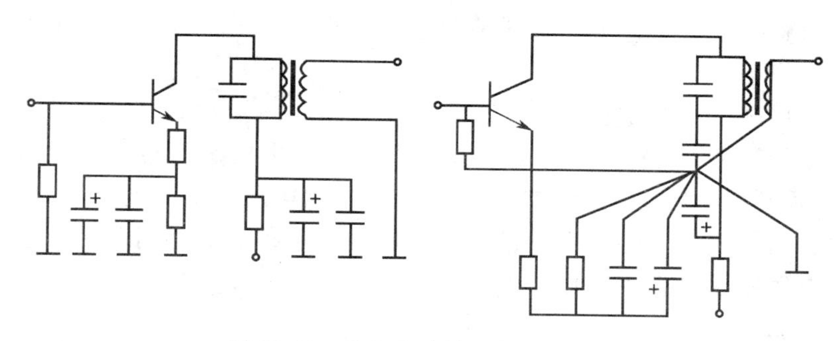

图 10-11　单级电路的一点接地示意

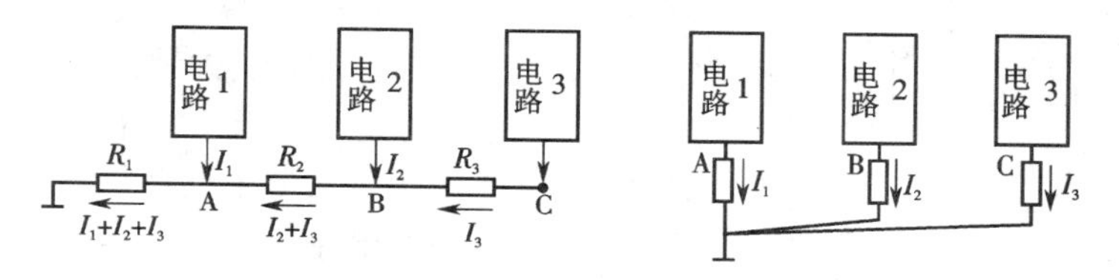

图 10-12　多级电路的一点接地示意

交流地线与直流地线分开设置。大面积多点接地如图 10-13 所示。

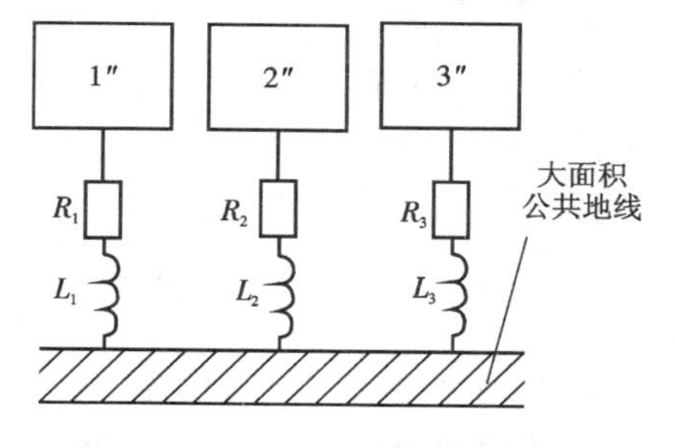

图 10-13　大面积多点接地

2. 屏蔽技术

利用金属罩(铜、铝等铁磁材料)将信号源或测量电路包围起来,此种措施称为屏蔽。屏蔽的目的就是隔断场的耦合通道,抑制各种场的干扰。

1)静电屏蔽

在静电场作用下,导体内部无电力线,即各点等电位。因此采用导电性能良好的金属外屏蔽罩,并将它接地(静电屏蔽罩必须与被屏蔽电路的零信号基准电位相连),使其内部的电力线不外传,同时也不使外部的电力线影响其内部,静电屏蔽能防止静电场的影响,用它可以消除或削弱两电路之间由于寄生分布电容耦合而产生的干扰。

2)低频磁屏蔽

采用高导磁材料作屏蔽层,使低频干扰磁通被限制在磁阻很小的磁屏蔽层内部,防止其干扰。为了有效地屏蔽低频磁场,屏蔽材料要选用坡莫合金之类对低频磁通有高导磁系数的材料,同时要有一定的厚度,以减少磁阻。

3)电磁屏蔽

电磁屏蔽是采用导电良好的金属材料做成屏蔽层,利用高频干扰电磁场在屏蔽体内产生涡流,再利用涡流消耗高频干扰磁场的能量,从而削弱高频电磁场的影响。

若将电磁屏蔽层接地，则同时兼有静电屏蔽的作用，即可同时起到电磁屏蔽和静电屏蔽两种作用。

4)驱动屏蔽

驱动屏蔽就是利用被屏蔽导体的电位，通过1:1电压跟随器来驱动屏蔽层导体的电位，由于使用的是电压跟随器，不仅要求其输出电压与输入电压的幅值相同，而且要求两者相位一致。实际上，这些要求只能在一定程度上得到满足。它能有效地抑制通过寄生电容的耦合干扰。

3. 浮空

浮空又称浮置、浮接。如果检测装置的输入放大器的公共线既不接机壳也不接大地，则称为浮空。被浮空的检测系统，其检测装置与机壳、大地没有任何导电性的直接联系。浮空的目的是要阻断干扰电流的通路。浮空后，检测电路的公共线与大地(或机壳)之间的阻抗很大，因此，浮空与接地相比能更强地抑制共模干扰电流。

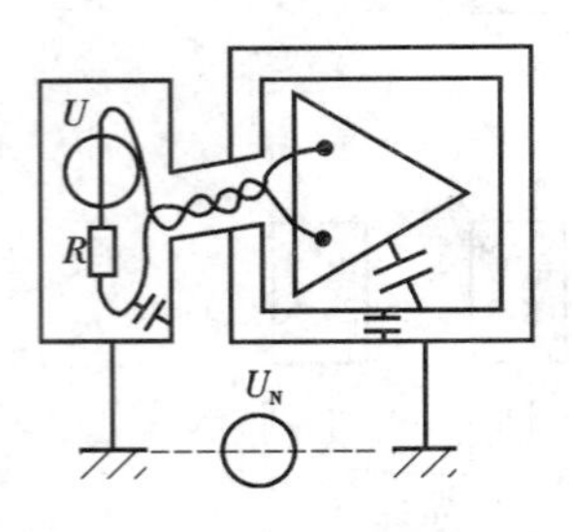

图 10-14 浮空的测量系统

采用浮空方式的测量系统，如图 10-14 所示。

五、抗干扰技术的应用

抗干扰技术应用很广泛，主要有三种：印刷电路板的抗干扰、仪表的抗干扰、传感器的抗干扰。

1. 印刷电路板的抗干扰

印刷电路板的抗干扰措施，主要有合理分配印制管脚、合理布置印制板上的连线和在板上采用一定的屏蔽措施等三个方面。

1)合理分配印制电路板插脚

为了抑制线间干扰，对印制电路板的插脚必须合理地分配，其原则同多线插座。

2)印制电路板合理布线

印制电路板的合理布线，可以考虑以下各点。

(1)印制板是一个平面，不能交叉配线。但是，若在板上出现十分曲折的路径时，可以考虑通过元件跨接的方法。

(2)配线不要作成环路，特别是不要沿印制板周围做成环路。

(3)不要有长段的窄条并行，不得已而并行时，窄条间要再设置隔离用的窄条。

(4)旁路电容的引线不能长，尤其是高频旁路电容，应考虑不用引线直接接地。

(5)地线的宽度通常要选大一些，但要注意避免增大电路和地之间的寄生电容。

(6)单元电路的输入线和输出线应该分开设置，通常用地线隔开，以避免通过分布电容而引起寄生耦合。

3)印刷电路板的屏蔽

(1)屏蔽线。为了减小外界作用于电路板的或电路板内部导线或元件之间出现的电容性干扰，可以在两个电流回路的导线之间另设一根导线，并将它与有关的基准电位相连,就可以发挥屏蔽作用。

这种导线屏蔽主要用于极限频率高、上升时间短的系统,因为此时耦合电容虽小,但作用大。

(2)屏蔽环。屏蔽环是一条导电通路,它在印制电路板的边缘围绕着该电路板,并只在某一点与基准电位相连。它可以对外部作用于电路板的电容性干扰起屏蔽作用。

如果屏蔽环的起点和终点在电路板上相连,或通过插头连接,则将形成一个短路环,这将使穿过其中的磁场削弱,对电感性干扰起抑制作用。这种屏蔽环不允许作为基准电位线使用。

(3)屏蔽板。在印制电路板上设置屏蔽板,将受干扰部分与无干扰部分加以隔离,分置于两个空间中。

(4)基板涂覆。一般印制电路板设计时,除了所需的线条之外,其他所有的基底材料均用腐蚀法除去。而基板涂覆法,则是将导电线条之间的涂覆层尽量多地予以保留,并将它与基准电位相连,这样,它就形成了屏蔽层。如果焊接工艺不允许有大面积的导电平面,可以将其作为网孔状

2. 仪表的抗干扰

在电子测量仪表中,为了提高其抗干扰性能,需要采用屏蔽技术。为了使屏蔽有效,则需要遵循一定的规则。

1)实用屏蔽规则

要使屏蔽有效,必须把静电屏蔽层与被屏蔽电路的零信号基准电位相接;接地的选择,必须保证干扰电流不流经信号线。

2)屏蔽规则的应用

(1)具有屏蔽罩的高增益放大器的屏蔽层的接法。屏蔽罩与放大器的输入端、输出端之间都存在寄生电容,屏蔽层与信号基准线也存在寄生电容。这样,由于寄生电容的作用,有可能把输出信号反馈到输入端,而造成寄生反馈,影响放大器的正常工作。把屏蔽层与信号基准线短接起来,是输入、输出端的寄生电容分开,而不引起寄生反馈。

(2)信号线屏蔽层的接法。由信号源、放大器及带有屏蔽层的信号传输线组成的系统,为了减少干扰,信号线屏蔽与信号基准线短接。

(3)信号源、放大器均不接地,放大器屏蔽罩的接法。根据屏蔽规则,放大器的屏蔽罩有多种接法,将屏蔽罩通过短路线接至信号源对地电阻小的一端(一般为低电位端),效果最佳。

(4)信号源接地,信号线屏蔽、放大器屏蔽罩的接法。根据屏蔽规则,应将放大器屏蔽罩与信号线屏蔽层短接并在信号源处与信号源短接。对于对抗干扰性能要求更高的放大器,壳采用双层屏蔽。这时,放大器的外层屏蔽接大地;内层屏蔽与信号线屏蔽层短接后,在信号源处接地。

3)传感器的抗干扰

传感器直接接触或接近被测对象而获取信息。传感器与被测对象同时都处于被干扰的环境中,不可避免地受到外界的干扰。传感器采取的抗干扰措施依据传感器的结构、种类和特性而异。

(1)微弱信号检测用传感器的抗干扰。对于检测出的信号微弱而输出阻抗又很高的传感器(如压电、电容式等),抗干扰问题尤为突出,需要考虑的问题有:传感器本身要采用屏蔽措施,防止电磁干扰,同时要考虑分布电容的影响;由于传感器的输出信号微弱、输出阻抗很高,必须解决传感器的绝缘问题,包括印制电路板的绝缘电阻都必须满足要求;与传感器相连的前置电路必须与传感器相适应,即输入阻抗要足够高,并选用低噪声器件;信号的传输线,需要考虑信号的衰减和传输电缆分布电容的影响,必要时可考虑采用驱动屏蔽。

(2)传感器结构的改进。改进传感器的结构,在一定程度上可以避免干扰的引入,可有如下途经:将信号处理电路与传感器的敏感元件做成一个整体,即一体化。这样,需传输的信号增强,提高了抗干扰能力。同时,因为是一体化,也就减少干扰的引入。集成化传感器具有结构紧凑、功能强的特点,有利于提高抗干扰能力;智能化传感器刻意从多方面在软件上采取抗干扰措施,如数字滤波、定时自校、特性补偿等措施。

(3)抗共模干扰措施。对于有敏感元件组成桥路的传感器,为减小供电电源所引起的共模干扰,可采用正负对称的电源供电,使电桥输出端形成的共模干扰电压接近于0;测量电路采用输入端对称电路或用差分放大器,来提高抑制共模干扰能力;采用合理的接地系统,减少共模干扰形成的干扰电流流入测量电路。

(4)抗差模干扰措施。合理设计传感器结构并采用完全屏蔽措施,防止外界进入和内部寄生耦合干扰;信号传输采取抗干扰措施,如用双绞线、屏蔽电缆、信号线滤波等;采用电流或数字量进行信号传送。

要点回顾

误差理论是检测系统的理论基础。关于系统误差和随机误差的分析以及粗大误差的判别是其中的核心内容,而误差的合成与分配在实际中得到广泛应用。

在实际测量中,对于影响检测系统或测量装置的精度和线性度等性能指标的因素,要进行相应的补偿。并且由于传感器的工作环境都是非常复杂的,为保证传感器不受外界干扰,需要研究和引入抗干扰技术,使得传感器在使用中,能正确测量,减小误差,把干扰的影响降到最低或允许的程度。本任务主要针对以上几个问题介绍传感器的检测技术和抗干扰技术。

在抗干扰技术中，主要介绍了干扰的产生、类型，干扰信号的耦合方式，常用的抑制干扰措施，以及抗干扰技术的应用。其中传感器的非线性误差及补偿、温度误差及补偿是学习重点，同时也要结合实例，学会分析一些具体问题。

习题 10

10-1　形成噪声干扰必须具备的三个要素是什么？

10-2　抑制噪声干扰的方法有那些？

10-3　根据干扰的来源，将干扰分为几类？

10-4　在检测系统中，常用的测量方法有哪些？

10-5　开环检测系统和闭环检测系统各有何特点？

10-6　什么是测量误差？研究测量误差的意义是什么？

10-7　什么是系统误差和随机误差？它们有何区别与联系？

10-8　什么是标准误差？如何理解其数值大小的含义？

10-9　干扰信号进入被干扰对象的主要通路有哪些？

10-10　试分析一台你所熟悉的测量仪器在工作过程中经常受到的干扰及应采取的防护措施。

10-11　调频(FM)收音机未收到电台时，喇叭发出烦人的“流水”噪声，试分析这是由什么造成的。

10-12　论述检测系统的干扰来源。

10-13　接地方式有哪几种？各适用于什么情况？

10-14　屏蔽有哪几种类型？

10-15　软件干扰抑制方法有哪些？

任务十一　接口技术

任务要求

熟悉传感器输出信号的形式。

掌握常用典型传感器的接口电路。

掌握传感器与微机之间的连接技术。

传感器的接口技术对于传感器和检测系统是一个重要的连接环节,其性能直接影响到整个系统的测量精度和灵敏度。在实际应用中,传感器接口电路位于传感器与检测电路之间,起着信号预处理的连接作用。传感器接口电路的选择应根据传感器的输出信号的特点及用途而确定。不同的传感器具有不同形式的输出信号,因此,传感器的接口电路可能是一个放大器,也可能是一个信号转换电路或其他电路。本部分内容介绍一些常用的接口电路。

情境一　传感器信号预处理电路

一、传感器输出信号的特点

传感器输出信号具有如下特点。

(1)由于传感器种类繁多,传感器的输出形式也各式各样。例如,尽管同是温度传感器,热电偶随温度变化输出的是不同的电压,热敏电阻随温度变化输出的是不同的电阻,而双金属温度传感器则随温度变化输出开关信号。表 11-1 列出了传感器输出信号的一般形式。

(2)传感器的输出信号一般都比较微弱,如电压信号通常为 μV ~ mV 级,电流信号为 nA ~ mA 级。

(3)传感器内部存在噪声,输出信号会与噪声信号混合在一起,当噪声比较大而输出信号又比较弱时,常会使有用信号淹没在噪声之中。

(4)传感器的输出信号动态范围很宽。输出信号随着物理量的变化而变化,但它们之间的关系不一定是线性比例关系,例如,热敏电阻值随温度变化按指数函数变化。输出信号大小会受温度的影响,有温度系数存在。

表 11-1　传感器的输出信号形式

输出形式	输出变化量	传感器举例
开关信号型	机械触点	双金属温度传感器
模拟信号型	电子开关	霍耳开关式集成传感器
	电压	热电偶、磁敏元件、气敏元件
	电流	光敏二极管
	电阻	热敏电阻、应变片
	电容	电容式传感器
	电感	电感式传感器
其他	频率	多普勒速度传感器、谐振式传感器

(5)传感器的输出信号受外界环境(如温度、电场)的干扰。

(6)传感器的输出阻抗都比较高。这样会使传感器信号输入到测量电路时,产生较大信号衰减。

二、传感器信号的处理方法

根据传感器输出信号的特点,采取不同的信号处理方法提高测量系统的测量精度和线性度,这正是传感器信号处理的目的。另外,传感器在测量过程中常掺杂噪声信号,它会直接影响测量系统的精度,因此抑制噪声也是传感器信号处理的重要内容。

传感器输出信号的处理主要由传感器的接口电路完成。因此传感器接口电路应具有一定的信号预处理的功能。经预处理后的信号,应成为可供测量、控制使用和便于向微型计算机输出的信号形式。接口电路对不同的传感器是完全不一样的,其典型应用电路见表 11-2。

信号的预处理通常包括放大、调制解调、滤波、线性化及转换等。

表 11-2　典型的传感器接口电路

接口电路	信号的预处理功能
阻抗变换电路	在传感器输出为高阻抗的情况下,变换为低阻抗,便于检测电路准确地拾取传感器的输出信号
放大变换电路	将微弱的传感器输出信号放大
电流电压转换电路	将传感器的电流输出转换成电压
电桥电路	把传感器电阻、电容、电感的变化转化为电流或电压
频率电压转换电路	把传感器输出的频率信号转换为电流或电压
电荷放大器	将电场型传感器输出产生的电荷转换为电压
有效值转换电路	在传感器为交流输出的情况下,转为有效值、变为直流输出

续表

接口电路	信号的预处理功能
滤波电路	通过低通及带通滤波器的噪声成分
线性化电路	在传感器的特性不是线性的情况下，用来进行线性校正
对数压缩电路	当传感器输出信号的动态范围较宽时，用对数电路进行压缩

三、常用传感器信号预处理电路

1. 阻抗匹配器

传感器输出阻抗都比较高，为防止信号的衰减，常常采用高输入阻抗低输出阻抗的阻抗匹配器作为传感器输入到测量系统的前置电路。常见的阻抗匹配器有半导体管阻抗匹配器、场效应晶体管阻抗匹配器及运算放大器阻抗匹配器。

2. 电桥电路

电桥电路是传感器检测电路中经常使用的电路，主要用来把传感器的电阻、电容、电感变化转换为电压或电流，根据电桥供电源的不同，电桥可分为直流电桥和交流电桥。直流电桥主要用于电阻式传感器，例如，热敏电阻、电位器等。交流电桥主要用于测量电容式传感器和电感式传感器的电容和电感的变化。电阻应变片传感器大都采用交流电桥，这是因为应变片电桥输出信号微弱需经放大器放大，而使用直流放大器容易产生零点漂移。此外，应变片与桥路之间采用电缆连接，其引线分布电容的影响不可忽略，使用交流电桥还会消除这些影响。电桥电路详见应变式传感器。

3. 放大电路

传感器的输出信号一般比较微弱，因而在大多数情况下都需要放大电路。放大电路主要用来将传感器输出的直流信号或交流信号进行放大处理，为检测系统提供高精度的模拟输入信号，它对检测系统的精度起着关键作用。

目前检测系统中的放大电路，除特殊情况外，一般都由运算放大器构成。图 11-1 所示为放大器电路。

1）反相放大器

图 11-1（a）所示是反相放大器的基本电路。输入电压 U_{in} 通过电阻 R_F 反馈到反相输入端。反相放大器的输出电压可由式 11-1 确定，即

$$U_{out} = -\frac{R_F U_{in}}{R_1} \tag{11-1}$$

式中的负号表示输出电压与输入电压反相，其放大倍数只取决于 R_F 与 U_1 的比值，具有很大的灵活性，因此反相放大器广泛用于各种比例运算中。

2）同相放大器

图 11-1（b）所示是同相放大器的基本电路。输入电压 U_{in} 直接从同相输入端加

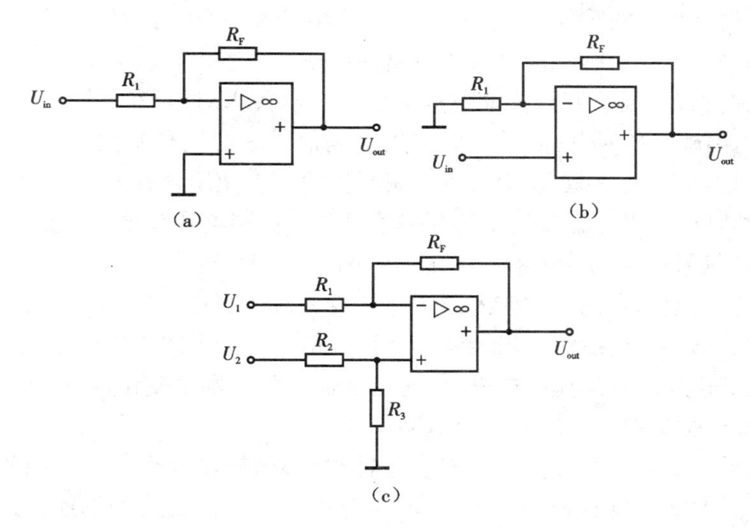

图 11-1　放大器的电路图

(a)反相放大器;(b)同相放大器;(c)差动放大器

入,而输出电压 U_{out} 通过 R_F 反馈到反相输入端。同相放大器的输出电压可由式 11-2 确定,即

$$U_{out}=\left(1+\frac{R_F}{R_1}\right)U_{in} \tag{11-2}$$

从式 11-2 中可以看出,同相放大器的增益也同样只取决于 R_F 与 U_1 的比值,这个数值为正,说明输出电压与输入电压同相,而且其绝对值也比反相放大器大 1。

3)差动放大器

图 11-1(c)所示是差动放大器的基本电路。两个输入信号 U_1、U_2 分别经 R_1、R_2 输入到运算放大器的反相输入端和同相输入端,输出电压则经 R_F 反馈到反相输入端。电路中要求 $R_1=R_2$、$R_F=R_3$,差动放大器的输出电压可由式 11-3 确定,即

$$U_{out}=\frac{(U_2-U_1)R_F}{R_1} \tag{11-3}$$

差动放大器最突出的优点是能够抑制共模信号。共模信号是指在两个输入端所加的大小相等、极性相同的信号。理想的差动放大器对共模输入信号的放大倍数为零,所以差动放大器零点漂移最小。来自外部空间的电磁波干扰也属于共模信号,它们也会被差动放大所抑制,所以说差动放大器的抗干扰能力极强。

情境二　传感器信号的检测和转换

一、检测电路形式

完成传感器输出信号处理的各种接口电路统称为传感器检测电路。传感器信号

检测电路是测控系统的重要组成部分,也是传感器和 A/D 之间以及 D/A 和执行机构之间的桥梁。不同传感器信号检测电路的组成和内容差别较大。

(1)开关型传感器。有许多非电量的检测技术要求对被测物理量进行某一定值的判断,当达到确定值时,检测系统应输出控制信号。在这种情况下,大多使用开关型传感器,利用其开关功能,作为直接控制元件使用。使用开关型传感器的检测电路比较简单,可以直接用传感器输出的开关信号驱动控制电路和报警电路工作。

(2)模拟信号输出的传感器。在定值判断的检测系统中,由于检测对象的原因,也常使用具有模拟信号输出的传感器。在这种情况下,往往要先由检测电路进行信号的预处理,再放大,然后用比较器将传感输出信号与设置的比较电平相比较。当传感器输出信号达到设置的比较电平时,比较器输出状态发生变化,由原来的低电平转为高电平输出,驱动控制电路及报警电路工作。

当检测系统要获得某一范围的连续信息时,必须使用数字电压表将检测结果直接显示出来。数字式电压表一般由 A/D 转换器、译码器、驱动器组成。这种检测电路以数字读数的形式显示出被测物理量,例如温度、水分、转速及位移量等等。接口电路则根据传感器的输出特点进行选择。

二、常用转换电路

1. 电压与电流转换

电压与电流的相互转换实质上是恒压源与恒流源的相互转换,一般来说,恒压源的内阻远小于负载,恒流源的内阻远大于负载,因此,把电压转换为电流必须采用输出阻抗高的电流负反馈电路,把电流转换为电压必须采用输出阻抗低的电压负反馈电路。

1)0 ~ 10 mA 的电压/电流变换(*V*/*I* 变换)

V/*I* 变换器的作用是将电压信号变换为标准的电流信号,它不仅要求具有恒流性能,而且要求输出电流随负载电阻变化所引起的变化量不能超过允许值。0 ~ 10 mA 的电压/电流变换电路如图 11-2 所示。

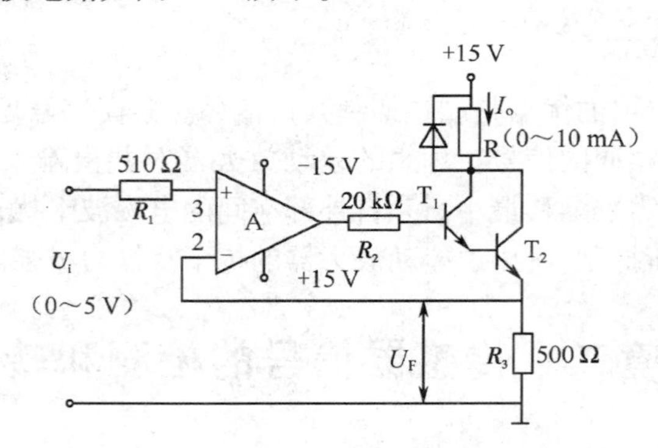

图 11-2 0 ~ 10 mA 的 *V*/*I* 变换电路

2)4～20 mA 的电压/电流变换(V/I 变换)

传感器与微型计算机之间要进行远距离信号传输,更可靠的方法是使用具有恒流输出的 V/I 变换器,产生 4～20 mA 的统一标准信号,即规定传感器从零到满量程的统一输出信号为 4～20 mA 的恒定直流电流。4～20 mA 的电压/电流变换电路如图 11-3 所示。

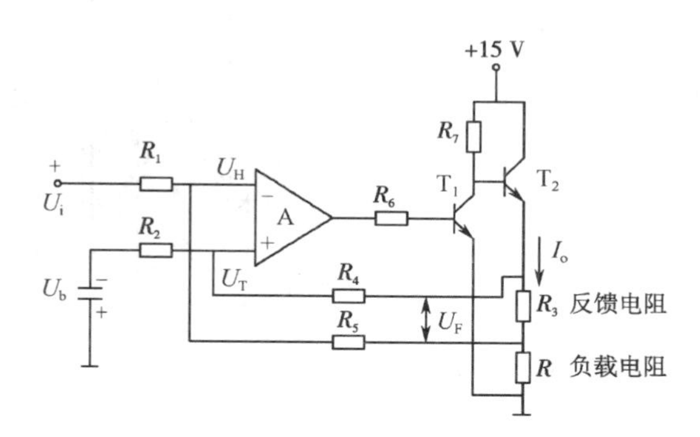

图 11-3　4～20 mA 的 V/I 变换电路

3)电流/电压变换(I/V 变换)

把直流电流信号转换为电压信号时,最简单的 I/V 转换可以利用一个 250 Ω 的精密电阻,将 4～20 mA 的电流转换为 1～5 V 的直流电压。

对于不存在共模干扰的 0～10 mA 直流信号,如 DDZ—Ⅱ型仪表的输出信号等,可用图 11-4 所示的电阻式 I/V 转换,其中 R、C 构成低通滤波网络,R_W 用于调整输出电压值。

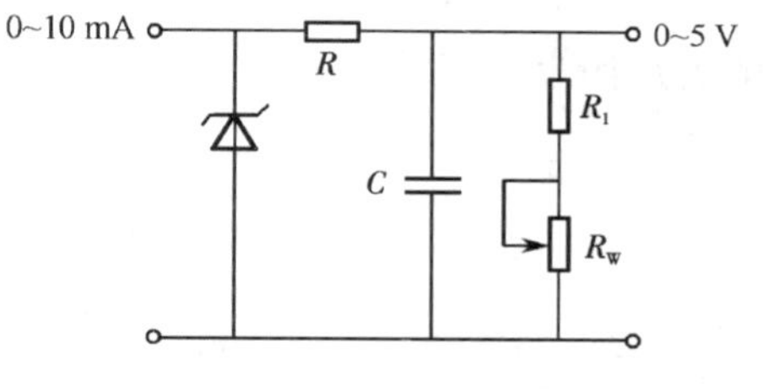

图 11-4　电阻式 I/V 转换

2. 模拟/数字转换

在许多应用场合,需要把输入信号的形式由模拟量转换为数字量,这种转换是由 A/D 转换器来承担的。A/D 转换器是集成一块芯片上能完成模拟信号向数字信号转换的单元电路。A/D 转换器的芯片有多种,其中最典型 A/D 转换器芯片是 ADC0809。

ADC0809 是美国国家半导体公司采用 CMOS 工艺制造的 8 位逐次逼近式 A/D 转换器,可对 0～5 V 的 8 路输入模拟电压信号分时进行采样、转换,输出具有三态锁存功能,可直接与单片机的数据总线相连接。

1)ADC0809 的内部结构

其内部结构如图 11-5 所示,它由 3 部分组成。

8 路模拟信号输入部分:该部分由 8 路模拟开关、地址锁存与译码器构成。3 个地址输入端 ADDA、ADDB、ADDC 的编码组合用来选择 8 路输入模拟量中的某一路

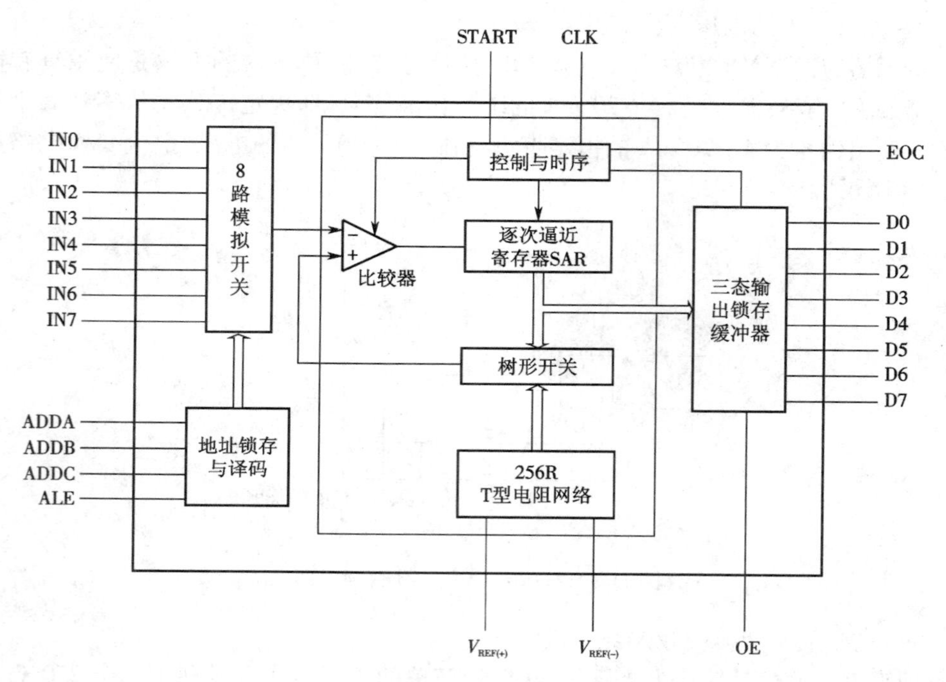

图 11-5 ADC0809 内部结构

进行转换。当 ALE 端为高电平时，把 3 位地址信息所存起来。地址与模拟量输入通道的关系如表 11-3 所示。

表 11-3 地址与模拟量输入通道的关系

地址			选择的输入通道
ADDC	ADDB	ADDA	
0	0	0	IN0
0	0	1	IN1
0	1	0	IN2
0	1	1	IN3
1	0	0	IN4
1	0	1	IN5
1	1	0	IN6
1	1	1	IN7

转换部分：由 256RT 型电阻网络、树形开关、电压比较器、逐次逼近寄存器 SAR、控制和时序电路组成。其转换原理与天平称物相似，最终找出最逼近输入模拟量的

数字量。$V_{REF(+)}$ 和 $V_{REF(-)}$ 是电阻网络的基准电压输入端。CLK 端外接时钟信号。A/D 转换由 START 信号启动。转换结束后将转换结果送入三态输出锁存器锁存,并产生 EOC 信号,表示转换结束。

三态输出锁存器:用于锁存转换后的数字量。当 OE 端为低电平时,转换结果被锁存,输出为高阻态;当 OE 端为高电平时,转换结果从三态输出锁存器输出。

2)ADC0809 的引脚及其功能

ADC0809 的引脚如图 11-6 所示。

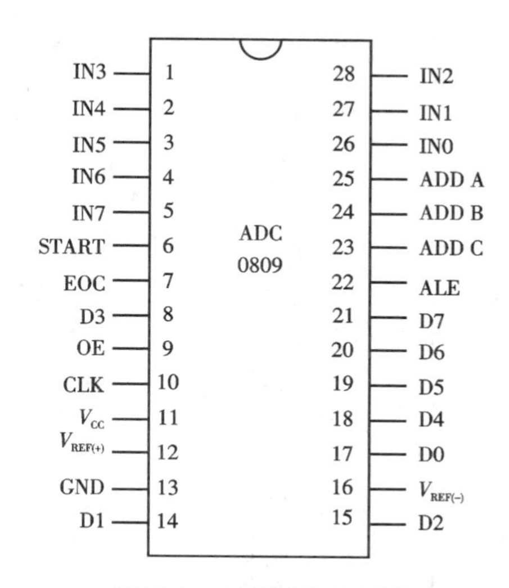

图 11-6 ADC0809 的引脚

V_{CC}: +5V 工作电源。

GND:接地。

IN7 ~ IN0:8 路模拟量输入端。

ADDA、ADDB、ADDC:模拟量输入通道选择线,用来选择 8 路模拟量输入的其中一路进行转换。

ALE:地址锁存信号端,其上升沿将 ADDA、ADDB 和 ADDC 三端上的地址信息锁存。

$V_{REF(+)}$、$V_{REF(-)}$:正负基准电压输入。一般 $V_{REF(+)}$ = +5 V,$V_{REF(-)}$ =0 V。当精度要求较高时,需另接高精度电源。

CLK:转换时钟输入端,为 A/D 转换提供工作时钟信号,允许范围为 10 kHz ~ 1 280 kHz,典型值为 640 kHz。

START:转换启动信号,输入。其上升沿将逐次逼近寄存器清 0,下降沿启动 A/D 转换。在转换期间,START 信号保持为低电平。

EOC:转换结束信号,输出,高电平有效。当转换结束,转换结果锁存到输出锁存器之后,EOC 端输出高电平信号。该信号可作为 ADC0809 的状态信息供主机查询,也可作为中断请求信号向主机申请中断。

D7 ~ D0:数据输出端。

OE:输出允许端,输入高电平有效。该端为高电平时,将转换结果送到 D7 ~ D0 上输出。

3)ADC0809 的工作过程

地址译码器对从 ADDC ~ ADDA 输入的地址信息进行译码后,选中 8 路输入通道中的某一路,相应的模拟量送入 A/D 转换器。开始转换时。在 START 端输入启动脉冲。在其上升沿,将逐次逼近寄存器清 0;下降沿时,在时钟信号 CLK 的控制下,对输入的模拟信号进行转换。转换结束后,将转换后的数字量送入到三态输出锁存器锁存,同时 EOC 端变为高电平,表示转换结束。当 OE 端输入一个高电平信号时,打开三态输出锁存器,转换结果通过 D7 ~ D0 端向外输出。

4)ADC0809 与单片机的连接

ADC0809 与 8051 单片机的连接电路如图 11-7 所示。

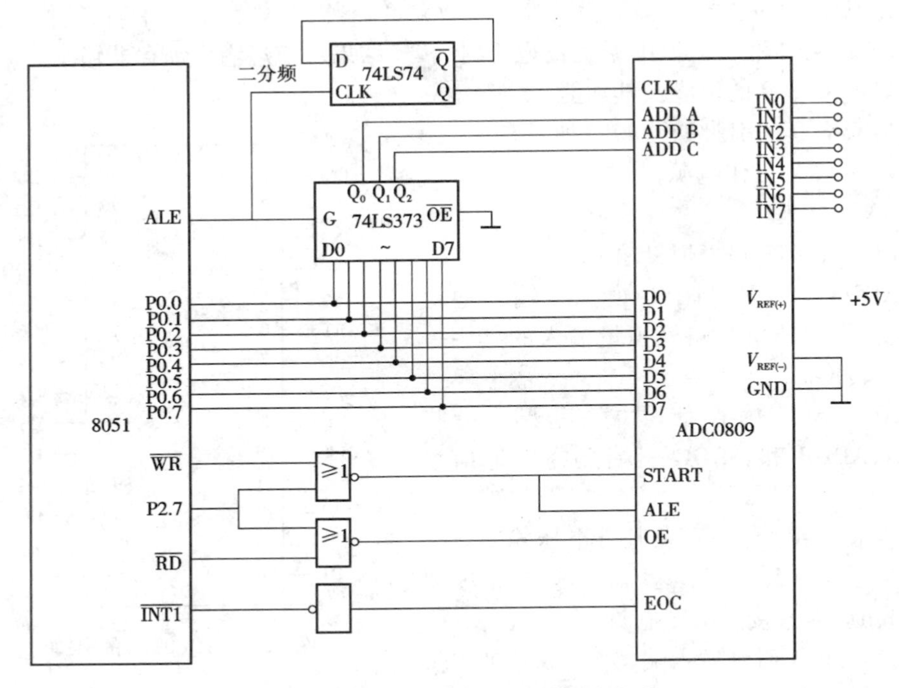

图 11-7　ADC0809 与 8051 的连接电路

数据线的连接:将 ADC0809 的数据输出线 D7 ~ D0 直接与 8051 的数据总线相连。

地址线的连接:8051 地址总线的低 3 位(P0.0 ~ P0.2)通过地址锁存器 74LS373 连接到 ADC0809 的 ADDA、ADDB 和 ADDC 上。

基准电源及控制端的连接:基准电源 $V_{REF(+)}$ 接 +5V,$V_{REF(-)}$ 端接地。8051 单片机 ALE 端以晶体振荡六分之一的固定频率输出的正脉冲经二分频器分频后接到 ADC0809 的 CLK 端。当系统时钟频率为 6 MHz 时,可为 ADC0809 提供 500 kHz 的时钟信号。8051 的 $\overline{WR}$ 端和 P2.7 端进行或非操作后同时加到 ADC0809 的 ALE 和 START 端,在锁存通道地址的同时启动 A/D 转换。转换结束信号 EOC 经非门反相后作为中断请求信号加到 8051 的 $\overline{INT1}$ 端。8051 的 $\overline{RD}$ 端和 P2.7 端进行或非操作后加到 ADC0809 的 OE 端,来控制输出锁存器的数据输出。

从图 11-7 中地址线的连接可以看出,8051 的地址总线中仅用到了 P2.7、P0.2、P0.1 和 P0.0 共 4 根线。如果要启动 A/D 转换和转换后的数据输出,则 P2.7 端必须为低电平(P2.7 =0),其余 3 根地址线上的地址信息的变化范围为 000 ~ 111。假定没有使用的地址线的状态为1,则8个模拟量输入通道所占用外部RAM的地址范围是7FF8H～7FFFH。

当选定模拟量输入通道后,执行MOVX　@DPTR,A指令时(将累加器A中数据写入到外部RAM单元中),8051的$\overline{WR}$=0,P2.7=0,它们经或非操作产生高电平信号,连接到ADC0809的ALE和START端,在锁存通道地址的同时启动A/D转换。

当转换结束时,转换结果送入输出锁存器锁存,数据输出端呈高阻态。EOC端输出的高电平信号经反相后送到8051的$\overline{INT1}$端,向8051发出中断请求。

在中断服务程序中,执行MOVX　A,@DPTR指令时(将外部RAM单元中数据读入累加器A中),使8051的$\overline{RD}$=0,P2.7=0,它们经或非操作产生高电平信号,连接到ADC0809的OE端,允许数据的输出。

采用中断控制方式A/D转换的程序清单如下。

```
        ORG    0000H
        AJMP   MAIN           ; 跳转主程序
        ORG    0013H          ; 外部中断1的入口地址
        LJMP   INT1           ; 跳转到中断服务程序
MAIN:   MOV    R0,#40H        ; 设置数据区首地址
        MOV    R1,#08H        ; 设置通道数
        SETB   IT1            ; 设置外部中断1为边沿触发方式
        SETB   EA             ; 允许中断
        SETB   EX1            ; 外部中断1开中断
        MOV    DPTR,#7FF8H    ; 送通道0地址
        MOVX   @DPTR,A        ; 启动A/D转换
WAIT:   SJMP   WAIT           ; 等待中断
```

以下为中断服务程序。

```
        ORG    0200H
INT1:   MOVX   A,@DPTR        ;数据采集
        MOV    @R0,A          ;转换结果存入内部RAM单元
        INC    DPTR           ;指向下一个模拟通道
        INC    R0             ;指向数据区下一单元
        MOVX   @DPTR,A        ;启动A/D转换
        DJNZ   R1,LOOP        ;8个通道未转换完,继续
        CLR    EX1            ;8个通道转换完毕,关中断
LOOP:   RETI                  ;中断返回
```

三、传感器与微机接口实例

由于单片机具有位处理功能,所以可以实现开关量的控制。在传感器中,很多传感器能接收输入信号,而以开关信号输出。这里介绍的自动装箱系统就是利用光电

传感器检测产品,输出的开关信号控制产品的自动装箱。如图 11-8 所示为产品自动装箱系统原理图。系统中有两条传送带:传送带 1 是包装箱传送带,传送带 2 是产品传送带。传送带 2 将产品从生产区传送到包装区,产品到传送带 2 的末端时,就会掉入包装箱,同时被检测器 2(光电传感器)检测并计数。传送带 1 把满箱运走,并用空箱代替。为使空箱对准产品,用检测器 1(光电传感器)检测是否到位。

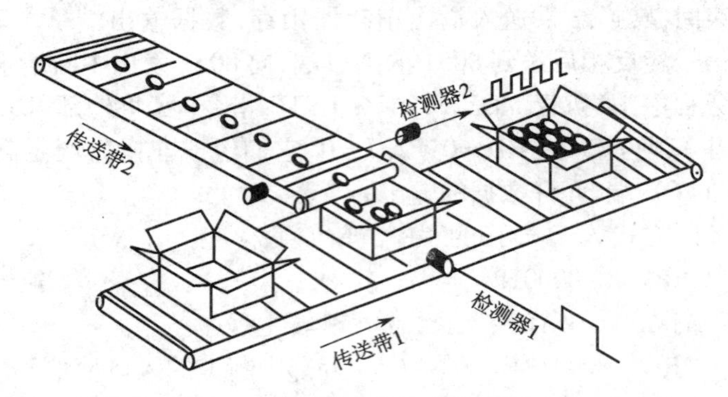

图 11-8 产品自动装箱系统原理示意

图 11-9 是单片机产品自动装箱控制系统原理图。单片机 8031 采用 P1. 7 口控制传送带 2,用 P1. 6 口控制传送带 1,P1. 6、P1. 7 均通过一个反向驱动器与光电耦合器的发光二极管阴极相连,通过改变光敏电阻阻值改变 GATE 点的电位,从而控制三端双向晶闸管的通、断,以实现对电动机的启、停控制。若 P1. 6 或 P1. 7 为高电平,发光二极管因阴极为低电平而发光,光敏电阻接受光照阻值变小,GATE 点电位上升,到达一定值时,三端双向晶体管接通,电动机转。

P1. 0 和 P1. 1 接光电传感器 1 和 2,当有产品被计数或空箱到位,P1. 0、P1. 1 就会得到一个正脉冲。包装箱到位和产品计数流程如图 11-10 所示。

图 11-11 是产品自动装箱控制流程图。

程序清单如下。

```
        ORG2000H
START:  ANL     P1,#3FH       ; 停止两个传送带
        ORL     P1,#40H       ; 启动带 1,停止带 2
LOOP1:  JB      P1.0,LOOP1    ; 检测包装箱是否到位,等待 P1.0
                              为低电平
LOOP2:  JNB     P1.0,LOOP2    ; 等待 P1.0 为高电平,新空箱到位
        ANL     P1,#0BFH      ; 停止带 1
        SETB    P1.7          ; 启动带 2
        MOV     R1,#00H       ; 计数器清零
LOOP3:  JNB     P1.1,LOOP3    ; 等待 P1.1 为高电平
LOOP4:  JB      P1.1,LOOP4    ; 等待 P1.1 为低电平,检测产品是
```

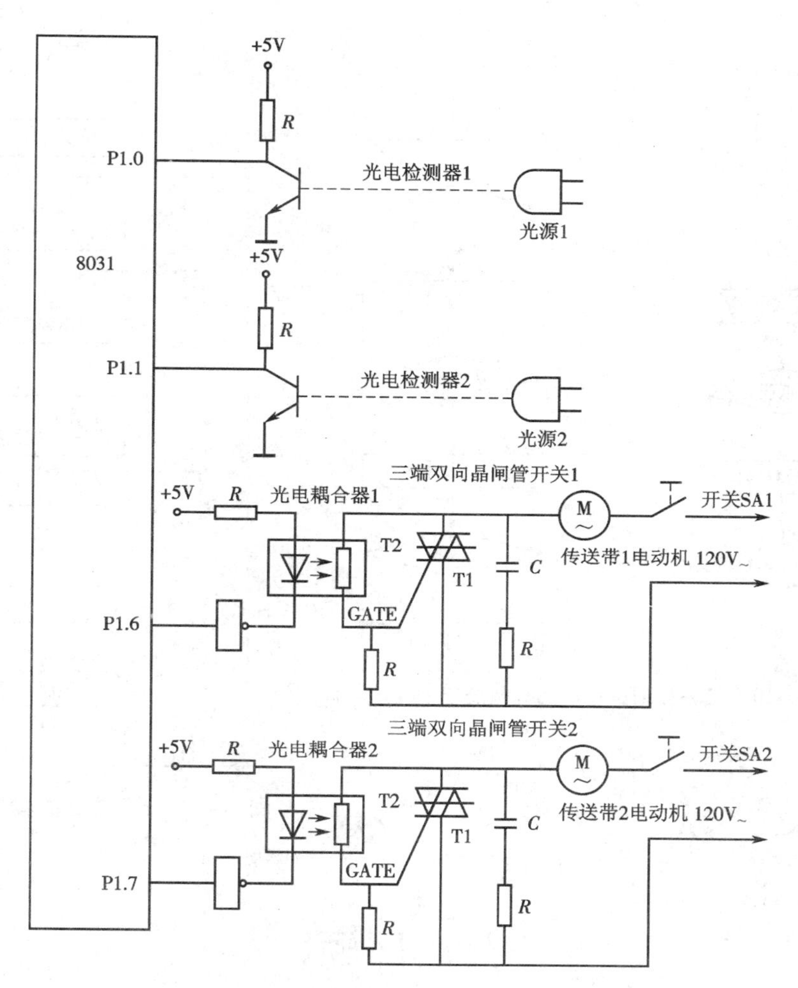

图 11-9 单片机自动装箱控制系统原理

```
                                          否到来
LOOP5:   JNB      P1.1,LOOP5     ;
         INC      R1             ; 计数器加 1
         MOV      A,R1
         XRL      A,#64H         ; 箱内装 100 个产品吗?
         JNZ      LOOP3          ; 未满,继续
         AJMP     START          ; 已装箱,换箱
         END
```

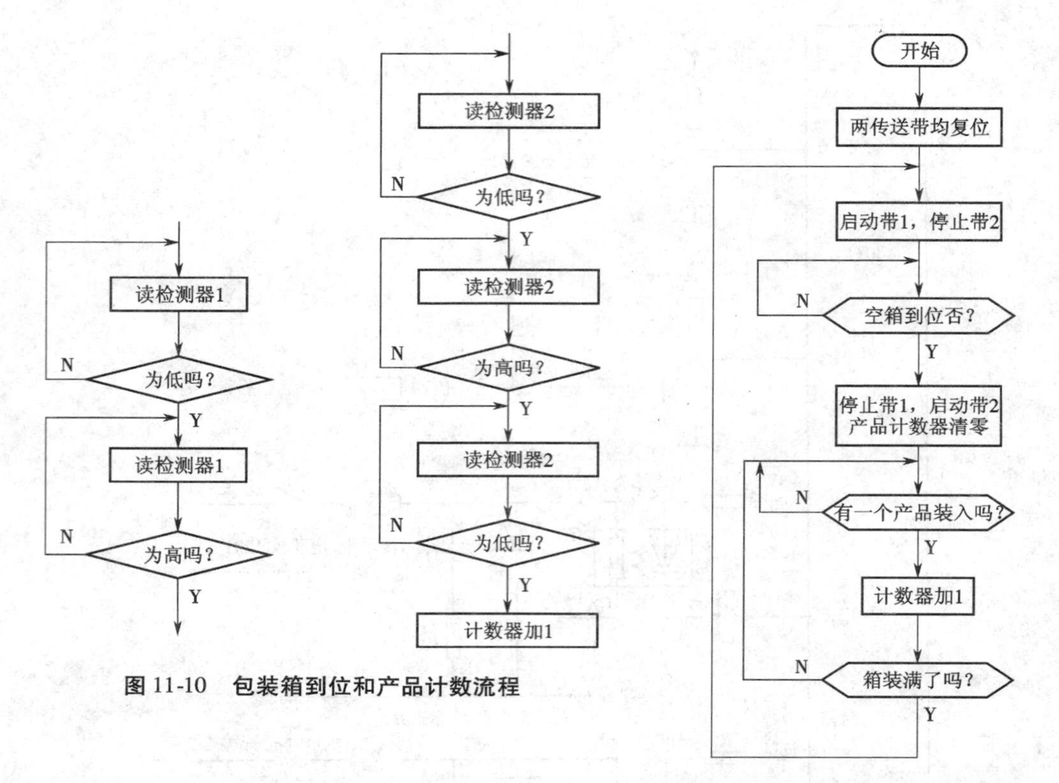

图 11-10　包装箱到位和产品计数流程

图 11-11　产品自动装箱控制流程

要点回顾

传感器的接口类型主要由传感器输出信号的类型和大小决定。由于传感器的输出信号具有多样性，因此传感器接口的结构也有多种。常见的有模拟信号接口、开关信号接口和频率信号接口。在模拟信号接口当中，由于大部分传感器输出的信号较小，所以必须使用放大器放大。常见的 3 种类型测量放大器为基本测量放大器、三运放式测量放大器和具有高输入阻抗的高性能测量放大器。经过放大处理后的信号还要通过 A/D 转换才能送入微机，而微机通常处理的信号有时不止一个或一种，因而涉及数据的采集与处理。

另外，在实际应用中利用传感器检测被测物理量，一方面要对被测物理量准确测量；另一方面还要对其进行控制，因此应综合运用微机控制技术、程序设置和通信输出等技术。

习题 11

11-1　传感器输出信号有哪些特点？

11-2　传感器测量电路的主要作用是什么？

11-3　传感器测量电路有哪些类型,其主要功能是什么？

11-4　选择 A/D 和 D/A 转换芯片的要点是什么？

任务十二　智能传感器

任务要求

了解智能传感器的概念、特点和应用。

了解传感器智能化、微型化的发展趋势。

情境一　智能传感器概述

随着生产过程自动化领域的不断扩展，需要测量和控制的参量日益增加，自动化测控系统对传感器的技术需求更为迫切，自动化系统的功能愈全、自动化程度越高，系统对传感器的依赖程度也就愈大。现代自动化系统的要求催生传感器技术向着精度、准确度高、稳定性强，智能化、数字化、标准化的方向发展。

20 世纪 80 年代中期以来，随着微处理器技术的迅猛发展并与传感器的密切结合，使传感器不仅具有传统的检测功能，而且在此基础之上增加了存储、判断和信息处理的功能。我们将由微处理器和传感器相结合构成的新型传感器称之为智能传感器(Smart Sensor)。

所谓智能传感器是一个或多个敏感元件、微处理器、外围控制及通讯电路、智能软件系统相结合的产物，具有检测、判断和信息处理功能，具备人的某些智能的新概念传感器。智能传感器内嵌了标准的通讯协议和标准的数字接口，使传感器之间或传感器与外围设备之间可轻而易举组网。所以我们说一个真正意义上的智能传感器，必须具备学习、推理、感知、通讯以及管理等功能。

世界上第一只智能传感器是由美国的 Honeywell(霍尼韦尔)公司研制。它是将硅敏感元件技术与微处理器的计算、控制能力结合在一起，建立了新的传感器概念。目前智能传感器多用于对压力、力、振动冲击、加速度、流量、温湿度的测量。

我国对智能传感器的研究主要集中在专业研究所和大学，始于 20 世纪 80 年代中期，90 年代初，国内几家研究机构采用混合集成技术成功的研制出实用的智能传感器，这标志着我国智能传感器的研究进入了国际行列，但是与国外的先进技术相比，我们在先进的计算、模拟和设计方法；先进的微机械加工技术与设备；先进的封装技术设备；可靠性技术研究等方面存在较大差距。所以加强新技术的研究和引进先进设备,提高整体水平是我们今后努力的方向。可以预见智能传感器涉足的领域越来越广,越来越多的智能传感器将会在我国国民经济的各个领域中发挥重要的作用。

一、智能传感器的结构和功能

1. 智能传感器的结构

从构成上看,智能传感器是一个典型的以微处理器为核心的计算机检测系统。图 12-1 所示为典型智能传感器的结构框图。

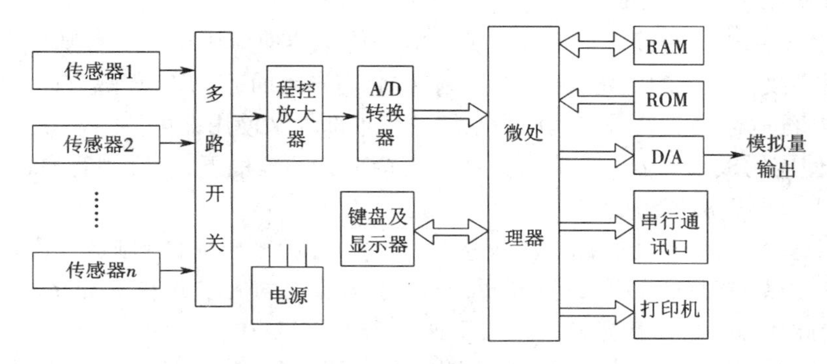

图 12-1　智能传感器的结构框图

2. 智能传感器的功能

(1)具有一种或多种敏感能力。

(2)能够完成对信号的检测、变换、逻辑判断、功能计算。

(3)能实现内部自检测、自诊断、自校正、自补偿。

(4)能与其他系统实现单向或双向通讯。

所谓多种敏感能力是指能够同时测量声、光、电、热、力、化学等多个物理和化学量,给出比较全面反映。而数据的双向通信是智能传感器的关键。

3. 智能传感器的特点

同一般传感器相比,智能传感器有以下几个显著特点。

1)精度高

由于智能传感器具有信息处理功能,因此通过软件不仅可以修正各种确定性系统误差(如传感器输人输出的非线性误差、温度误差、零点误差、正反行程误差等),而且还可以适当地补偿随机误差,降低噪声,从而使传感器的精度大大提高。

2)稳定、可靠性好自适应性强

它具有自诊断、自校准和数据存储功能,对于智能结构系统还有自适应功能。

3)检测与处理方便

它不仅具有一定的可编程自动化能力,还可以根据检测对象或条件的改变,方便地改变量程及输出数据的形式等,而且输出数据可通过串行或并行通讯线直接送入远地计算机进行处理。

4)功能广

不仅可以实现多传感器多参数综合测量,扩大测量与使用范围。而且可以有多种形式输出(如串行输出,并行输出,总线输出以及经 D/A 转换后的模拟量输出等)。

5)性价比高

在相同精度条件下,多功能智能传感器与单一功能的普通传感器相比,其性能价格比高,尤其是在采用比较经济的单片机后更为明显。

4. 智能传感器的应用价值

(1)使应用设计更简单。面向对象的智能传感器使应用设计工程师完全可以将工作的重心放在系统的应用层面,如控制规则,用户界面,人机工程等方面,而不必对传感器本身进行研究,只需将其作为系统的简单部件来使用即可。

(2)使应用成本更低。在完善的技术支持工具的辅助下,使应用客户在研发、采购、生产等方面更加节约成本。

(3)通过使用传感器的标准协议接口,传感器(含敏感元件)制造厂商可以将精力集中在传感 器 侧的品质保障方面,不用像从前须为客户提供大量的辅助设计。任何满足此接口协议的传感器都可以迅速地进入到客户的设计中。

(4)客户可以采用平台技术,进行跨行业应用。如采用智能甲烷气体传感器可以迅速设计更加可靠、成本更低的煤矿用安全产品。

(5)搭建复合传感。基于通用的接口规范,传感器制造厂商或应用商可以轻易地完成新型的复合传感器设计、生产和应用。

(6)通用的数据接口允许第三方客户开发标准的支持设备,帮助客户或传感器工厂完成新产品的设计。

二、智能传感器的形式与发展

1. 智能传感器的形式

智能传感器包括传感器的智能化和智能传感器两种主要形式。

传感器的智能化是采用微处理器或微型计算机系统来扩展和提高传统传感器的功能,传感器与微处理器可为两个分立的功能单元,传感器的输出信号经放大调理和转换后由接口送人微处理器进行处理。

智能传感器是借助于半导体技术将传感器部分与信号放大调理电路、接口电路和微处理器等制作在同一块芯片上,即形成大规模集成电路的智能传感器。

智能传感器具有多功能、一体化、集成度高、体积小、适宜大批量生产、使用方便等优点,它是传感器发展的必然趋势,它的发展将取决于半导体集成化工艺水平的进步与提高。

2. 智能传感器的研究与发展

1)国内智能传感器的研究

与国外相比,我国智能传感器的研究主要集中在以下几个方面。

(1)采用先进的微电子技术、计算机技术,将传感器和微处理器结合开发具有各种功能的单片集成化智能传感器，这是智能传感器的主要发展方向之一。

（2）利用生物工艺和纳米技术研制传感器功能材料，开发分子和原子生物传感器。为智能传感器的发展奠定基础。

（3）整合国内外芯片技术，结合敏感电子元件，研发出混合型集成智能传感器，这种传感器精度更高、成本更低、稳定性更好。我国在集成智能传感器领域已经取得了重大突破，国产传感器逐步打开了智能传感器的市场份额。

2）智能传感器的发展

智能传感器是应现代自动化系统发展的需要而提出来的，是传感器技术克服自身落后向前发展的必然趋势。微处理器在可靠性和超小体积化等方面的长足进步以及微电子技术的成熟，使得在传统传感器中嵌入智能控制单元成为现实，给智能传感器的发展提供了基础。从工程应用看，智能传感器不断向微型化、网络化、柔性化发展。

就单一传感器而言，微型传感器是指尺寸微小的传感器，如敏感元件的尺寸从毫米级到微米级、甚至达到纳米级。就集成传感器而言，微型传感器是指将微小的敏感元件、信号处理器、数据处理装置封装在一块芯片上而形成的集成的传感器。就传感器系统而言，微型传感器是指传感系统中不但包括微传感器，还包括微执行器，可以独立工作，甚至由多个微传感器组成传感器网络，或者可实现异地联网。

近年来，智能化传感器开始同人工智能相结合，创造出各种基于模糊推理、人工神经网络、专家系统等人工智能技术的高度智能传感器，称为软传感器技术。它已经在家用电器方面得到利用，相信未来将会更加成熟。智能化传感器是传感器技术未来发展的主要方向。在今后的发展中，智能化传感器无疑将会进一步扩展到化学、电磁、光学和核物理等研究领域。目前，中国在智能电网、智能交通、智能安防等领域的实质性建设与试点规划工作已经展开。

情境二　智能传感器的实现

目前，智能传感器主要有以下三条实现途径。

一、智能传感器的非集成化实现

非集成化智能传感器是将传统的经典传感器（采用非集成化工艺制作的传感器，仅具有获取信息的功能）、信号调理电路、带数字总线接口的微处理器组合为一整体而构成的一个智能传感器系统。其组成框图如图 12-2 所示。

图 12-2 中的信号调理电路是用来调理传感器的输出信号，也就是将传感器输出信号进行放大并转换为数字信号后送人微处理器，再由微处理器通过数字总线接口挂接在现场数据总线上。这是一种实现智能传感器的最快途径与方式。例如美国罗斯蒙特公司、SMAR 公司生产的电容式智能压力（差）变送器系列产品，就是在原有传统式非集成化电容式变送器基础上附加一块带数字总线接口的微处理器插板后组装

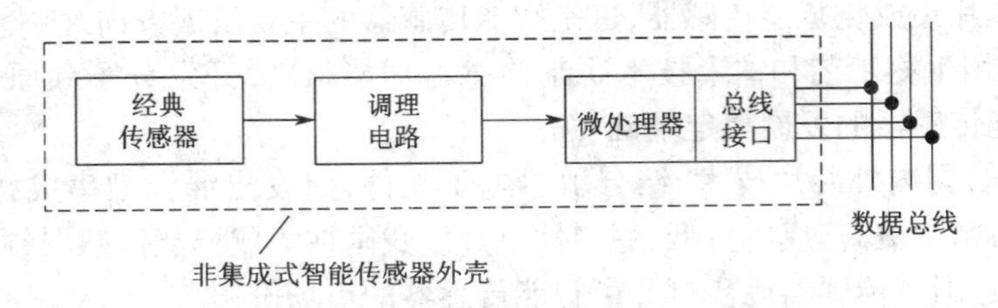

图 12-2 非集成式智能传感器结构框图

而成的。并开发配备可进行通讯、控制、自校正、自补偿、自诊断等智能化软件,从而实现智能传感器。

这种非集成化智能传感器是在现场总线控制系统发展形势的推动下迅速发展起来的。因为这种控制系统要求挂接的传感器/变送器必须是智能型的。对于自动化仪表生产厂家来说,原有的一整套生产工艺设备基本不变。因此,对于这些厂家而言非集成化实现是一种建立智能传感器系统最经济、最快捷的途径与方式。

另外,近 10 年来发展极为迅速的模糊传感器也是一种非集成化的新型智能传感器。模糊传感器是在经典数值测量的基础上,经过模糊推理和智能合成,以模拟人类自然语言符号描述的形式输出测量结果。显然,模糊传感器的核心部分就是模拟人类自然语言符号的产生及其处理。

模糊传感器的智能之处还在于它可以模拟人类感知的全过程。它不仅具有智能传感器的一般优点和功能,而且具有学习推理的能力,具有适应测量环境变化的能力,并且能够根据测量任务的要求进行学习推理。另外,模糊传感器还具有与上级系统交换信息的能力,以及自我管理和调节的能力。通俗地说,模糊传感器的作用应当与一个具有丰富经验的测量工人的作用是等同的,甚至更好。

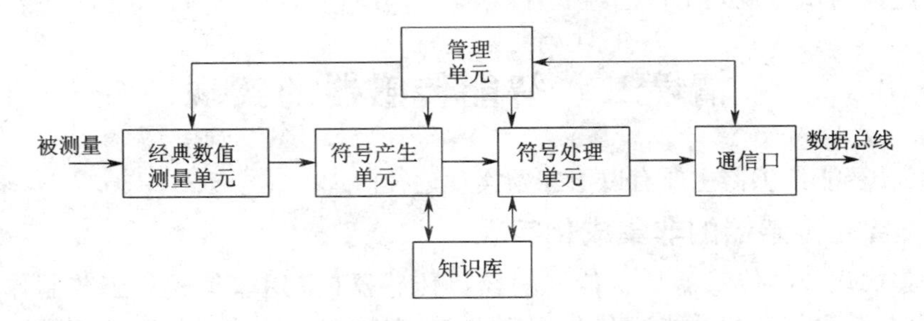

图 12-3 模糊传感器的结构示意图

图 12-3 是模糊传感器的简单结构和功能示意图。其中,经典数值测量单元不仅提取传感信号,而且对其进行数值预处理,如滤波、恢复信号等等。符号产生和处理单元是模糊传感器的核心部分,它利用已有的知识或经验(通常存放在知识库中),对已恢复的传感信号进一步处理,得到符合客观对象的拟人类自然语言符号的描述信息。其实现方法是利用得到的符号形式的传感信号,结合知识库内的知识(主要

有模糊判断规则，传感信号特征，传感器特性及测量任务要求等信息），经过模糊推理和运算，得到被测量的符号描述结果及其相关知识。当然，模糊传感器可以经过学习新的变化情况（如任务发生改变，环境变化等等）来修正和更新知识库内的信息。

模糊传感器由硬件层和软件层两部分构成。模糊传感器的突出特点是其具有丰富强大的软件功能。模糊传感器与一般基于计算机的智能传感器的根本区别在于模糊传感器具有实现学习功能的单元和符号产生单元、处理单元。它能够实现专家指导下的学习和符号的推理及合成，从而使模糊传感器具有可训练性。经过学习与训练，使得模糊传感器能适应不同测量环境和测量任务的要求。因此，实现模糊传感器的关键就在于软件功能的设计。

二、智能传感器的集成化实现

集成智能传感器系统是用微机械加工技术和大规模集成电路工艺技术，利用硅作为基本材料来制作敏感元件、信号调理电路、微处理单元，并把它们集成在一块芯片上而构成的。其外形如图 12-4 所示。

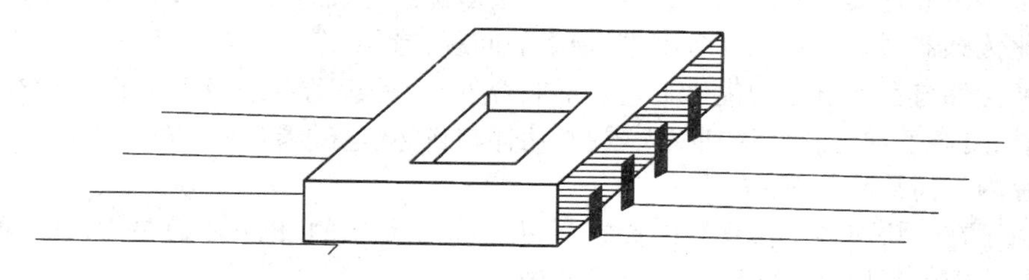

图 12-4　集成智能传感器外形示意图

随着微电子技术的飞速发展，微米/纳米技术的问世，大规模集成电路工艺技术的日臻完善，集成电路器件的密集度越来越高。它已成功地使各种数字电路芯片、模拟电路芯片、微处理器芯片、存储器电路芯片的价格性能比大幅度下降。反过来，它又促进了微机械加工技术的发展，形成了与传统的经典传感器制作工艺完全不同的现代传感器技术。现代传感器技术，是指以硅材料为基础（因为硅既有优良的电性能，又有极好的机械性能），采用微米（1 mm ~ 1 mm）级的微机械加工技术和大规模集成电路工艺来实现各种仪表传感器系统的微米级尺寸化。国外也称它为专用集成微型传感技术。采用现代传感器技术制作的智能传感器具有微型化、结构一体化、全数字化、精度高、多功能、使用方便、操作简单的特点。

1. 微型化

微型压力传感器可以小到放在注射针头内送进血管测量血液流动情况，装载在飞机或发动机叶片表面用以测量气体的流速和压力。

2. 结构一体化

压阻式压力传感器采用微机械加工和集成化工艺不仅使“硅杯”一次整体成型，而且使电阻变换器与硅杯完全一体化。进而在硅杯非受力区制作调理电路、微处理器、微执行器，从而实现不同程度的乃至整个系统的一体化。

3. 精度高

相对分体结构。传感器结构本身一体化后，迟滞、重复性指标将大大改善，时间、温度飘移大大减少，精度得以提高。后续的信号调理电路与敏感元件一体化后可以明显减少引线长度带来的寄生参数的影响，这对电容式传感器有特别重要的意义。

4. 多功能

微米级敏感元件结构的实现特别有利于在同一硅芯片上制作不同功能的多个传感器。既增加了传感器的功能，同时可以采用数据融合技术消除交叉灵敏度的影响，提高了传感器的稳定性与精度。

5. 使用方便、操作简单

传感器的集成化使传感器没有外部连接元件，因此外部连线少接线简单。同时因为可以自动进行整体自校正而无须用户长时间的反复多环节调节与校验。智能传感器的“智能”含量越高，它的操作使用越简单越容易掌握。

虽然集成化实现的智能传感器有以上很多优点，然而，要在一块芯片上集成实现智能化传感器系统也存在许多困难、棘手的问题，诸如：由于受芯片面积所限，以及制作敏感元件与数字电路的优化工艺的不兼容性，微处理器系统及可编程只读存储器的规模、复杂性与完整性受到很大限制，功耗与自热、电磁耦合带来的相互影响，在一块芯片内如何消除等等。

由于在一块芯片上实现智能传感器，并不总是希望的，也并不总是必须的，所以，更实际的智能传感器的实现途径是混合法。

三、智能传感器的混合实现

智能传感器的混合实现是根据需要和可能，将系统各个环节集成化，如敏感单元、信号调理电路、微处理单元、数字总线接口等，以不同的组合方式集成在两块或三块芯片上，并装在一个外壳里，如图 12-5 所示。

集成化敏感单元包括敏感元件及变换器；信号调理电路包括多路开关、仪用放大器、基准、模/数转换器等；微处理单元包括数字存储（EPROM、ROM、RAM）、I/O 接口、微处理器、数/模转换器等。

在图 12-5（a）中，三块集成化芯片封装在一个外壳里；在图 12-5（b）、（c）、（d）中，是两块集成化芯片封装在一个外壳里。

图 12-5（a）、（c）中的（智能）信号调理电路因为采用带有零点校正电路和温度补偿电路等使之具有部分智能化功能。

综上所述，我们可以看到智能传感器系统是一门涉及多种学科的综合技术，是当今世界正在发展的高新技术。随着集成技术、微机械加工技术和微处理技术的发展，智能传感器必定会得到广泛的应用。特别是纳米科学（纳米电子学、纳米材料、纳米生物学等）的发展，将成为传感器（包括智能传感器）的一种革命性的技术，为智能传感器研制提供了划时代的科学技术的实验和理论基础，使传感器技术产生一次新的

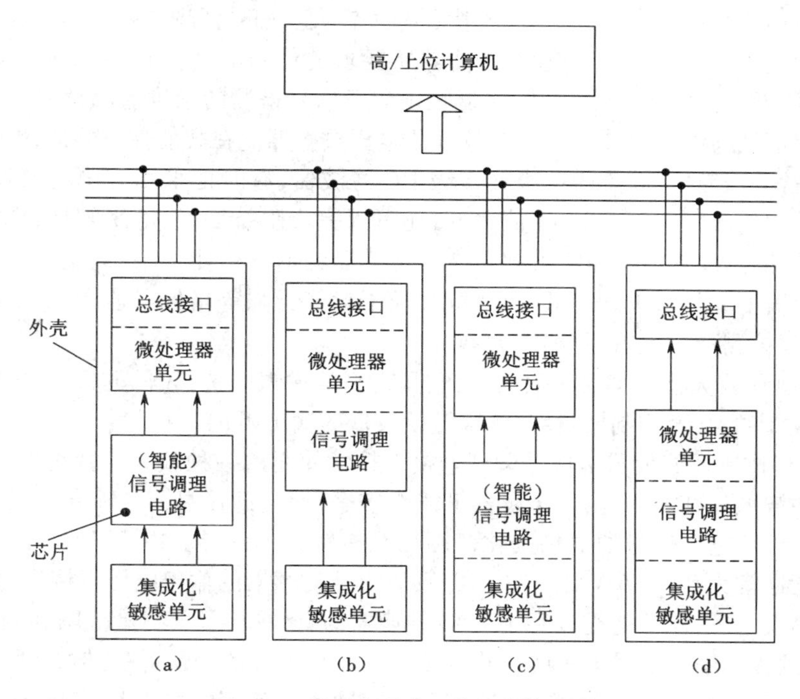

图 12-5　混合集成实现的智能传感器

飞跃。

情境三　智能传感器的设计思路

一、硬件设计

1. 微处理器系统的设计

微处理器系统主要由中央处理器 CPU、存储器(ROM、RAM)、总线结构(地址总线、数据总线和控制总线)、输人输出接口(串行口和并行口)等组成。

微处理器系统是智能传感器的核心,它的性能对整个传感器的调理电路、接口设计等都有很大的影响。目前可供选用的微处理器系统有以 8080—CPU 为核心的微处理器系统和 MCS—51 系列、MCS—96 系列等单片微处理器系统。微处理器的选择主要考虑的因素有传感器执行的任务、字长、处理速度、功耗等。在智能传感器设计中,功耗也是一个值得注意的问题。字长较长的微处理器的功耗较大,NMOS 和 PMOS 器件的功耗较少,CMOS 器件的功耗最少。此外,软硬件设计人员对该型微处理器的熟悉程度,也是选型时的一个重要考虑因素。

2. 信号调理电路的设计

多数传感器输出的模拟电压在毫伏或微伏数量级,而且变化较为缓慢。然而信号所处的环境往往是比较恶劣的,干扰和噪声较大。信号调理电路的作用,一方面是将微弱的低电平信号放大到模/数转换器所要求的信号电平,如 0 ~ ±5 V 或 0 ~ +10 V 范围,另一方面是抑制干扰、降低噪声保证信号检测的精度。因此,信号调理电路主要包括低通滤波器和性能指标较好的电压放大器。在智能传感器的调理电路设计中,通常采用简便、廉价的单级或多级 RC 滤波器,有时也采用有源滤波器。信号调理电路中的放大器,除了电压放大外,还可以完成阻抗变换,电平转换,电流/电压转换,以及隔离的功能。由于大多数来自传感器的信号可能很小,甚至很微弱,这就要求放大器要满足低失调。低漂移、抗共模干扰能力强等指标。通常采用的有测量放大器、程控测量放大器、隔离放大器。

(1)测量放大器也称仪用放大器,它具有高的输入阻抗,较低的失调电压和温度漂移系数,高的共模抑制比,稳定的增益以及低的输出阻抗。

(2)程控测量放大器是信号调理电路中较常使用的一种放大倍数可调的测量放大器。在智能传感器中,由于传感器可能有多个,而且即使是同一个传感器,在不同的使用条件下输出信号的电平变化范围也会有较大的差异。由于 A/D 用转换器的输入电压通常为 0 ~ ±5 V 或 0 ~ +10 V,若上述传感器的输出电压直接作为 A/D 转换器的输入电压,就不能充分利用 A/D 转换器的有效位,影响测量范围和测量精度。因此,必须根据输入信号电平的大小。改变测量放大器的增益,使各输入通道均用最佳增益进行放大。程控测量放大器(PGA)就是一种新型的可编程控制增益测量放大器,它的通用性很强,其特点是硬件设备少。放大倍数可根据需要通过编程进行控制,使 A/D 转换器满量程信号达到均一化。

(3)隔离放大器又称隔离器,其输入电路、输出电路和电源之间没有直接的电路耦合,信号的传递与电源电能的传递均通过磁路或光路实现。它不仅具有通用运算放大器的性能,而且输入共地和输出共地之间有良好的绝缘性能。它可以有效地消除共模干扰的影响保证测量系统的安全。

3. A/D、D/A 的设计

前面各情境中所介绍的传感器,如温度、压力、电感、电阻、电容等,它们的输出量均为模拟量(电压或电流)。然而微处理器只能接收数字量,因此在智能传感器中,传感器和微处理器之间要通过模/数转换器。它的功能是将输入的模拟电压信号成比例地转化为二进制数字信号。当需要传感器的输出起控制作用时,数/模转换器又将微处理器处理后的数字量转换为相应的模拟量信号。因此 A/D 和 D/A 转换器是智能传感器不可缺少的重要环节。选择 A/D 和 D/A 转换器主要考虑分辨率、转换时间、稳定性和抗干扰能力等指标。

二、软件设计

智能传感器除了已经介绍的各种硬件组成之外,还有一个起支配地位并十分重要的软件部分。软件是智能传感器的灵魂和大脑,软件设计的好坏直接影响到智能传感器的功能及硬件作用的发挥。

智能传感器的软件分为系统软件和应用软件两种。所谓系统软件就是管理微处理器本身的程序，如操作系统、自检及监控系统等，一般由微处理器厂家提供。而应用软件则是面向用户的程序，由设计人员根据智能传感器的实际需要进行编制。智能传感器软件设计的主要任务就是设计应用程序。

1. 软件设计思想

常用的软件设计思想有三种：模块化程序设计、自顶向下程序设计、结构化程序设计。

(1)模块化程序设计。把一个复杂的软件，分解为若干个程序段，这段程序完成单一的功能，并且具有一定的相对独立性，称之为“模块”。智能传感器的软件设计可按功能分块，如数据采集功能、数据运算功能、逻辑判断功能、故障报警功能等。

(2)由顶向下程序设计。由顶向下程序设计，又称为构造性编程，实质上是一种逐步求精的方法，也称为系统性编程或分层设计。由顶向下的思想就是把整个问题划分为若干个大问题，每个大问题又分为若干个小问题，这样一层层地划下去，直到最底层的每个任务都能单独处理为止。这是程序设计的一种规范化形式。在由顶向下程序设计过程中，对于每一个程序模块，应明确规范其输人、输出功能。

(3)结构化程序设计。结构化程序设计思想是给程序设计施加了一定的约束，它限定必须采用规定的基本结构和操作顺序。任何程序由层次分明、易于调试的若干个基本结构组成。这些基本结构的共同特点是在结构上信息流只有一个人口和一个出口。基本结构有下面三种。

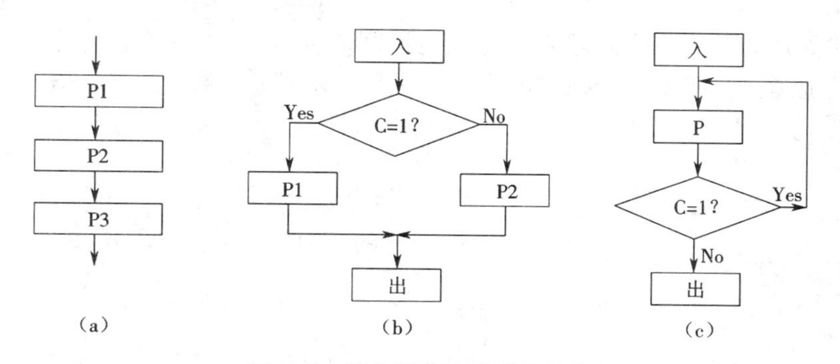

图 12-6　结构化程序设计的结构

(a)顺序控制；(b)条件结构；(c)循环结构

①顺序结构。顺序结构的框图如图 12-6(a)所示。在这种结构中，程序按顺序连续地执行，即先执行 P1，然后执行 P2，最后执行 P3。其中，P1、P2、P3 可以是一条简单的指令，也可以是一段完整的程序，它们都只有一个人口和一个出口。

②条件结构。条件结构的框图如图 12-6(b)所示。尽管判断部分(即菱形框)可以有多个出口，但是整个条件结构最终也只有一个人口和一个出口。

③循环结构。循环结构的框图如图 12-6(c)所示。该结构能多次执行同一循环

程序P,信息流从单一入口进入此结构后,一直停留在此结构中,直至终止条件满足,才从单一出口退出此结构。

2. 数据处理算法

在智能传感器中,软件的最主要功能是完成数据处理任务。数据的涵义是十分广泛的,智能传感器的数据主要是指输入非电量、输出电量、误差量、特征表格等。数据处理的功能主要包括以下几个部分:1)算术和逻辑运算;2)检索与分类;3)非线性特性的校正;4)修正误差的自动校准及自诊断;5)数字滤波等。

许多传感器的输出信号与被测参数间存在明显的非线性,为提高智能传感器的测量精度,必须对非线性特性进行校正,使之线性化。线性化的关键是找出校正函数,但有时校正函数很难求得,这时可用多项式函数进行拟合或分段线性化处理。

情境四　智能传感器的应用

一、智能应力传感器

智能应力传感器用于测量飞机机翼上各个关键部位的应力大小,并判断机翼的工作状态是否正常以及故障情况。如图12-7所示,它共有6路应力传感器和二路温度传感器,其中每一路应力传感器由4个应变片构成的全桥电路和前级放大器组成,用于测量应力的大小。温度传感器用于测量环境的温度从而对应力传感器进行温度误差修正。采用8031单片机作为数据处理和控制单元。多路开关根据单片机发出的命令轮流选通各个传感器通道,0通道为温度传感器通道,1~6通道分别为6个应力传感器通道。程控放大器则在单片机的命令下分别选择不同的放大倍数对各路信号进行放大。

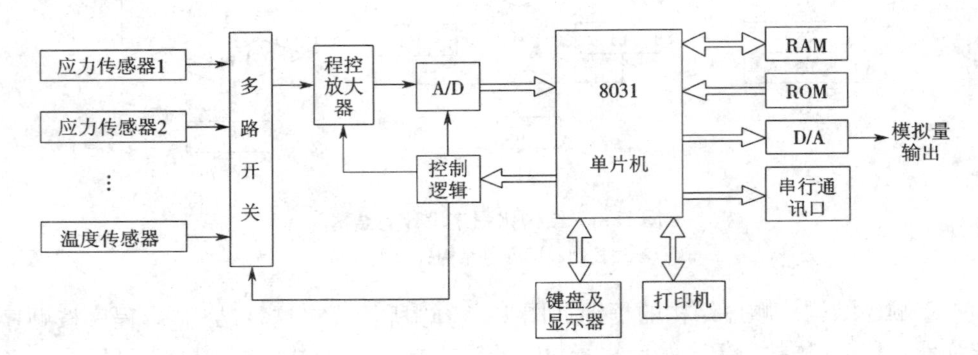

图12-7　智能应力传感器结构框图

智能应力传感器具有测量、程控放大、转换、处理、模拟量输出、打印、键盘监控以及通过串行口与上位微型计算机进行通讯的功能。其软件采用模块化和结构化的设计方法。主程序模块主要完成自检、初始化。通道选择、以及各个功能模块调用的功能。其中信号采集模块主要完成各路信号的放大、A/D 转换和数据读取的功能。数据处理模块主要完成数据滤波、非线性补偿、信号处理、误差修正以及检索查表等功能。故障诊断模块的任务是对各个应力传感器的信号进行分析，判断飞机机翼的工作状态以及是否有损伤或故障存在。键盘输人及显示模块的任务一是查询是否有键按下，若有键按下则反馈给主程序模块，从而主程序模块根据键义执行或调用相应的功能模块，二是显示各路传感器的数据和工作状态（包括按键信息）。输出及打印模块主要是控制模拟量输出以及控制打印机完成打印任务。通讯模块主要控制串行通讯口和上位微机的通讯。

二、智能数据采集仪

数据采集仪是指将温度、压力、流量、位移等模拟量进行采集、量化转化为数字量后，以便由计算机进行存储、处理、显示或打印的装置，如图 12-8 所示。

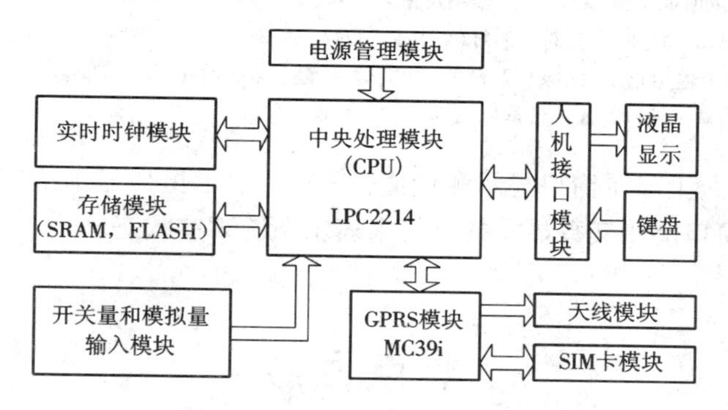

图 12-8 智能数据采集仪框图

结构特点如下。

由若干个“数据采集站”和一台上位机及通信线路组成。数据采集站与上位机之间的通信多采用现场总线，以提高数据传输的可靠性和有效性。由于需要同时测量多种物理量或同一物理量的多个测量点，因此，多路模拟输入通道更具普遍性。按照系统中数据采集电路共用一个还是每路各用一个，多路模拟输入通道可分为集中采集式和分散采集式两大类型。

三、高可靠性的智能工业温度控制仪表

智能温度控制仪表可测量、显示多种热电偶的输入信号和直流电压。该仪表可在操作面板上设定控制方式、输入的种类、范围、设定最大值、最小值；上下限报警；实时显示，可用记录纸进行记忆，与打印机相连进行打印等。该仪表用是采用模糊规则进行 PID 调节的一种先进的新型人工智能算法，能实现高精度控制。在误差大时，运用模糊算法进行调节，以消除 PID 饱和积分现象，当误差趋小时，采用 PID 算法进行调节，并能在调节中自动学习和记忆被控对象的部分特征以使效果最优化，具有无超调、高精度、参数确定简单等特点。

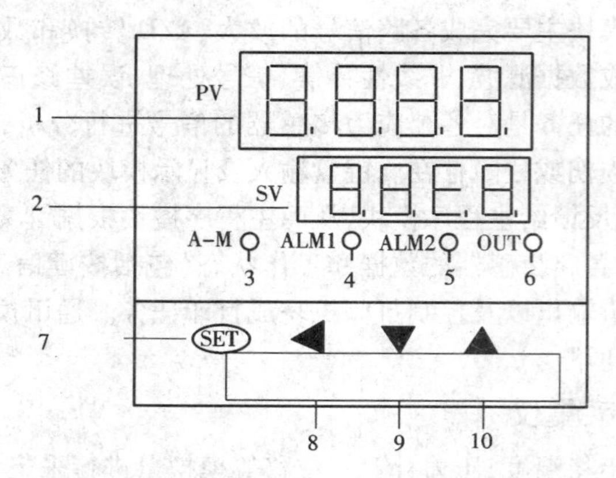

图 12-9 温度控制仪表显示窗

1. PV—测量值显示窗(红);2. SV—给定值显示窗(绿);3. A-M—手动指示灯(绿);
4. ALM1—AL1 动作时点亮对应的灯(红);5. ALM2—AL2 动作时点亮对应的灯(红);
6. OUT—调节输出指示灯(绿);7. SET—功能键;8. ■—数据移位(兼手动/自动切换);
9. ▼—数据减少键;10. ▲—数据增加键。

仪表上电后,上显示窗口显示测量值(PV),下显示窗口显示给定值(SV)。在基本状态下,SV 窗口能用交替显示的字符来表示系统某些状态。

要点回顾

1. 智能传感器是由微处理器和传感器相结合构成的新型传感器。具备学习、推理、感知、通讯以及管理等功能。网络接口技术的应用使传感器能方便的接入工业控制网络,为系统的扩充和维护提供了极大的方便。

2. 智能传感器主要有三种实现途径;智能传感器的非集成化实现,智能传感器的集成化实现,智能传感器的混合实现。

3. 采用先进的微电子技术、计算机技术,将传感器和微处理器结合使传感器成为硬件和软件的结合体。研究开发具有各种功能的单片集成化智能传感器是智能传感器的主要发展方向。

习题 12

12-1 什么是智能传感器?智能传感器的主要功能是什么?

12-2　与传统传感器相比,智能传感器具有哪些特点?

12-3　智能传感器今后发展的方向是什么?

12-4　什么是智能传感系统?简述系统的基本组成。

附录 A　热电阻分度表

表 A1　铂热电阻分度表

分度号 Pt100　　　　$R(0\ ℃)=100\ \Omega$

温度(℃)	电阻值(Ω)	温度(℃)	电阻值(Ω)	温度(℃)	电阻值(Ω)	温度(℃)	电阻值(Ω)	温度(℃)	电阻值(Ω)
-200	18.52	10	103.90	220	183.19	430	257.38	640	326.48
-190	22.83	20	107.79	230	186.84	440	260.78	650	329.64
-180	27.10	30	111.67	240	190.47	450	264.18	660	332.79
-170	31.34	40	115.54	250	194.10	460	267.56	670	335.93
-160	35.54	50	119.40	260	197.71	470	270.93	680	339.06
-150	39.72	60	123.24	270	201.31	480	274.29	690	342.18
-140	43.88	70	127.08	280	204.90	490	277.64	700	345.28
-130	48.00	80	130.90	290	208.48	500	280.98	710	348.38
-120	52.11	90	134.71	300	212.05	510	284.30	720	351.46
-110	56.19	100	138.51	310	215.61	520	287.62	730	354.53
-100	60.26	110	142.29	320	219.15	530	290.92	740	357.59
-90	64.30	120	146.07	330	222.68	540	294.21	750	360.64
-80	68.33	130	149.83	340	226.21	550	297.49	760	363.67
-70	72.33	140	153.58	350	229.72	560	300.75	770	366.70
-60	76.33	150	157.33	360	233.21	570	304.01	780	369.71
-50	80.31	160	161.05	370	236.70	580	307.25	790	372.71
-40	84.27	170	164.77	380	240.18	590	310.49	800	375.70
-30	88.22	180	168.48	390	243.64	600	313.71	810	378.68
-20	92.16	190	172.17	400	247.09	610	316.92	820	381.65
-10	96.09	200	175.86	410	253.53	620	320.12	830	384.60
0	100.00	210	179.53	420	253.96	630	323.30	840	387.55

表 A2　铜热电阻分度表

温度(℃)	Cu50 电阻值(Ω)	Cu100 电阻值(Ω)	温度(℃)	Cu50 电阻值(Ω)	Cu100 电阻值(Ω)
-50	39.24	78.49	60	62.84	125.68
-40	41.40	82.80	70	64.98	129.96
-30	43.35	87.10	80	67.12	134.24
-20	45.70	91.40	90	69.26	138.52
-10	47.85	95.70	100	71.40	142.80
0	50.00	100.00	110	73.54	147.08
10	52.14	104.28	120	75.68	151.36
20	54.28	108.56	130	77.83	155.66
30	56.42	112.84	140	79.98	159.96
40	58.56	117.12	150	82.13	164.27
50	60.70	121.40			

附录 B　热电偶分度表

表 B1　镍铬－镍硅热电偶(K 型)分度表

工作端温度(℃)	0	10	20	30	40	50	60	70	80	90
	热电动势(mV)									
0	0	-0.392	-0.778	-1.156	-1.527	-1.889	-2.243	-2.587	-2.920	-3.243
0	0.000	0.397	0.798	1.203	1.612	2.023	2.436	2.851	3.267	3.682
100	4.096	4.509	4.920	5.328	5.735	6.138	6.540	6.941	7.340	7.739
200	8.138	8.539	8.940	9.343	9.747	10.153	10.561	10.971	11.382	11.795
300	12.209	12.624	13.040	13.457	13.874	14.293	14.713	15.133	15.554	15.975
400	16.397	16.820	17.243	17.667	18.091	18.561	18.941	19.366	19.792	20.218
500	20.644	21.071	21.497	21.924	22.350	22.766	23.203	23.629	24.055	24.480
600	24.905	25.330	25.755	26.179	26.602	27.025	27.447	27.869	28.289	28.710
700	29.129	29.548	29.965	30.382	30.798	31.213	31.628	32.041	32.453	32.865
800	33.275	33.685	34.093	34.501	34.908	35.313	35.718	36.121	36.524	36.925
900	37.326	37.725	38.124	38.522	38.918	39.314	39.708	40.101	40.949	40.885
1 000	41.276	41.665	42.035	42.440	42.826	43.211	43.595	43.978	44.359	44.740
1 100	45.119	45.497	45.873	46.249	46.623	46.995	47.367	47.737	48.105	48.473
1 200	48.838	49.202	49.565	49.926	50.286	50.644	51.000	51.355	51.708	52.060
1 300	52.410	52.759	53.106	53.451	53.795	54.138	54.479	54.819		

表 B2　铂铑 10－铂热电偶(S 型)分度表

工作端温度(℃)	0	10	20	30	40	50	60	70	80	90
	热电动势(mV)									
0	0.000	0.055	0.113	0.173	0.235	0.299	0.365	0.432	0.502	0.573
100	0.645	0.719	0.795	0.872	0.950	1.029	1.109	1.190	1.273	1.356
200	1.440	1.525	1.611	1.698	1.785	1.873	1.962	2.051	2.141	2.232
300	2.323	2.414	2.506	2.599	2.692	2.786	2.880	2.974	3.069	3.164
400	3.260	3.356	3.452	3.549	3.645	3.743	3.840	3.938	4.036	4.135

续表

工作端温度(℃)	0	10	20	30	40	50	60	70	80	90
	热电动势(mV)									
500	4. 234	4. 333	4. 432	4. 532	4. 632	4. 732	4. 832	4. 933	5. 034	5. 136
600	5. 237	5. 339	5. 442	5. 544	5. 648	5. 751	5. 855	5. 960	6. 065	6. 169
700	6. 274	6. 380	6. 486	6. 592	6. 699	6. 805	6. 913	7. 020	7. 128	7. 236
800	7. 345	7. 454	7. 563	7. 672	7. 782	7. 892	8. 003	8. 114	8. 255	8. 336
900	8. 448	8. 560	8. 673	8. 786	8. 899	9. 012	9. 126	9. 240	9. 355	9. 470
1 000	9. 585	9. 700	9. 816	9. 932	10. 048	10. 165	10. 282	10. 400	10. 517	10. 635
1 100	10. 754	10. 872	10. 991	11. 110	11. 229	11. 348	11. 467	11. 587	11. 707	11. 827
1 200	11. 947	12. 067	12. 188	12. 308	12. 429	12. 550	12. 671	12. 792	12. 912	13. 034
1 300	13. 155	13. 397	13. 397	13. 519	13. 640	13. 761	13. 883	14. 004	14. 125	14. 247
1 400	14. 368	14. 610	14. 610	14. 731	14. 852	14. 973	15. 094	15. 215	15. 336	15. 456
1 500	15. 576	15. 697	15. 817	15. 937	16. 057	16. 176	16. 296	16. 415	16. 534	16. 653
1 600	16. 771	16. 890	17. 008	17. 125	17. 243	17. 360	17. 477	17. 594	17. 711	17. 826

表 B3 铂铑 30 – 铂铑 6 热电偶(B 型)分度表

工作端温度(℃)	0	10	20	30	40	50	60	70	80	90
	热电动势(mV)									
0	0. 000	–0. 002	–0. 003	–0. 002	–0. 000	0. 002	0. 006	0. 011	0. 017	0. 025
100	0. 033	0. 043	0. 053	0. 065	0. 078	0. 092	0. 107	0. 123	0. 141	0. 159
200	0. 178	0. 199	0. 220	0. 243	0. 267	0. 291	0. 317	0. 344	0. 372	0. 401
300	0. 431	0. 462	0. 494	0. 527	0. 561	0. 596	0. 632	0. 669	0. 707	0. 746
400	0. 787	0. 828	0. 870	0. 913	0. 957	1. 002	1. 048	1. 095	1. 143	1. 192
500	1. 242	1. 293	1. 344	1. 397	1. 451	1. 505	1. 561	1. 617	1. 675	1. 733
600	1. 792	1. 852	1. 913	1. 975	2. 037	2. 101	2. 165	2. 230	2. 296	2. 363
700	2. 431	2. 499	2. 569	2. 639	2. 710	2. 782	2. 854	2. 928	3. 002	3. 078
800	3. 154	3. 230	3. 308	3. 386	3. 466	3. 546	3. 626	3. 708	3. 790	3. 873
900	3. 957	4. 041	4. 127	4. 213	4. 299	4. 387	4. 475	4. 564	4. 653	4. 734
1 000	4. 834	4. 926	5. 018	5. 111	5. 205	5. 299	5. 394	5. 489	5. 585	5. 682
1 100	5. 780	5. 878	5. 976	6. 075	6. 175	6. 276	6. 377	6. 478	6. 580	6. 683
1 200	6. 786	6. 890	6. 995	7. 100	7. 205	7. 311	7. 417	7. 524	7. 632	7. 740
1 300	7. 848	7. 957	8. 066	8. 176	8. 286	8. 397	8. 508	8. 620	8. 731	8. 844
1 400	8. 956	9. 069	9. 182	9. 296	9. 410	9. 524	9. 639	9. 753	9. 868	9. 984
1 500	10. 099	10. 215	10. 331	10. 447	10. 536	10. 679	10. 796	10. 913	11. 029	11. 146

续表

工作端温度(℃)	0	10	20	30	40	50	60	70	80	90
	热电动势(mV)									
1 600	11.263	11.380	11.497	11.614	11.731	11.848	11.965	12.082	12.199	12.316
1 700	12.433	12.549	12.666	12.782	12.898	13.014	13.130	13.246	13.361	13.476
1 800	13.591	13.706	13.820							

附录 C 常用传感器实物图

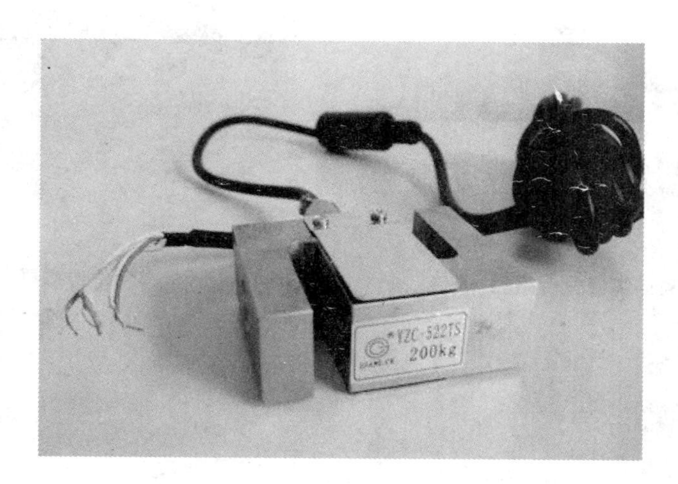

称重传感器

称重传感器

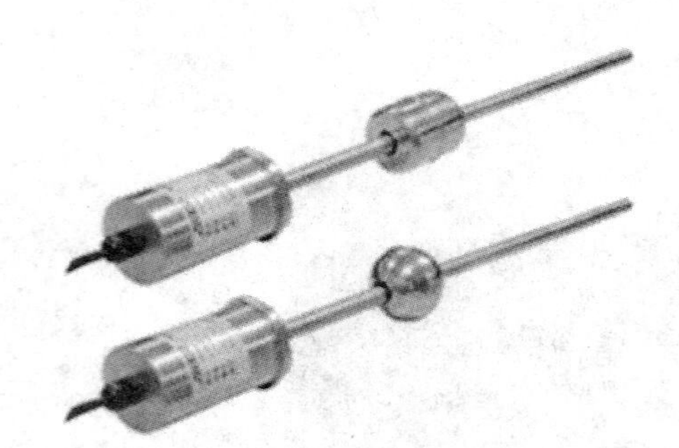
磁致伸缩液位传感器

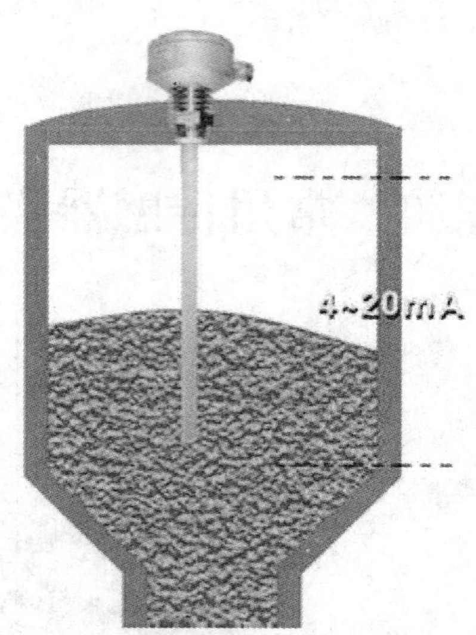

电容物位传感器

超声波液位传感器

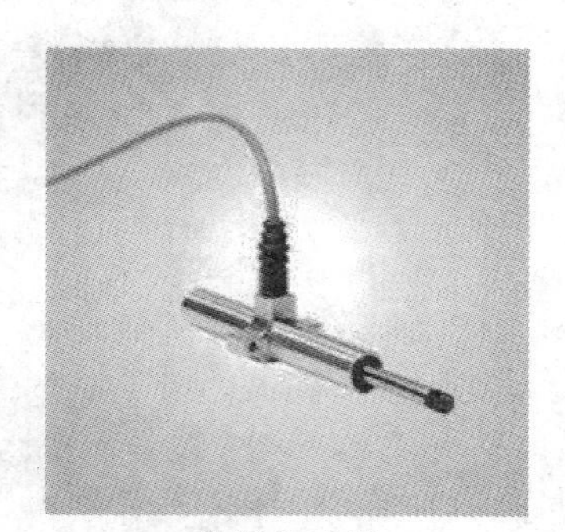
光纤传感器

涡流式位移传感器

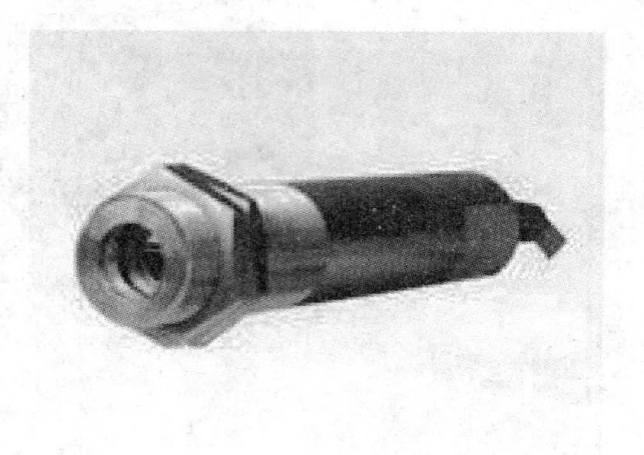
红外传感器

压力传感器

霍尔传感器

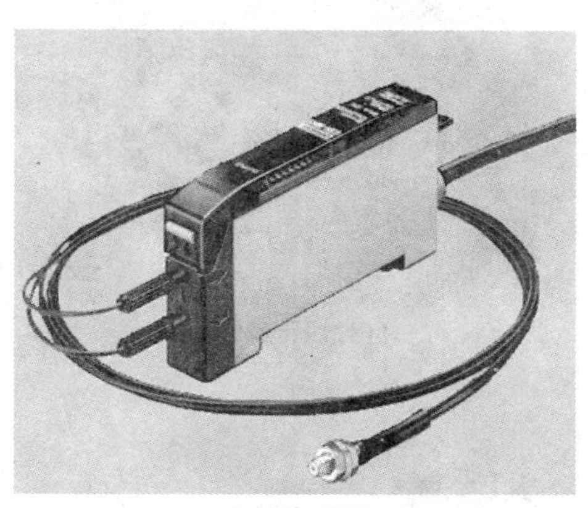

光纤传感器

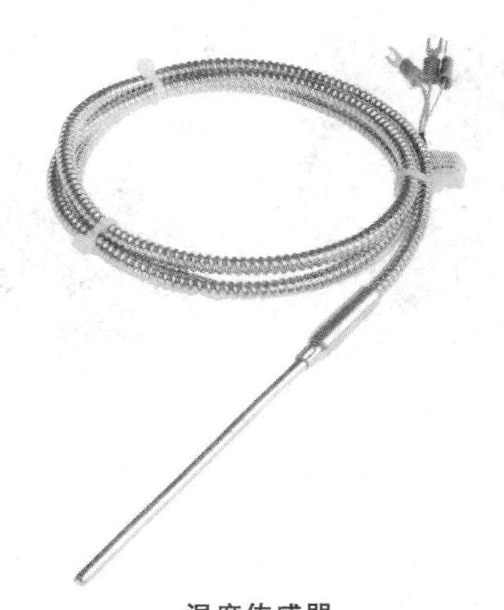

温度传感器

压电式加速度传感器

直线位移传感器

转速传感器

热敏电阻温度传感器

激光位移传感器

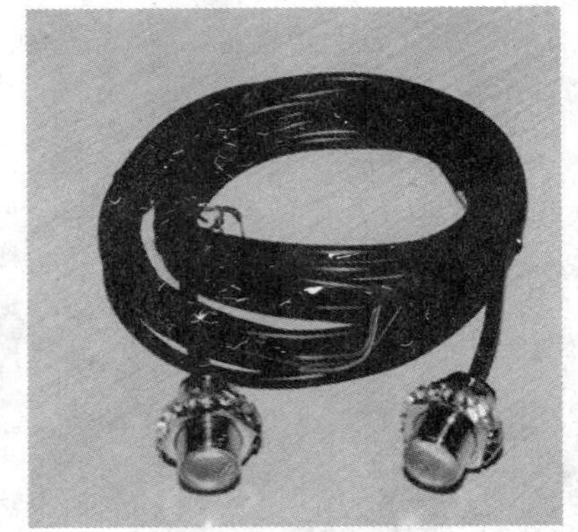

红外线传感器

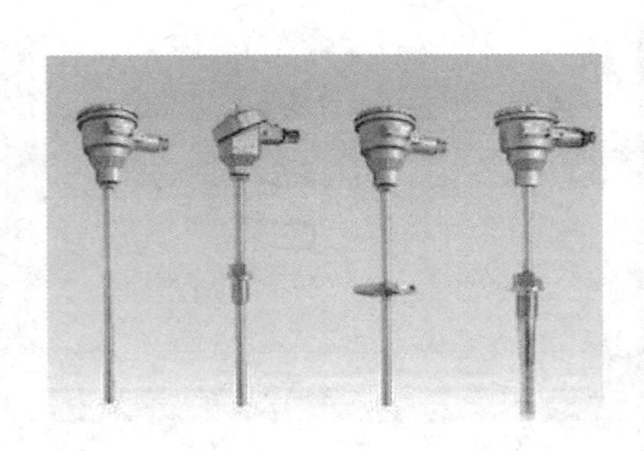

防爆热电阻温度传感器

电容传感器

视觉传感器

光电传感器

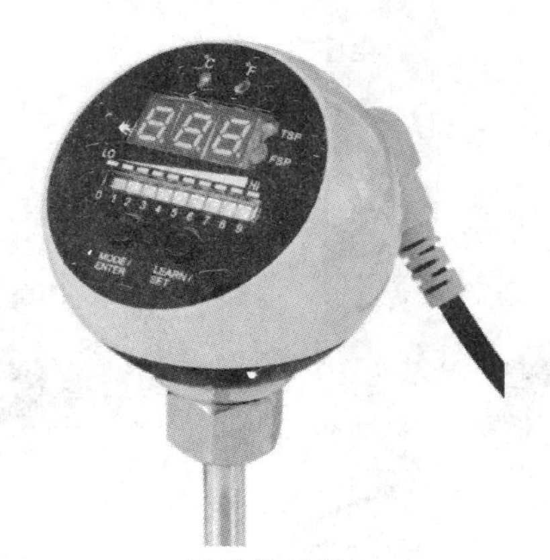

温度传感器

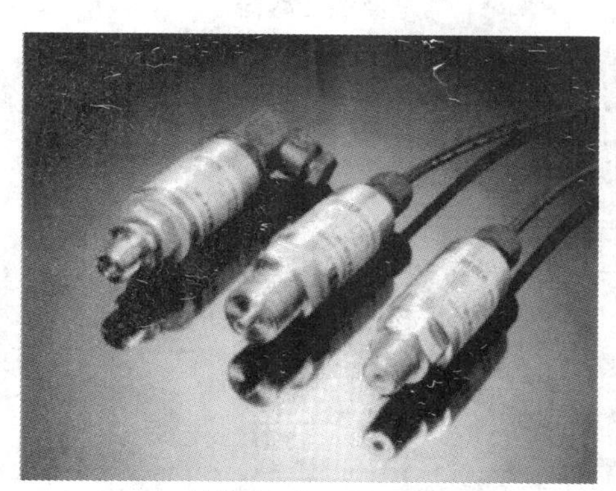

扩散硅压力传感器

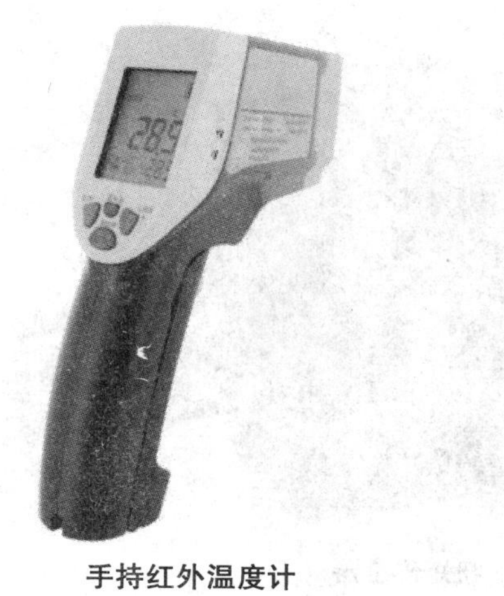

手持红外温度计

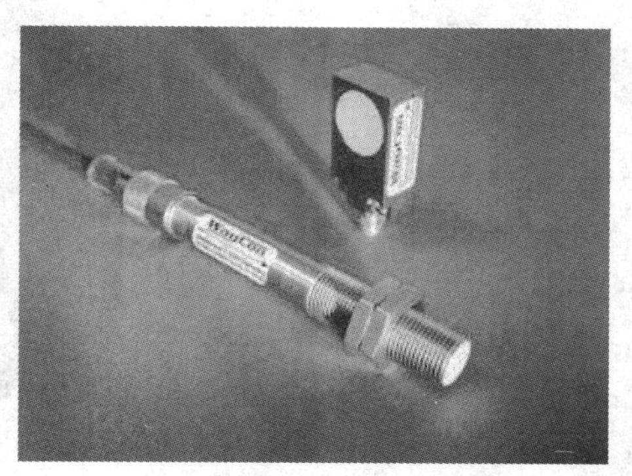

霍尔位移传感器

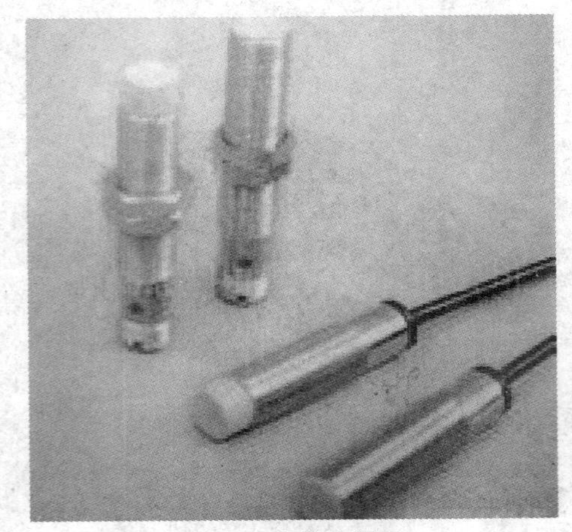

电感式传感器

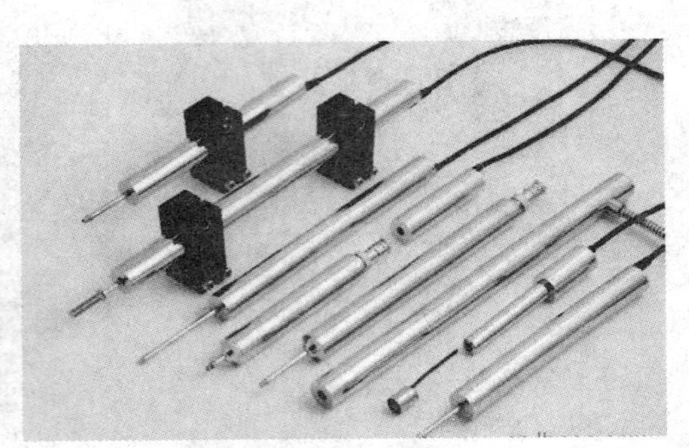

电感式传感器

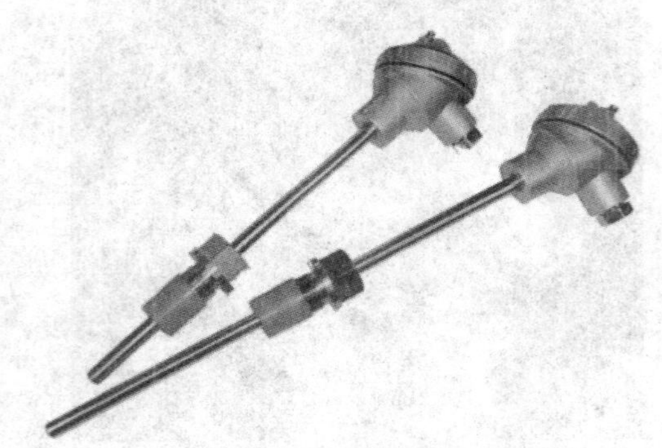

热电偶传感器

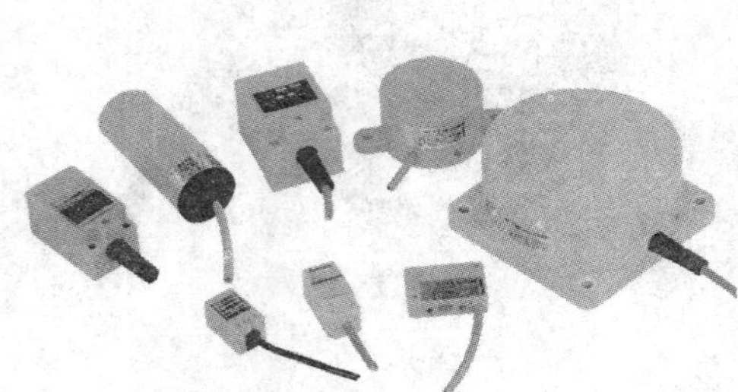

接近开关

扭矩传感器

参考文献

[1] 刘伟. 传感器原理及实用技术[M]. 北京:电子工业出版社,2007.
[2] 张玉莲. 传感器与自动检测技术[M]. 北京:机械工业出版社,2008.
[3] 林得杰. 电气测试技术[M]. 北京:机械工业出版社,2004.
[4] 董春利. 传感器与检测技术[M]. 北京:机械工业出版社,2004.
[5] 黄鸿,吴石增. 传感器及其应用技术[M]. 北京:北京理工大学出版社,2008.
[6] 栾桂冬. 传感器及其应用[M]. 西安:西安电子科技大学出版社,2002.
[7] 刘学军. 检测与转换技术[M]. 北京:机械工业出版社,1995.
[8] 张曙光. 检测技术[M]. 北京:中国水利水电出版社,2003.
[9] 张乃国. 电子测量技术[M]. 北京:人民邮电出版社,1985.
[10] 王元庆. 新型传感器原理及应用[M]. 北京:机械工业出版社,2002.
[11] 严钟豪. 非电量电测技术[M]. 北京:机械工业出版社,2002.
[12] 吕俊芳. 传感器接口与检测仪器电路[M]. 北京:北京航空航天大学出版社,1994.
[13] 王洪业. 传感器技术[M]. 北京:北京理工大学出版社,1985.
[14] 于轮元. 电气测量技术[M]. 西安:西安交通大学出版社,1998.
[15] 王绍纯. 自动检测技术[M]. 北京:冶金工业出版社,1989.
[16] 张如一. 应变电测及传感器[M]. 北京:清华大学出版社,1999.
[17] 沙占有. 智能化集成温度传感器及应用[M]. 北京:机械工业出版社,2004.
[18] 武昌俊. 自动检测技术及应用[M]. 北京:机械工业出版社,2007.
[19] 周乐挺. 传感器与检测技术[M]. 北京:高等教育出版社,2005.
[20] 王立冬. 传感器及应用[M]. 北京:机械工业出版社,2006.
[21] 梁森. 自动检测与转换技术[M]. 北京:机械工业出版社,2009.
[22] 张俊哲. 无损检测技术及应用[M]. 北京:科学出版社,1993.